康普茶聖經

268 種調味 X400 道食譜，紅茶菌發酵飲自釀指南

The big book of kombucha : brewing, flavoring, and enjoying the health benefits of fermented tea.

漢娜．克魯姆（Hannah Crum）
亞歷克斯．拉格里（Alex M. LaGory）　著

陳毓容　譯

高寶書版集團

-CONTENTS-

GT 戴夫的短箋

康普茶進入我的生活已有 20 餘年，並永遠改變了我。我的父母從好友那裡得到康普茶的菌母，開始在家中製作和飲用康普茶。我注意到他們很快就愛上這種使他們感覺很棒、看起來也很棒的釀製茶。但是直到我母親與乳癌戰鬥之後，我才眞正意識到康普茶的健康價值。她的醫生讚歎不已，我親眼觀察到康普茶讓她在整個康復過程中保持強壯和韌性。正是那時，我開始堅信康普茶是一份賜給家人的禮物，並且需要與世界分享。

漢娜和我都經歷過，說康普茶「改變人們的生活」還算是輕描淡寫。康普茶可以使消化功能恢復平衡、使免疫系統恢復活力，並使精神煥發光采。藉由重新找到與身體的連結，康普茶開啓了一種知識性充沛的思維和生活方式，也成爲一種幫助你變得更健康、更快樂的工具。菌母和其增生的菌種寶寶交織而成的共生生命週期，時時刻刻提醒我們在所有食物中尋找生命力，並且活在愛與積極的能量之中。無論你是自釀或者購買康普茶，都會在本書中發現康普茶對生活帶來的影響，這種改變可能會持續一輩子。

——GT 戴夫，GT 康普茶的品牌創始人兼總裁

推薦序

康普茶是一種發酵過的甜茶，已成爲新千禧年的飲料代表。然而康普茶並非新配方，它的由來已久。就像所有發酵食品和飲料一樣，康普茶歷史悠久，起源已不可考。但是在21世紀以前，康普茶並未在市面上流通，僅透過民間管道流傳。

康普茶由一種質地彈性的圓盤狀有機體所釀製，這種有機體簡稱菌母或菌膜，它的全名是細菌和酵母菌的共生菌體（SCOBY，本書簡稱紅茶菌），菌母會長出新的層次，並且增厚。隨著康普茶的狂熱使用者培養出愈來愈多的菌母，他們開始尋找管道分享，且往往帶有傳遞福音般的熱情。

我與康普茶的首次邂逅大約是在1994年，當時我一位面臨重大健康危機的愛滋病患友人，被康普茶馳名的免疫功效所吸引。他很快就培養了一大堆菌母，並開始將菌母送給他的朋友回家使用。

康普茶持續在基層民眾間流行，也催生了康普茶產業，美國年銷售額目前估計爲6億美元，並穩步增長。本書的兩位作者致力爲康普茶的長期成就盡一份心力。漢娜和亞歷克斯主持工作坊，出售菌母和工具包，並組織小型生產者的力量，現在他們完成了本書。

本書可以解決你在自製康普茶過程中的疑難雜症。內容充滿各式打造不同風味康普茶的創新作法，並且另闢章節列出詳盡的疑難排解問答。作者提倡康普茶的滋補養生功能，其以平衡報導的方式進行推廣，輔以各項研究的引用（相異於某些未經證實的炒作）。儘管我非常喜歡康普茶（以及德國酸菜、克菲爾乳酪和許多其他發酵製品），但期望單一種食物或飲料能治癒特定疾病仍然不切實際。

我之所以提起其他發酵製品，是因爲康普茶隸屬由微生物作用而製成的飲食範疇中。根據估計，人類食用的所有食物中，有三分之一已在我們食用之前經過發酵。麵包、乳酪和醃製肉經過發酵，而德國酸菜、韓國泡菜、橄欖和某些類型的醬菜亦爲發酵製成。其他大多數的調味料如醬油、魚露和醋也是如此。咖啡、巧克力和香草如同葡萄酒和啤酒，也都經過發酵。發酵的滋味不僅在西方美食中舉足輕重，也在世界每個角落緜遠醞釀。無論故土或異鄉，發酵製品都是日常必需的食物。我至今尚未找到任何不包含發酵技術的烹飪傳統。

發酵的功能諸如保存食物、增添風味、幫助消化、增加營養素的生物利用度、分解某些有毒化合物，還能產生其他有益物質。我希望這本康普茶入門讀物將帶領你進入發酵的世界。

歡迎來到發酵復興年代！

——桑德．埃利克斯．卡茲

《發酵的藝術》與《瘋狂發酵去》作者

前言

我們的康普茶之旅

漢娜的話

「命定的康普茶──每當被問到我與康普茶的初次相遇，我便會如此描述那回的體驗。在土耳其語中，kismet 意指「命運」或「生活中的運氣」，源於阿拉伯語字根 qasama（分歧）。我樂於探究問題、單字和謎題的根源（真是個書呆子！），常在在回首往事時豁然開朗，2003 年首次接觸康普茶的經歷恰好標誌著我人生道路上的明顯分歧。當時只是一次隨性旅行，在一位大學友人的舊金山時髦公寓稍作短暫停留，裡面充滿了我從未料想過的新奇事物：蓮蓬頭上的過濾器（當然，可以除去皮膚上的氯！）、粉紅色的喜馬拉雅鹽（鹽對我有好處嗎？）和康普茶。我和亞歷克斯還來不及品嚐他們的開胃自釀茶（尚未釀製完成），片刻間我已求知若渴，腹欲大開。

直到一週過去，我在西洛杉磯全食超市購買幾罐康普茶後，我的味蕾才第一次與康普茶相遇。展示櫃的銀白燈光照耀罐子裡美妙的琥珀色與珠寶色液體，其間伴隨著與我在舊金山瞥見的瓶子中類似的漂浮圓體。我迫不及待地想要嘗一口這種神祕的釀製液體，所以結帳之前就在通道上轉開一瓶，而當濃烈的 GT 薑汁汽水口味撞擊我的舌頭瞬間，哇！電流流過全身！我身體裡的每條末梢神經都立刻被喚醒，事後回想起來，我確實記得感受到聖堂裡的天使歌唱哈利路亞，神聖的光芒籠罩我和康普茶──我一口就愛上了！

（真心告白：當我還是個孩子的時候，媽媽經常因爲我偷喝好幾口泡菜罐裡又酸又鹹的醃漬汁而責罵我，說我竟無視液體裡的泡菜！她其實擔心喝鹽我鹵水對我不好，但是鹹味的強烈氣息實在讓我無法抗拒。）

中國人說：「千里之行始於足下。」對我來說，康普茶的首嘗體驗是我十多年來進化和轉型之旅的「第一步」，這趟旅程一直持續到今天。

我在商店購買康普茶的渴求急速攀升，很快超出收支預算，因此，擁有自己的「魔術」罐子並在家自行釀造就成爲勢不可擋的需求。對於一個認爲烹飪就是按下微波爐「開始」鍵的女孩，從事廚房相關的愛好似乎十分違反直覺，但是我相信自己的內心，便開始尋找康普茶菌母，最後是透過網路找到當地的貨源。一位好心友人幫我拿貨，但當我意識到時爲時已晚——我忘了確切告訴她康普茶「寶寶」是什麼。我很過意不去，但當她到達我家門口時，看到她面無血色的臉又讓我忍俊不住，她一邊將塑膠袋拿得遠遠的一邊質問我：「這到底是什麼？外星人肉團？胎盤嗎？」

我立即著手釀製康普茶，渴望製作屬於自己的瓊漿玉液。在受到康普茶製程的啓發和「藝術家之路」工作坊的鼓舞下，不久之後，我就開始教其他人如何製作這種美味的釀製飲料。康普營（Kombucha Kamp）是我們位於洛杉磯的小型家庭旅館所舉辦的面對面研討會。幾年後，我對網路上缺乏良好的康普茶資訊略感失望，便開始寫部落格來傳播訊息，並開放網友索取菌母。此後不久，亞歷克斯的紀錄片專長便被用於爲部落格製作影片內容。

很快地，部落格又重新發展成爲一個綜合性網站，並在 KombuchaKamp.com 上發表所有更新內容，更提供了一個可服務全球的完整網路商店。我們的使命一直以來都是藉由提供良好的資訊、供貨和支持來幫助人們，以便每個人都能找到屬於自己成功康普茶之旅所需要的一切——從在商店購買到在家釀造，再到創辦自己的康普茶事業 。

一路走來，釀造過程和喝康普茶的習慣逐漸揭示許多關於人類本性的眞理。恢復免疫力的最重要和必要的條件之一，就是理解到我們是「細菌人類」：我們與細菌有著至關重要的關係。實際上，當追溯到最小單位時，地球上的所有生物（從植物、魚類、鳥類到人類）都由細菌提供動力，沒有細菌，我們誰也不會存在。擁抱這些知識便可以深刻了解，我們不僅受到細菌的深遠影響，更受到環境和食物中抗生素的影響。不誇張地說，我們實際上是生活在一個細菌世界之中！

本書鉅細靡遺地蒐羅康普茶的歷史、演變和祕密。針對康普茶的釀造、配方和風味組合，我們十年來一直試圖開發既簡單又有效的最佳實踐方式，從美容產品、動物飼料補充劑、土壤改良劑到純素皮革替代品，我們分享了無數的實際應用方式。希望本書能激發你開始或擴展自己的康普茶之旅！

亞歷克斯的話

我並沒有一喝就愛上康普茶。漢娜第一次在舊金山見到菌母時，我就在那兒；當漢娜的朋友帶回她的第一批康普茶「菌種寶寶」時，我也在那裡。但是多年以來，除了時不時禮貌性地試喝，我壓根不想和她那蓬勃發展的愛好沾上邊。隨著時間的流逝，我見證她對釀製及享用康普茶的熱愛，愈來愈多人來這裡上課和索取菌母。最終漢娜開發了調味技術，不久之後，粉紅檸檬水誕生了，草莓、檸檬和百里香的混合物在正確的階段裝瓶，緊接著第二次完美發酵，產生了這瓶冰涼可口的康普茶，這終於說服我放棄了早餐的開特力運動飲料。對我而言，這是使自己擺脫標準美國飲食束縛的第一步。

在接下來的 18 個月中，我經常飲用康普茶，而在此同時，許多困擾我已久的健康問題也巧合地發生突破。首先，我患有胃食道逆流，基本上每天晚上必須服用制酸劑。持續幾週天天喝康普茶後，即使沒有改變飲食習慣，我發現對這些藥片的需求竟然消失了，我每天晚上都可以沒有任何不適地入睡。

我自然而然地開始了一種晨間食物療程，包括一杯 250 毫升的康普茶加冰塊，緊接著一杯 250 毫升的生牛奶。不久後，要嘛是因爲我正在喝康普茶，要嘛就是因爲我準備好要改變生活型態，我的其他選擇也隨之變化。有時這些變化是即時的，例如，根據我進食後的感覺，我開始不吃某些就我所知非常有礙健康的速食或微波食物。

其他變化是漸進的，例如減少麵包和麵食的攝入量，在我的飲食中加入更多的蔬菜和發酵食品，總體來說，只是多加考慮食物來源甚至農民的需求，著眼於「眞實食物」的選擇。

康普茶菌是否可以改變我的思維方式，讓我更加心胸開闊地食用牠們在細菌界的好朋友——諸如發酵食物、益生菌和眞實食物？也許它們是營養療法的未來？我認爲在未來，「微生物群細菌療法」（將個人腸道菌相作爲所有醫療和營養決策的起點）將成爲標準作法。

無論原因爲何，成果如下：那一年半我瘦了大約 40 磅。更重要的是，我感覺很好，並滿意自己吃的食物。淨化飲食習慣的過程花了很多年，我也能接受。因爲毒素花費了數年的時間在身體累積，而且我的身體必須準備好以緩和且健康的方式來消除這些不良習慣。但是在我看來，毫無疑問的是，康普茶有助於讓我輕鬆面對這些過渡階段。

也許我已經找到了其他的方法，但是康普茶對我來說是一個很好的管道。我一直在努力改善自己的日常選擇，但對於放縱自己吃一點過去的「美食」，我則從未感到不妥。我知道我總是可以用康普茶來緩解我吃下的毒素所造成的後遺症。人生苦短，不可能時刻擔心吃喝下肚的每樣東西，但至少我知道我已經做出夠多的正確選擇來相信自己的直覺。

我們的康普茶生活風格

當我倆在 2002 年相遇時，我們的飲食與現在大相逕庭。我們的主食是薯片和沾醬、微波爆米花、冷凍披薩和包裝拉麵；冰箱囤滿充滿玉米糖漿的運動飲料和汽水；便宜的速食是定期的放縱。我們知道，其中許多食物都會對我們的健康產生負面影響，因此我們不時摻入一些「比較健康」的食物；雖然這減輕了我們的良心譴責，但並沒有使我們的身體感覺更好。我們每週一次午餐配果汁，每月一次或兩次生機飲食，偶爾進行三天的腸胃排毒，但我們仍感受到自己的臃腫和沉重。這些不足之處促使我們尋求解答，先後嘗試了奶蛋素、全素、南灘飲食法[1]、楓糖檸檬水斷食排毒，以及許多其他節食技巧和生活方式。每種嘗試都帶來不同的結果，卻也帶來其他問題。減重很容易，但是當從前的習慣恢復時，數週或數月自願受苦的成果就又消失了。

良好選擇的連鎖效應

因此，我們放棄了這些慎重其事的減重實驗，回到隨心所欲吃東西的模式，但同時我們倆都開始定期食用康普茶。逐漸地，我們發現進食時選擇健康食物變得更加容易。而我們曾經認爲是美食的食物開始嘗起來「化學」味變重，而且帶給我們的滿足感也大大降低。我們對添加的甜味劑變得敏感，並很快意識到幾乎所有加工食品中都添加了甜味劑。

康普茶的天命在 2010 年帶領我們來到韋斯頓．普萊斯[2]基金會，該組織致力於推廣傳統飲食，包括康普茶等發酵食品。其中的飲食教育徹底改變了我們思考、

1 在邁阿密發祥的低碳水化合物飲食法。
2 Weston A. Price，一名加拿大牙醫師，以營養與牙齒和身體健康之間關係的理論而聞名於世，並創立營養研究機構。

選擇和準備食物的方式。

對於我們來說，將部落格拓展到專屬網站又是一大步。在 KombuchaKamp.com 上研究和撰寫有關發酵食品和營養的文章，以及用美食記者的角度記錄康普茶業界的大小事，都爲我們加快了擴建網站的過程。

在神奇的網路平台中聲量不大的我們得以用前所未有的方式發展。

我們開始與其他美食部落客保持聯繫，與遍布全國和全世界開始製作康普茶品牌或其他食品業務的人們碰面和進行諮詢（同時經常提供菌母）。而且最重要的是，與面對健康挑戰、成功克服的讀者聯絡，他們的生活經歷了翻天覆地的轉變。這些經歷證明了我們參與基金會活動後所產生的改變力量，並激發我們更加努力工作以幫助更多人。

我們並非一夜之間徹頭徹尾改變，但是隨著時間的流逝，我們對食物做選擇的優勢逐漸提升。每當我們消費一些糟糕的食物時，我們便接受那一刻的放縱，並在下次嘗試做出更好的抉擇。當然，世界上沒有完美的飲食習慣。「完美飲食」的道路舉步維艱，更別提這幾乎是不可能的。我們發現，建立與食物的健康關係涉及平衡和多樣化，包括偶爾的高熱量甜點或宵夜，以因應身體的需求。

隨著康普茶成爲我們飲食中的固定成分，我們的身體需求發生了變化。我們發現自己不再渴望食用過去習慣的精緻垃圾食品，而是更渴望可以增進身體健康的營養食品。隨著時間流逝，我們開始遵循一個簡單心法：相信你的直覺。

敲門磚將引導你到哪裡？

我們認爲康普茶是一種敲門磚食物。從字面上看，敲門磚意指從一個地方到另一個地方的通道。從象徵意義上看，敲門磚引領你邁向新的經驗和靈感之路。而敲門磚食物爲我們帶來了一連串思考、準備和食用食物的新方法。

在充滿混亂和矛盾資訊的現代社會中，很難將各種資訊去蕪存菁。各種紅極一時的飲食法推陳出新，而宣稱的「神奇」營養效用則陸續受到爭議和反駁。然而像所有發酵食物一樣，康普茶既不是飲食法也不是奇蹟食品，而是一個歷史悠久的傳統，具有獲得證實的營養成分和持久的健康效益。

當人們喝康普茶時（或者經常釀造康普茶，接著是優格、酸菜和其他挑動味蕾的發酵食物時），人們奉古老的作法為圭臬，將過去和未來世代的經驗結合在一起，走向通往相信直覺的道路，並連結細菌人類的本質。釀造過程和益菌的湧入可以像開悟一樣，是一種伴隨著視野開拓與感受深刻的重生體會。對於某些人來說，這像是時光倒流，因為釀造嗜好的樂趣與深層營養的探索饒富興味，令人憶起每個人在青年時期最後一次將科學與藝術融合的經歷，往往不可抑止地激動萬分。

無論康普茶是你偶爾在商店中選購的飲品，還是釀造成癮而驅使你創立自己的品牌茶飲，我們都希望你的旅途像我們一樣獲益良多。

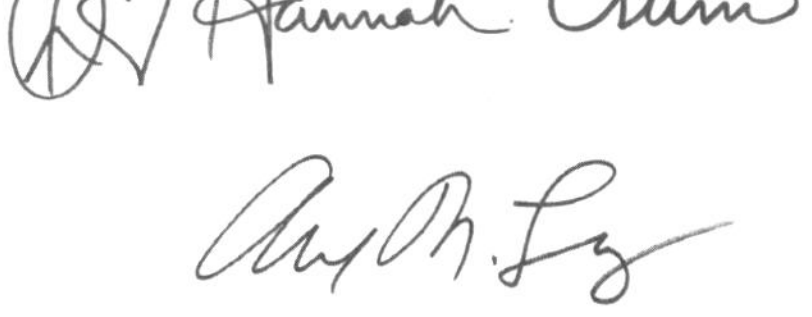

1000
100

PART ONE

認識康普茶

CHAPTER 1

發酵

大自然的營養恩賜

康普茶，簡單來說就是發酵茶。當然，我們都知道什麼是茶，但是發酵到底是什麼呢？當幾千年的發酵歷史與人類的生存密不可分地聯繫在一起時，整整一世代的美國人怎麼會一聽到「發酵」就聯想到「腐爛發黴」或「含酒精」呢？好消息是目前發酵食物的庫存量正在增加，而康普茶則是主要原因。

「誰想喝發黴的茶？」當你開始向朋友和家人提供自製康普茶後，你可能會聽到類似的問題。你可以分享發酵的知識使他們眼花撩亂，也可以不理會他們的無謂侮辱。兩種方法都能奏效，因爲你可能已經知道，康普茶的味道鮮美，他們很快就會對它意猶未盡。

那些古老且曾經至關重要的發酵傳統究竟爲什麼在現代世界中遭到如此誤解和破壞？爲了充分了解微生物與人之間關鍵的共生關係，我們勢必仔細研究人類的細菌弟兄。

人類就是自己的細菌

人類和細菌共同進化了數百萬年的時間。隨著宇宙形成之初的宇宙塵埃冷卻後，細菌的 DNA 螺旋鏈產生變化，從單細胞生物演化為多細胞生物，並發展出更有效和複雜的共生關係。反觀人類是超有機體，這意味著幾種不同類型的有機體（人類細胞、細菌、酵母、病毒、寄生蟲）在人類柔韌的皮膚表層和內部共榮共生。

名詞解釋：**發酵**

發酵起作用的主要視覺線索之一是尋找氣泡，因此其根源於拉丁字根「favere」（意為「煮沸」）也就不足為奇了。這是有道理的：酵母將糖轉化為二氧化碳的作用會產生一層泡沫，看上去就像沸水產生的氣泡。

數十年來進行的研究改變了人們看待細菌的方式。透過集體科學實驗描繪出人類消化系統中的生物圈，證實了人類的身體實際上是由細菌提供動力的有機體——就像我們說的「細菌人類」。

令人驚訝的事實是細菌覆蓋了地球的每個表面，這包括人體的外層表面以及內層表面。如果你把自己由內而外翻過來，你將發現自己被細菌完全覆蓋！

細菌大觀

- 甚至在最極端的環境中也發現了細菌，包括火山和南極洲以及放射性廢料裡！
- -1 毫升淡水包含 100 萬個細菌細胞。
- -1 公克土壤含有 4000 萬個細菌細胞。
- 據估計，細菌負責產生環境中所用氧氣至少一半的量，若沒有細菌，我們將無法呼吸！
- 人體包括 10 兆個人體細胞和 90 兆個細菌細胞。
- 人體內的所有細菌總計重約 1.81 公斤。
- 研究人員在肚臍中發現了 2375 種細菌。（其中有 1500 種是新發現！）
- 人體腸道微生物群——佔據我們消化道的微生物生態群落——包含 1000 多種細菌。

發酵食物的益處

> **康普茶媽媽說**
>
> 我們住在細菌的世界，我是一個細菌女孩！

被細菌大軍包圍聽起來似乎令人毛骨悚然，但是當我們認為大多數細菌是我們的盟友，而不是我們的敵人時，「由細菌提供動力」的含義變得更容易理解。而食用含有這些有益細菌的食物，可以幫助支持體外和體內細菌的概念，便可以理解了。

而發酵的關鍵就在於此：發酵食物含有豐富的益生菌，即有益細菌，而且它們無處不在！大多數人現在就可以在冰箱中找到熟悉的發酵食物：

- 大部分的乳酪（巧達藍紋起司、布里起司等）
- 煙燻肉類（生火腿、熟火腿等）
- 優格
- 醃菜
- 味噌
- 天貝[3]
- 韓國泡菜

經過適當的處理過程，食物發酵後有助於營養吸收、維生素合成、分解蛋白質，使 pH 值鹼化、恢復體內平衡、增強免疫力，以及產生免疫球蛋白。當我們食用這種前置消化的食物時，我們的身體得以減少消化工作並獲取更多養分，這使我們本能地想吃更多發酵食物。發酵不僅可以提供優質的營養，還可以充當大自然的冰箱，使我們能夠在土地休耕的寒冷冬季裡保存食物。發酵也讓我們能夠從可能產生毒性的食物中提取營養，例如從木薯中去除氰化物、破壞穀物中的植酸。

發酵真正神奇之處在於它可以根據人類的需求自然進化。以酸菜為例，像任何水果或蔬菜一樣，高麗菜也有其自身的細菌菌群，尤其是在其外部葉片上，這些細菌來自土壤。人類可以透過鹽水的低 pH 值環境來培育這些細菌，這種環境類似於（酸性沒那麼高的）人類的胃，接著細菌便可自由發揮。

由細菌消化過程（即發酵）產生的健康酸性物質將高麗菜葉分解成精華的營養成分，同時產生獨特的新口味和氣味。藉由相信自己的直覺，早期人類了解到，

3 天貝（tempeh）是一種發源於印尼爪哇的發酵食品，又名天培、丹貝等。

創造一種有利於細菌的環境不僅可以增進免疫力並改善情緒，還提供了額外的生存手段，以度過食物匱乏的惡劣月份。

韋斯頓・普萊斯（Weston A. Price）是 20 世紀初期的營養學研究先驅，也是美國牙科協會的創始人，他精心記錄了世界各地原住民的在地飲食。他發現一個重

複的現象，成年育齡的成年人（無論男女），尤其是孕婦，從生育前到懷孕，一直到哺乳期，都食用營養最豐富的營養食品和發酵食品，以便滋養自己，從而確保新生兒更健康，母體產出最大程度的母奶量，並增加該母乳中的營養密度。

《發酵的藝術》作者兼現代發酵復興教父桑德爾・卡茨（Sandor Katz）數十年來一直從事發酵食品的生產、食用和研究。他的工作證明，地球上每個人類社會的飲食中都含有發酵食物。

擁有兩個大腦勝過只有一個

除了據說掌管全身工作的大腦之外，其實腸子中也有大腦，稱作腸神經系統。腸神經系統由食道和結腸之間的消化道排列的神經元組成，你的腸道大腦執行複雜的消化過程，並能夠學習和記憶，就像你頭頂上的大腦一樣。這就是我們所謂的「腸子直覺」（gut instinct）所在地。

在胎兒的發育過程中，腸道系統和大腦其實是由同一種組織形成。大腦和腸道大腦兩者之間由迷走神經連接，而迷走神經則是腸腦軸的核心，這兩種大腦可以發送和接收各種信號，包括控制心率、出汗和言語等行為。當大腦感到神經緊張時，這種感覺會沿著迷走神經傳播，使血液更快地湧出、掌心出汗、胃部不適，甚至出現神經結石。迷走神經的所有刺激中，將近 90% 來自腸道，使其成為與大腦溝通的關鍵途徑。

這個發現極具啓發性！在知道頭頂上的腦袋和腹部的大腦緊密相連後，便足以解釋爲何和何以我們吃的食物不僅會影響我們的身體健康，還會影響我們的心理和情緒健康。從食物過敏到自閉症、腸躁症到精神疾病等看似截然不同的病況，原來與神經系統、胃腸道系統和腸道細菌多樣性之間的關聯息息相關。

理解這種關係可以徹底改變我們解決各種神經系統和胃腸道疾病的方法，無論是藉由量身訂製的飲食計畫或是透過醫療的協助。相關最新研究，請查看「人類微生物組計畫（Human Microbiome Project）」或「美國腸道（American Gut）」計畫。

茶的發酵

透過發酵的煉金術，茶——世界上最流行的飲料，將成為一種健康的發泡釀製飲料。就像其他類型的發酵一樣，將紅茶菌（細菌和酵母菌的共生菌體）和接種劑（發酵液）添加到基質（甜茶）中，進行通常持續 7 天或以上的初級發酵。在那之後產生的酸甜液體通常會使用水果、香草和／或香料調味，然後瓶裝或二次發酵以產生額外的碳酸和風味。這款充滿活力的健康二重奏——茶和發酵——是幫助消化和增強免疫力的營養組合。

古代世界的發酵飲料

發酵最重要的用途之一，是將有問題的飲用水變成美味、營養豐富的低酒精飲料——例如薑汁汽水和沙士——藉由添加香草和樹皮，製成適合兒童和成人的飲品。現代蘇打水試圖將食用糖、人造酸和氣泡結合在一起，以廉價的方式模仿發酵的酸甜味，製作出差強人意的悲慘口味，但仍然有利可圖。

也許最早的發酵飲料是史前時代一次牽涉到莓果、樹木、蜂蜜、死水和野生酵母的偶然意外。此後，人類將發酵應用在無數領域，從醫學到營養再到社會功能，而考古學家早就知道飲料的發酵在人類社會的發展上扮演舉足輕重的角色。

從營養、食品儲存和藥用的角度來看，發酵中最重要和最多產的一類，恰好就是人類長期與其他香草混合食用的醋。以下是一些歷史悠久的傳統醋飲料。

埃及薩卡拉城（Saqqara）霍朗赫布（Horemheb）之墓的壁畫記錄古代的發酵行爲。

Chomez：醋、油和棗的混合物，Chomez 可能是舊約聖經中（路得記 2:14）路得所飲用的醋飲料。直到今天，它仍然在中東地區很受歡迎，是酷熱沙漠中的清涼飲品。

Oxymel：Oxymel 是醋和蜂蜜的混合物，煮沸成濃稠的糖漿，希波克拉底（Hippocrates）早在公元前 400 年就描述了 Oxymel 的好處，包括治療急症。羅馬人把它當作靈丹妙藥。阿拉伯版本的 oxymel 稱為 sekanjabin（一種含薄荷的波斯飲料），傳統上是用糖製成的，最早可追溯到 10 世紀的文獻。

Posca：在水中加醋是一種古老的作法，不僅使水易於飲用，而且還使它充滿清爽的味道。羅馬人稱這種飲料為 posca，有許多不同文化背景的士兵都飲用這種飲料，以增強體力和耐力並預防疾病。

Shrubs：Shrubs 是用醋保存水果醃製而成的糖漿，用來延長保存時間，並在美國的殖民地時期廣受歡迎，Shrubs 將無數水手從遠洋航行的壞血病中解救出來。（有關 Shrubs 更多資訊，請參閱第 277 頁。）

康普茶傳說：

那麼原始的康普茶文化起源於何處？理論五花八門（請參閱第 377 頁），但是最引人注目和最簡單的解釋之一可能是：當攜帶細菌的昆蟲落入被遺忘在窗台上的一杯甜茶中時，一種菌體得以形成。根據一則藏族傳說，一名昏昏欲睡的和尚不經意間促成了以這種方式轉化的一壺新鮮茶葉。在發現這次歡樂事故的奇妙性質後，他與朋友們分享了自己的好運，其餘就是我們熟知的歷史了。

俄國寓言中提到一位具有治病能力的僧侶，他被召喚來幫助生病的皇帝。僧侶答應用螞蟻治療皇帝的病，然後將其放入皇帝的茶中，建議他等待茶中長出水母，使茶成為治病藥水後再飲用。皇帝聽了和尚的勸告，順利被治癒。難道這就是傳說中的康普博士？（請參閱第 172 頁。）

Bachinskaya 是一位俄國科學家，她在 20 世紀初開始研究紅茶菌（見第 382 頁），其起源理論以果蠅爲基礎（理所當然地看起來不像螞蟻），說明只要果蠅停在酒上就能將其轉化爲醋這一事實。當生活在蒼蠅腿上的醋酸桿菌轉移到液體中時，它們迅速開始繁殖，並把糖轉化爲乙酸。

所有這些傳說的核心都彰顯了一個眞理，就是康普茶是來自大自然的禮物。蒼蠅、螞蟻、觀察力和好奇的人類，這些理想的釀造條件——所有這些因素共同構成了康普茶之源，自此茁壯、珍藏並世代相傳。

CHAPTER 2

爲什麼要喝康普茶？

我們已經知道發酵食品與益生菌、酵母菌一樣能提供營養，那爲什麼要喝康普茶呢？答案既明顯又神祕。顯而易見，因爲康普茶是世界上用途最廣泛的發酵劑，在一天中的任何時候都可以食用，也可以根據需要將其調製爲甜味或酸味，甚至鹹味和甜味也能同等美味，而百搭的口味不管搭配披薩或巧克力都順口。在世界各地的許多家庭中，康普茶以低價自製之姿替代了碳酸汽水、氣泡水、酒精和其他商店購買的飲料。

康普茶在每個（適宜人居的）大陸國家中都已留下自己的印記，也適合各種飲食習慣。康普茶的釀造和調味過程十分簡易安全，適合在家中製作，甚至可以代替用於廚房、浴室、食物櫃、清潔室、花園等場合的產品。由於上述以及其他族繁不及備載的原因，康普茶的吸引力顯而易見。然而，康普茶的吸引力也是個神祕的謎團：有些人從來就不合胃口，另一些人無法解釋爲什麼喜歡喝，許多人每天都喝，卻沒有興趣靠自己釀造。人們遇見康普茶的原因有很多種，但他們幾乎總是記得第一次喝康普茶（命定的康普茶！）。

許多人決定嘗試康普茶，因爲聽說康普茶可以緩解或減輕各種病痛。的確，當人們開始飲用康普茶，經常在短期內就收到效益。然而，康普茶無法治療任何一種特定的疾病，而是提供讓身體回到平衡狀態的機會，以利免疫和其他身體系統的運作更有效率。

康普茶適合各種飲食法

不論你是遵循哪種飲食規則——生食飲食、素食、純素、原始人飲食、眞食物、猶太飲食法，甚至是標準美國飲食（SAD）——康普茶都可以是額外的健康補給。每個人都可以隨時將康普茶加入飲食中並從中獲得益處。這對所有希望體內擁有更多好菌與酵母菌的人來說都是個完美的出發點。

透過康普茶與腸道重新連結

人們經常食用含有毒性的食物，並抱怨自己的病痛和疲倦，卻沒有建立起前後兩者的關聯性：「吃垃圾，變垃圾」。定期食用康普茶的平衡作用經常會結束「惡性循環」，並激起重新與腸道連結的火花，使人們得以根據身體對不同食物的反應，而做出明智的選擇。

空腹喝康普茶可以仔細感覺它對身體的影響。從早上開始攝取約 120 毫升或更少的份量開始，你就有機會更敏銳地觀察它給你身體的感受。當腸道適應經常流入的活菌、酵母菌以及健康酸等刺激人體的成分時，腸道將開始傳達出哪些食物對健康有益，哪些有礙健康。

一些剛接觸發酵食品的人可能會感到精力充沛，渴望更多；而另一些人則可能會在床上或浴室度過一天來體驗赫氏反應（請參閱第 35 頁）。事實上，關於確定哪些食物可以支持你的個人系統，沒有所謂錯誤的方法，就是去嘗試。

康普茶的功用

康普茶可以為人們緩解的健康問題，像一長串現代疾病的清單。 以下是一些已觀察到的好處：

- 促進腸道中的健康細菌
- 重返體內平衡
- 支持健康的肝功能
- 促進新陳代謝
- 改善消化和腸道功能
- 重建結締組織
- 增強能量
- 降低血壓
- 緩解頭痛和偏頭痛
- 減少腎結石的發生和大小
- 破壞已知會導致細胞損傷的自由基
- 幫助健康的細胞再生
- 改善視力
- 治癒濕疹
- 預防動脈硬化
- 加速潰瘍癒合
- 幫助清除念珠菌（即酵母菌感染）
- 降低葡萄糖數值（防止數值飆高）

一種飲料如何解決許多看似大相逕庭的問題呢？宣稱這樣的療效使某些人將康普茶稱爲「萬靈丹」，而另一些人則將其稱爲「蛇油」（江湖術士的萬應藥），但其實兩者都存在謬誤。康普茶只是一種健康食品，無法治癒或預防任何疾病。

然而，隨著我們愈了解飲食和壓力對人類有機體產生的影響，就愈顯而易見康普茶對我們許多現代疾病具有的巨大益處。遇到消化系統或全身失衡時，身體會產生壓力信號，表明即將發生的衰竭。這些信號便是疾病的症狀。與非處方藥或處方藥不同，康普茶的目標不只是減輕疾病的症狀，而是希望能從身體根本的問題上著手。或許，儘管大規模雙盲人體試驗仍遙不可及，但愈來愈多的體外和體內研究顯示，康普茶具有可以修正身體系統性失衡的潛在機轉。這項研究與數百萬康普茶消費者口耳相傳的療效結合在一起，卽刻引起人們的興趣，並催生了更多試圖驗證康普茶具有西方醫學價值的研究。（請參閱第 407 頁的康普茶的成分，以及第 420 頁的康普茶效益研究重點。）

康普茶入門

剛開始在飲食中加入康普茶時，請慢慢開始。早晨起床後第一件事，請空腹喝下 60 到 120 毫升的康普茶，也許與水混合，稍候一下，看看接下來的幾個小時你的身體會如何反應。觀察食物讓你的身體產生何種感覺，是眞正學習信任腸道的重要方法。

如果你的身體反應良好，甚至渴望更多康普茶，請逐漸增加飲用量，但請記住，增加太快會導致排毒症狀和治療危機（請參閱第 35 頁）。如果發生這種情況，請減少攝入量並且多喝水，再回到身體可以接受的飲用量。

剛開始喝康普茶時，你可能會產生不適感。這是正常現象，這或許顯示康普茶正在提供一些營養給身體，以改善身體效率不彰的運轉。康普茶是一種調補劑，因此要取得最大的飲用效益，最好定期少量食用，而不是偶爾一次大量食用。一旦你的腸道告訴你已經準備好接受常態的康普茶療法，大多數人就會發現，每天食用約 240 毫升的康普茶，一到三次卽可提供所需的風味和營養。再說明一次，你當然可以今天喝 4 公升，但明天不喝。只要飲用康普茶後讓你感覺舒適，任何方法都值得嘗試。

康普茶減輕壓力的五種方法

壓力反應是人體最有價值的防禦機制之一。當我們的身體感知到威脅時，必須做出迅速的決定——戰鬥或逃跑。腎上腺素和皮質醇被釋放以增加心率、使感官敏銳並爲快速動作做好準備。這正是我們在野外生存時需要的東西。

弔詭的是，現代人每天面臨的多種壓力源幾乎都不會造成生命危險，而且過度啟動這種壓力反應已證明對我們的健康有害，對人體產生許多不利影響。

儘管許多藥物和治療可以緩解長期過度啟動壓力反應所導致的慢性症狀，但藥物和治療並無法觸及或解決問題的根源，而追根究柢，現代人承受的壓力其實已經巨大到了臨界值。解決方案包括：固定運動、充足睡眠、享受好友的陪伴、與大自然交流，並且花時間遠離充滿負面消息的新聞和電子媒體。添加康普茶也可以是解方的一部分！以下是康普茶減輕壓力的五種方法。

1 康普茶是一種適應原（adaptogen）

適應原是一種植物或植物基衍生物（在本書的例子下爲發酵茶），可以使身體正常化並保持體內平衡，有益於整個生理機制，而不是針對特定器官或系統。適應原通常是非常好的抗氧化劑來源，可以消除導致氧化效應的自由基。它們還能保護肝臟，減少人們對糖和酒精的渴望，增強免疫力、精力和耐力。

2 康普茶幫助消化道健康

康普茶藉由增加腸道的酸度來調節消化系統。腸道處於適當的酸度對於幫助消化和充分吸收食物中的營養都產生關鍵作用。腸道壓力的表現形式爲腸躁症或潰瘍，而良好的消化和酸度的改善均有助於緩解腸道壓力。

3 康普茶含有維生素 B 和維生素 C

康普茶含維生素 B1（硫胺素）、B6 和 B12，而衆所周知，所有這些維生素都能幫助人體抵抗抑鬱、穩定情緒並提高注意力。康普茶還含有維生素 C，可抑制皮質醇（一種壓力激素）的釋放。血液中皮質醇數值升高會導致高血壓、憂鬱症，並損害心智正常。

而且，雖然康普茶內含的微量維生素相對稀少，但這些維生素卻具有高度的生物利用度——亦即，它們的形式可供人體立即吸收。反之，補充劑中的維生素通常不容易被人體吸收，因爲缺乏在全形食品中含有的輔因子或消化酶，作爲催化吸收過程的重要角色。

4 喝康普茶可以減少攝取咖啡因和糖。

在早上喝咖啡時選擇以康普茶代替，使體內的咖啡因減少。康普茶中的茶氨酸亦可抵消咖啡因的有害作用，提供專注而平靜的能量。

5 少量酒精對身體有益

康普茶不似啤酒或葡萄酒之流的酒精發酵液，但確實含有微量酒精。這些自然產生的低含量酒精會增加幸福感並減輕壓力。許多研究表明，適度飲酒具有許多正面效益。（請參考第 34 頁詳細之康普茶酒精含量。）

向新手介紹康普茶

大多數的人可能都會察覺到周圍有一些朋友或許需要康普茶的幫助。但是大部分的朋友並不喜歡聽你對他們的健康發表高見，尤其是如果他們一開始沒有尋求你的建議時！爲避免聽起來有些嘮叨，以下是一些平衡介紹的技巧。

將康普茶帶到聚會或一人一菜的場合，也許可以標上「調味茶」或其他無害的名稱，放在桌上讓別人自行探索。找一個制高點，觀察並欣賞人們對康普茶滋味的反應（尋找「康普茶陶醉貌」）。很快，他們將邀請其他人一起嘗試，一旦大家發現這種美味的飲料是你在家自製的，你可能會開始對各種提問應接不暇！

對於不情願的品嚐者，請加少量水或冰塊在康普茶中。這就像增添蘇格蘭威士忌的飲用體驗一樣，加一點點水就能使康普茶的味道層次更加複雜多變，並提升乙酸口感的柔和度。

對於汽水和果汁成癮者，加入他們喜歡的飲料將康普茶稀釋一半。他們將獲得康普茶的全部好處，但其發酵後的味道大部分會被飲料中添加的甜味劑掩蓋。如果他們開始對康普茶感興趣，便可減少其中飲料的比例，並逐漸增加康普茶的份量。

給那些拒絕「健康建議」的人喝一些第十三章調配的康普茶雞尾酒。少量的康普茶可以平衡酒精並促進健康的肝功能。

即使是嘗試過但「不喜歡」的人也可能對漂浮冰康普茶抱持肯定的態度！一勺香草冰淇淋漂浮在高腳杯裡美味濃郁的康普茶上，簡直就是天堂！（請參閱漂浮冰巧克力櫻桃康普茶，第 268 頁。）

為什麼康普茶「有效」

不良的飲食選擇和長期的壓力是許多現代疾病的根本原因。飲食和壓力均可觸發生理失衡和退化，尤其會對免疫系統產生重大影響。作爲一種適應原的補劑，康普茶含有提供營養、幫助消化、增強免疫系統，並幫助去除血液和器官雜質的元素。

康普茶有幾個「有益元素」，它們（包括茶、糖、益生菌和酵母菌，以及低濃度的酒精）可促進有機體恢復生理平衡和增強免疫系統的能力。而康普茶的釀造過程則好比煉金術，進一步將這些尋常的元素轉化爲不可思議的營養補劑，發揮一加一大於二的功效。

我們可能永遠無法全盤了解人類腸道中每一種酸和維生素如何交互作用，但是我們明白飲食的重要性，而發酵食品則對人體有益。

幫助營養吸收和消化

腸道位於人體中心，確實扮演著人類的動力引擎，需要正確的燃料和維護。康普茶可以幫助腸道充滿益生菌和富含維生素B群的酵母，降低胃的 pH 值，並透過多種健康的酸和酶開始消化和吸收營養。

乙酸提供風味和抗菌能力；葡萄糖酸、丁酸和乳酸可以重建腸壁、平衡pH值，並阻礙念珠菌過度生長；轉化酶和植酸酶將較長的糖分子切割成較短的糖分子，減少了對消化系統的負擔（請參閱第 414 頁）。

檸檬測試

當我剛開始喝康普茶時，我的身體產生化學變化。過去我無法嚐出日常飲食中加工食品所含的糖分。而當我喝更多康普茶後，身體的酸鹼度發生了變化，我的味覺開始感受到加工食品過甜。這使我在飲食中加入了多種新食物，包括其他發酵食品、葡萄柚汁（我曾經討厭它！）以及昔日過度甜化的味覺所討厭的酸味、苦味和鹹味食物。

現在，如果要測試我的 pH 值是否平衡，我會舔一片檸檬切片。如果我攝取了太多糖分，檸檬片對我會有點酸，我會皺出酸梅臉。然而我若喝了足夠的康普茶，檸檬甚至會變得很甜。測試看看，看你會不會皺出酸梅臉！

增強免疫

人體免疫的第一道防線直接來自腸道，在這裡我們將食用後的食物進一步合成爲免疫球蛋白和其他保護性化合物。康普茶增強免疫力的方式，是以有機體和健康酸等形式促進消化功能，使人體能夠更有效地自我保護。自此，康普茶的抗氧化活性可以清除體內的自由基、分解多酚，並開始生產諸如維生素 C 和 DSL（D-saccharic acid-1,4-lactone）之類的能量物質。

酵母與穀氨醯胺（一種對平衡免疫系統至關重要的氨基酸）一起產生了維生素 B，而維生素 B 的多樣性和品質也扮演舉足輕重的角色。有趣的是，康普茶飲用者發現，一旦開始飲用，他們罹患常見疾病的頻率和病程就會減少。

排毒

毒素每天經由空氣、水、食物和其他外部來源進入人體，而人體本身也會產生毒素，後者是人體代謝過程中自然產生的副作用。無論毒素如何產生，都必須去除這些有毒物質，才能使身體達到最佳的運轉狀態。

葡萄糖酸和葡萄醣醛酸與肝臟中的毒素結合，將其從脂溶性轉變爲水溶性，因此可以透過尿液排出體外。

穀氨醯胺、脯氨酸和苯甲酸等氨基酸可以協助上述過程，誠如前述，強大的抗氧化劑可透過消除自由基幫助排毒，而自由基是損壞組織或形成腫瘤的元凶。

適應原補劑

適應原是一種天然的無毒香草或化合物，其運作的邏輯遵循體內平衡的藥理學概念，故得以提高人體減少一般壓力源（無論是身體還是心理壓力）之負面影響的能力。通常，適應原諸如康普茶、蘆葦和人蔘，能夠提供抗氧化劑以保護肝臟、減少對糖和酒精的渴望，並可以增強免疫力、精力和耐力。

低濃度酒精對健康的效用

「健康的酒精」可能看起來很矛盾，但是當我們探究酒精使用的根源時，很容易理解它在人類健康中所扮演的關鍵角色。酒精是人類最早的藥物。

我們的祖先將藥草注入酒精中製成咳嗽糖漿和治療藥劑。藥草固有的健康效益經由發酵過程而增強，並有助於彰顯其功效，因爲酒精還會使血液稀薄，從而使人體更容易並迅速吸收。

隨著人類對植物認識的增長，我們攝取藥草補品的用量也在增加，無論是否含有酒精。在康普茶中，微量的酒精則產生雙重作用：從藥草和其他成分中提取營養和治療成分，並作爲防腐劑。

康普茶是一種傳統的「軟性」飲料——一種天然的低酒精發酵飲料。發酵的汽水最高的酒精含量（ABV，alcohol by volume）至多僅到 1 至 2%，通常會更少，而且是無刺激性的。一旦被世界各地的銀髮族和年輕人所飲用，它們在很大程度上可以取代蘇打水和能量飲料。

《滋養傳統》的作者莎利．法倫（Sally Fallon）提出「對酒精和軟性飲料的渴望，源自於人類過往對乳酸發酵飲料的古老集體記憶，而至今傳統社會仍存在這種渴望。這些飲料藉著補充消耗殆盡的礦物質離子，使疲倦的身體重拾精力。而藉由排汗和提供乳酸桿菌、乳酸和酶，便能協助人體輕鬆吸收所攝取食物的全部營養。」她的話呼應了我們自己的理論，即人類天生就渴望碳酸，因爲它是營養的代名詞。（請參閱第 396 頁康普茶是軟性飲料嗎？）

戒酒者適合飲用康普茶嗎？

酗酒是一個複雜的問題，涉及情感和身體因素。與這種疾病對抗的個人最終必須自行決定康普茶是否適合自己。如上所述，少量的酒精是發酵的天然副產品，但每次發酵的確切酒精濃度取決於許多因素。經過適當發酵的康普茶自然而然保有酒精含量，但康普茶與「烈」酒的作用相反，康普茶有益於健康的肝功能運作。

一些喝康普茶的人確實反映偶爾會感覺到輕微的興奮，這與接受維生素 B 注射後的許多感受類似。無論是身體受到微量酒精的影響，或僅僅是享受營養補充後的沉醉感，每個人都必須自行體會自己的飲用經歷。

許多戒酒的人反映，康普茶實際上有助於減少他們對酒精的渴望，或對他們的戒酒狀態沒有負面影響，這可能是因爲康普茶同時提供了營養以及微量酒精的放鬆效果。最近的一項研究指出，與腸道菌多樣性較低的酗酒者相比，腸道菌多樣性較高的患者保持酒醒的表現更爲成功。（請參閱第 431 頁的研究。）

其他處於戒酒狀態的人則不願意飲用任何具酒精含量的飲料。值得注意的是，康普茶被認爲是清眞食品，並被穆斯林飲用，而他們的信仰禁止飲酒。對於那些對酒精含量仍不確定的人，請謹記，康普茶是一種旨在少量食用的補劑，從一開始就限制了酒精攝入量。使用水或果汁將一份康普茶稀釋一半，水分可以幫助排除身體釋放出任何廢物。儘管康普茶的酒精含量很少會超過 2%，但仍有許多方法可以降低其酒精濃度（有關詳情請參閱第 184 頁）。

排毒過程

當身體失衡時，為體內注入健康細菌和其他益生菌會啟動排毒過程，可能引起令人不快的副作用。實際上，尤其當將康普茶摻入到原本不包含發酵食品的飲食中，便可能會刺激人體，導致所謂的治療危機，也稱為赫氏反應[4]。

隨著有益菌群逐漸控制腸道（通常是藉由停止酵母菌和有害細菌的過度繁殖），死去的生物體會釋放出各種內毒素。同時，康普茶的營養和免疫支持特性會促使體內釋放出長期積累的毒素。這種有毒物質的釋放可能使某些人在飲用初期更加不適，而不若預期中的神采飛揚。

這其實是黎明前最黑暗的例證，因為一旦身體隨後恢復平衡，症狀便會逐漸減輕。有病史或免疫力下降（面皰、紅疹、關節炎等）的人最有可能發生治療危

4 Jarisch–Herxheimer reaction，指當抗生素使人體內病原體突然大量死亡時，釋放出之毒素刺激免疫系統過度反應的現象。

機。當前或過去的不適狀況、肌肉酸痛、爆痘、皮疹、頭痛、胃部不適和拉肚子等症狀的暫時加劇，都是常見的副作用，且通常會在數小時或數天內便消失。

這起因於康普茶已將益生菌和健康的解毒酸注入到可能急需改變的人體系統中，促使人們在邁向健康的道路之初率先淘汰體內廢物！

認識治療危機

治療危機的副作用並不只限於康普茶。促進排毒的其他發酵食品，例如益生菌補劑以及整體療法或自然療法也會誘發相同的症狀，尤其是當它們注入人體的速度過快或過量的話。治療危機引起的潛在症狀包括：

- 關節疼痛和炎症
- 肌肉痠痛
- 難以入睡
- 疲勞／頭痛／煩躁
- 鼻塞
- 發燒或發冷
- 面皰
- 稀便或便祕
- 念珠菌嚴重感染

如何處理治療危機

當出現治療危機時，切勿驚慌。請將康普茶飲用量減至最低，甚至短時間（幾天）內停止飲用，都有助於減輕症狀，並且遵循以下建議，便能有效減少復發的可能性：

- 用水和香草茶補充體內水分。
- 充分的休息。
- 盡可能獲得更多的陽光和新鮮空氣。
- 洗澡；洗澡有助於排毒。在浴中使用浴鹽、油和香草，以利排毒。
- 保持毛孔清潔。毛孔是排除毒素的重要管道，在治療危機中毛孔可能會被堵塞。低強度運動、桑拿和熱水淋浴可以幫助疏通毛孔。
- 拒食所有加工食品。

- 遠離化學清潔用品和人造香氛產品。

大多數人在減少飲用量後會感覺好些，但是如果在停止飲用後症狀仍持續超過數天，請諮詢你的家庭醫師。

我所經歷的治療危機

自從將康普茶融入我的生活中以來，我經歷了許多治療危機。從杜絕壞習慣到滿臉面皰，經歷了各種階段的療癒。康普茶協助你以溫和漸進的方式去除體內積聚的毒素。康普茶不僅幫助我進行體內排毒，也能使用於體外排毒。

我開始喝康普茶後的幾年，在樹林裡徒步旅行時，天真地以爲毒橡樹不可能從樹上垂下來。我的錯誤判斷導致我的皮膚經歷了一場痛苦的毒橡木事件，全身大部分面積都被暗紅、疼痛的瘡和水泡覆蓋。儘管我立即將康普茶菌母塗抹在紅腫區，但僅僅減輕腫脹，卻沒有緩解劇烈的疼痛和不適感。之後，在使用了類固醇和大量熱水浴後，身體才釋放了組織胺，再加上數瓶乳液的滋潤，最終才使紅疹平靜下來。

事件後三年，我任職於一家當地餐館，身爲釀造師，我開始接觸大量的康普茶菌母和茶水。幾週後，我注意到我的手和手臂出現了紅疹，看起來就像是毒橡樹引起的反應。但我十分清楚自己近期內並未接觸毒橡樹，爲此我絞盡腦汁，是因爲我吃的食物還是新的洗衣粉？幾天之內紅疹消退，直到第二週才復發。最終我突然意識到，康普茶與我的再次邂逅，導致我的皮膚排出先前的橡樹毒。

隨著時間流逝，症狀持續出現和消退，而每次出現的程度都變小，直到最終完全消失。這些毒素現在永遠消失了，不會繼續在我體內徘徊，或慢性地分次困擾我。

那是一個顯而易見的排毒例子。皮膚是用於吸收和釋放局部施加的任何物質的管道。就康普茶而言，它可用於濕疹、牛皮癬和任何其他皮膚炎症。在盆浴或足浴中添加康普茶醋或額外的菌母，是消除皮膚毒素的好方法。

多數情況下，康普茶的排毒過程並不像我所經歷的那麼明顯，而是以頭痛、身體疼痛、喉嚨痛或其他輕度反應的形式表現。然而事實也佐證，就像剝洋蔥一樣，排毒會經歷多個循序漸進的過程。

何時該謹慎使用康普茶

康普茶沒有所謂的禁忌症，也不會與非處方藥或處方藥產生不良交互作用。然而針對免疫系統受損或敏感的人，在開始改變飲食或生活方式時，則要謹慎行事。這個原則適用於含有益生菌和酵母的發酵食品。

被警告謹慎行事的人包括孕婦或哺乳期婦女、嬰兒，以及罹患免疫力下降相關疾病的人。如果你有任何疑問，不妨向家庭醫師諮詢。即便許多病人成功地改變飲食習慣，並從營養中獲得治療，最終卻只有個人才有權利做出最適合的選擇。

孕婦或哺乳婦女

懷孕、分娩和護理對媽媽而言已經焦慮不安，特別是對於初產媽媽，也對周圍「正確地做一切」的呢喃聲倍感壓力。新手媽媽或準媽媽經常想知道康普茶是有益還是有害，而我們的答案是可以預見的：相信你的直覺。

一般來說，如果你已經是康普茶飲用者，那麼懷孕時就沒有理由放棄它。如果你是康普茶新手，那麼懷孕可能不是開始飲用的最佳時機。正如我們已經討論過的，任何開始喝康普茶的人都可能會遇到治療危機，而母親的症狀是否會影響嬰兒的可能性則是一半一半。無論如何，與所有剛開始喝茶的康普茶新手一樣，懷孕或哺乳的母親一次不得飲用過多的康普茶。

有趣的是，有些孕婦，甚至是那些在懷孕前就喜歡康普茶的孕婦反應，在孕期對康普茶的味道會產生反感。而生完孩子後，她們發現自己再次愛上康普茶。這不也是好現象？身體可能會喜歡並渴望康普茶，也可能因爲各種原因向這些婦女發送請避開康普茶的訊號，而後再讓她們知道何時可以再次飲用。

相反地，許多婦女反映道，她們在整個孕期及產後都渴望康普茶。這亦不足爲奇，因爲康普茶可透過數種方式協助解決一些常見的妊娠問題。在整個懷孕期間，婦女會經歷體內激素爆增，這些激素的功能在於維持胎兒成長並爲分娩做好準備。這些激素還會產生不受歡迎的生理性副作用，而康普茶有助於緩解她們的不適。其中包括：

難以入睡／疲勞。在懷孕期間，身體會消耗大量能量來供給成長中的孩子養分，疲勞是正常現象。康普茶藉由釋放微量的維生素 B 和少量咖啡因，自然而然地提高能量，可以避免掉來自咖啡的咖啡因崩潰[5]。分娩時的興奮和伴隨的焦慮也可能導致失眠。康普茶特有的適應性則使身體更容易應對壓力。用薰衣草、洋甘菊或其他舒緩香草調味時，更能增強這種益處。

便祕、胃灼熱和消化不良。在懷孕期間，食道鬆弛，增加了胃灼熱的可能性。而消化肌的放鬆導致腸道減少蠕動，進而造成便祕。康普茶是便祕、消化不良、胃灼熱和其他消化系統問題的著名療法。時常在一大杯水中加入幾毫升的康普茶不僅可以獲得康普茶的健康益處，還同時為身體補充水分。

痔瘡。懷孕期間血流量增加會導致靜脈擴張。此現象與便祕和子宮擴張引起的壓力交相作用下，便出現痔瘡。康普茶減輕局部發炎，因此將一小片菌母或敷料敷於患處即可緩解疼痛，且可根據需要重複使用。

腿抽筋。一些孕婦會出現腿抽筋的症狀，有人猜測抽筋可能是由於人體消耗了過多的鈣而引起的。若服用鈣補充劑，喝康普茶可以增加人體吸收的鈣量。如果你自己釀製康普茶，則可以在發酵物中添加碎蛋殼，這不僅可以添加鈣，還可以使風味變甜並增加碳酸含量。（請參閱第 183 頁）。

5　caffeine crash 意指體內咖啡因濃度下降後面臨的極度疲累和倦怠感。

康普茶對女性循環的影響

當系統失衡時，消化道可能沒有足夠的細菌和酵母菌，那麼消化系統將無法適當地發揮最佳功能。這意味著在腸道系統恢復和平衡之後，身體的平衡就會恢復，並開始創造一個適合益菌繁殖的環境。一些女性也反應她們的月經更加順暢。康普茶的溫和平衡和排毒功能在更年期之後更顯珍貴，且可能會對經期改變的女性特別有益。所有的身體都是不同的，每個女人的經歷均獨一無二。

妊娠紋和其他皮膚變化。皮膚是一個神奇的器官，可以伸展來容納成長中的嬰兒。局部使用康普茶菌母可有效減少妊娠紋和其他與妊娠相關的皮膚變化。（請參閱第 360 頁的紅茶菌舒緩霜配方。）

嬰幼兒

何時開始讓兒童喝康普茶是個人的選擇。與許多成年人的看法大相逕庭，孩子們經常馬上就喜歡上康普茶的味道。也許接觸蘇打水和其他過度加工的食物並沒有完全影響孩子身體的化學性質和口味偏好，不管是什麼原因，即使他們初嚐時覺得很酸，孩子們也經常會要求更多康普茶！

康普茶和嬰兒腸絞痛

在俄羅斯，傳統上將康普茶用於輕度嬰兒腸絞痛以減輕其症狀。下一次嬰兒有腹痛困擾時，嘗試提供 30 到 60 毫升康普茶，看看寶寶如何反應。

一些育兒資訊出於種種原因，針對提供 12 個月以下的嬰兒發酵食品提出質疑，這通常是因為免疫系統尚未發育完全，擔心嬰兒產生過敏反應。多數人同意，在滿一歲之後提供孩子像康普茶這樣的食物是可以的，但其他人則建議等到他們再大一點。

我們從父母那裡聽說過，他們提供嬰幼兒康普茶和其他發酵食品（如克菲爾優格），在世界各國，是否餵孩子發酵食品的問題都讓人困惑。「當然可以，這很有營養！」可能是答案。但有些作法則暗示，瓶中的維生素被認為更安全、更好，眞令人吃驚！

就像任何剛接觸康普茶的人一樣，孩子們應該從極度少量（30 至 60 毫升）的康普茶開始，與水混合或摻在水中。如果飲用後反應是好的，便逐漸增加飲用量。如此一來，家長就可以觀察康普茶在孩子身上的運作方式。生物反饋信號包括糞便（頻率、大小、氣味），習慣改變和消化反應（排氣或腹脹）。我們一直以來都收到驕傲父母的來信，表示家裡的孩子已成為專家，協助進行康普茶的釀造和飲用。

免疫系統受損的人

通常，免疫系統較弱的人也會食用發酵食品，然而面對免疫系統健康問題的人們必須更謹慎行事。同時，發酵食品和／或益生菌可以改善許多健康狀況，並協助許多受免疫問題困擾的人們重拾健康。因此，對於許多有健康問題的人來說，發酵食品是一個不錯的選擇；但對於少數無法預測免疫狀況的人來說，此舉可能產生問題。患有特定免疫疾病的人若要飲用康普茶，則應監測其生物反饋信號，以觀察康普茶如何與身體相互作用。

也就是說，建議正在服用綜合藥物治療的疾病患者與醫療保健專業人員進行密切諮詢，並僅可服用少量的康普茶，直到個體能完全評估康普茶對自身身體的影響爲止。此外，特別是那些受肝臟問題困擾的患者，若想開始定期飲用康普茶，更需要在專業醫生的協助下監測其進展。

康普茶怪談

存在康普茶的鄉野奇談不足爲奇，然而最瘋狂的說法則是有人因飲用康普茶而喪命。這裡必須提出澄清：作爲一種自然療法，康普茶在世界各地都有食用的歷史記載，有些還可以追溯到一百多年以前。數種科學研究對此一過程進行了檢視，其中成千上萬的自釀者釀造了一批又一批康普茶，但有史以來並沒有一例因此而死亡的案例。零。沒有。零蛋。

這並不是說沒有人因喝康普茶而感到不適，或者康普茶不可能對病人的系統產生負面影響。康普茶與任何其他發酵食品沒有什麼不同，任何免疫系統受損的人都應謹慎食用。

以其他接受度高的健康食品爲例，例如花生，僅在美國每年就造成一百多例死亡。實際上，美國政府批准的糧食，每年造成約三千人死亡。處方藥也受政府監管，但每年仍導致超過十萬人死亡。

即使這樣，網路上仍然存在著一些「怪談」。最可怕也是唯一一個涉及死亡的事件，可以追溯到 1995 年，當時現代康普茶研究尚未興起，網路資訊亦不普遍。不幸的是，一個在家中製作和食用康普茶的年長婦女發生腸穿孔並引發敗血症，最後因心臟病發作而去世。兩週後，同一城鎮的另一名婦女也在釀製並飲用康普茶後開始出現心肺系統的重大問題，導致體內酸性升高（參閱迷思：康普茶使你的身體呈酸性，第 44 頁）。該名婦女經治療後倖存。

由於當地的醫生從未聽說過康普茶，但知道這兩個女人都在釀造康普茶，所以他們向政府通報此事。FDA（美國食品藥品監督管理局）前去收集樣本作爲回應，CDC（美國疾病管制與預防中心）則發出了聲明，稱康普茶與這些疾病「可能有關」。然而在該公告中，康普茶培養體的測試結果並未顯示病原體，也沒有任何關聯或醫學解釋。

此外，同一鎮上飲用康普茶的其他一百多位紅茶菌自釀者中，沒有人遇到任何問題。簡而言之，不幸的巧合被歸咎於康普茶。從那以後，僅僅是搜尋康普茶的資訊，此致死案例造成的迷思就輕易映入眼簾！

另一個流傳已久的故事涉及一名愛滋病患者。據報導，他在食用了商店購買的康普茶後，於 2007 年頭暈目眩地進入急診室。然而，當時沒有對飲料或個人進行任何測試去證明二者之間有任何潛在的關聯，但不熟悉康普茶的醫生再次認爲飲用康普茶是造成患者症狀的原因。

以上幾乎包含了所有「康普茶之死」的怪談，儘管又出現了另一個恐慌故事：據報導，1990 年代某段期間在伊朗釀造的一批康普茶會感染炭疽病。他們在穀倉中釀造，剛好就在感染炭疽病的母牛旁邊。因此，無論你多瘋狂，都不要在感染炭疽熱的母牛旁邊釀造康普茶！

打破康普茶迷思

近年來，人們對於傳統食物重燃自行耕種和製作的興趣，再加上隨之而來對發酵和釀造的著迷，使得康普茶逐漸不可抗拒。然而，當無知和興奮攜手降臨，資訊常常變得虛幻又令人恐懼。隨著康普茶知識的增長和更多資訊的獲得，古老的迷思已不復存在，但不幸的並未完全從記憶中消逝。

似是而非的假訊息雖然大多無害，但常常使自釀者感到困惑，並破壞正確的釀造技術。以下是我們想要徹底打破的一些迷思。

迷思：康普茶是蘑菇

這種廣泛的信念最有可能源自菌母與蘑菇蕈傘的明顯相似。眾所周知，康普茶紅茶菌實際上是細菌和酵母的共生體，儘管尚未對康普茶的分類法進行正規化，但蘑菇是眞菌，酵母菌也是眞菌，因此在這方面，康普茶菌體和蘑菇的確屬於同一家族。但是他們是遠親，而不是親手足。

更令人困惑的是，其他語言中的一些舊名稱將其稱爲「蘑菇」。將這些術語翻譯成英文後，「康普茶蘑菇」便成爲紅茶菌的俗稱。

迷思：金屬將「殺死」紅茶菌

由於康普茶具有強大的排毒特性，因此在幾秒鐘內避免與金屬接觸的警告也被誇大了。短暫接觸過濾器或剪刀等物品不會導致紅茶菌產生毒性或釀造汙染。但是針對釀造康普茶的實際操作來說，唯一安全的金屬類型則是 304 或更高等級的不鏽鋼，才能有效防止將可能有害的汙染物浸入釀造之中。（有關更多資訊，請參閱第 100 頁。）

迷思：應將紅茶菌冷藏保存

這種令人困惑的迷思很普遍，好心的自釀者通常會這樣解釋：「這樣紅茶菌就不會腐爛」或「這樣可以讓紅茶菌休眠。」事實上，紅茶菌在妥善存放後絕不會「變質」。此外，保護釀造的細菌和酵母菌於低溫下變得活性較低，反而無法抵抗黴菌。而活化已冷藏的紅茶菌後，釀造出的第一批或第二批康普茶可能會（也可能不會）正常，但最終仍然可能在釀造過程中出現黴菌。（有關冷藏紅茶菌的更多資訊，請參閱第 191 頁。）

迷思：脫水的紅茶菌可存活

脫水與冷藏有相同的邏輯。細菌和酵母菌太脆弱，所以不建議以脫水方式防黴菌。如果剝奪了具保護性 pH 值（接觸時可殺死有害生物的保護性 pH 值）的培養液，則很容易導致發黴。再者，脫水後康普茶中的細菌便不能有效發揮作用。此外，在嘗試產生第一批康普茶之前，最多可能需要六週的時間才能使乾燥的培養液重新液化。這種嘗試浪費時間又可能失敗，較無意義。

迷思：康普茶使身體呈酸性

身體是一個複雜而奇妙的有機體，擅長藉由達成體內平衡來維持健康。內部 pH 值的顯著變化與生老病死緊密相連。爲了始終保持正確的 pH 值，我們的身體運用了多種排毒和緩衝系統（例如，肺、腎和消化系統）來處理酸性灰（acidic ash），這些成分是某些食物的消耗所產生的，並且也存在於食物中。簡言之，酸性物質是代謝過程的副產物。

關於所謂的酸／鹼飲食是否對健康有益尚有爭議，但我們確實知道，在腸道中消化食物時，其成分會留下形成酸或鹼的殘留物。人體在兩種極端情況下都會不適，因此，根據這些飲食的支持者，關鍵是要努力保持平衡，而不是只食用或禁食某種食物。

那喝康普茶又如何呢？低 pH 值是否會使人體酸性更高（有人可能會告訴你要避免這樣做）？答案是否定的。雖然康普茶的 pH 值很低（2.5-3.5），但殘留物（灰份）是鹼性而不是酸性的，其作用類似於檸檬汁和蘋果醋。

迷思：自釀康普茶不安全

自釀康普茶時，你幾乎只需要擔心一個主要問題：黴菌。黴菌很明顯，是在紅茶菌表層生長的藍色、黑色或白色絨毛。如果看到了，只需將培養液扔掉，就像扔掉發黴的麵包、乳酪或水果一樣。相反的，若製作出良好的紅茶菌培養液和濃郁的發酵液，並且遵循正確的程序，則幾乎可以保證釀造成功。

迷思：康普茶是萬靈丹

在此我們一勞永逸地鄭重澄清：康普茶不是萬靈丹。實際上，康普茶無法治癒任何疾病！康普茶能逐漸協助身體排毒，使免疫系統正常運作。建議將其視爲清潔過濾劑，而眞正的過濾器則是你的肝臟。

康普茶是一種適應原。適應原指的是滿足三個重要標準的植物或化合物：適應原無毒、無特異性（它們作用於整個身體，而不是特定部分或系統），並且有助於身體維持體內穩定。這意味著如果你需要減重，康普茶可以幫助你減輕體重；如果你需要增重，康普茶亦可以幫助你變得豐腴。

CHAPTER 3

一切從紅茶菌開始

紅茶菌菌母（一種能促進發酵的生物材料）被稱為紅茶菌。紅茶菌的外表是矛盾的極致表現：菌母和菌種既美麗又醜陋，既堅韌又精緻，培養出的每一批紅茶菌都煥發出新的光彩，反映了成功釀造的物理表現，培養液本身還可以防止汙染和蒸發。

在這種具活性的培養體中，細菌和酵母之間的平衡和相互作用便推動了發酵機制並產生健康酸。但是，並非所有紅茶菌都包含相同的細菌和酵母菌混合物，或品質相同的紅茶菌。隨之而來的結果便是，各家的康普茶各有獨特風味，而某些自釀康普茶可能比其他的嚐起來更美味。

這種成分變化反映了所有活性有機體內含的多樣性。正如同兩個由相同父母所生並在相同環境中養育的兄弟姐妹，長大後卻可能變成非常不同的人一樣，兩批預備過程相同的康普茶可能也會嚐起來或看起來有所不同。我們永遠無法完美地控制康普茶的釀造過程，這是發酵樂趣的一部分：一個生命發展的過程。

紅茶菌到底是什麼？

紅茶菌是一種生物有機塊，即大量的細菌和酵母菌，與纖維素和奈米纖維鏈結在一起。儘管也存在有其他幾種菌株，紅茶菌中的主要菌種是木黴桿菌（又稱木醋桿菌），它可以產生大量的纖維素。紅茶菌中的細菌和酵母相互依賴，因爲酵母發酵的副產物爲細菌提供營養，而細菌發酵的副產品則反過來爲酵母提供營養。

細菌和酵母一起建立了纖維素結構的微生物膠膜（或膠狀團塊），使運作機制更爲容易。可以將紅茶菌想像成是一棟公寓樓房，其中酵母菌生活在某些樓層，細菌則生活在另外一些樓層。膠狀團塊可以保護發酵液（細菌和酵母的食物來源）免受野生細菌或酵母菌的滲透。

隨著各批康普茶的產出，膠狀團塊可以協助減少液體蒸發，同時保留更多天然碳酸。而且，膠狀團塊的方便性，使康普茶釀造者能夠輕易將細菌和酵母從一批培養液轉移到另一批，確保精選菌株和菌種的持續繁殖。

細菌和酵母菌之間的共生狀態對可能會入侵康普茶的病原生物設下兩道防禦。發酵液和培養液的低 pH 值會破壞壞菌的細胞膜，而一開始導致低 pH 值的幾種健康有機酸則具有特定的抗菌性和抗病毒性。這種雙重功能使康普茶成爲健康補品，細菌和酵母菌的共生大大降低了釀造過程中產生毒素的可能性。

運用所有感官

釀造和飲用康普茶是一種全方位的感官體驗。你將體驗到如下感受：

- 味覺：它既甜又酸，隨著時間的醞釀會產生複雜的口味基調。
- 嗅覺：香氣濃郁則表示發酵良好。
- 視覺：紅茶菌通常爲乳白色，帶有棕色的酵母絲，並可能帶有氣孔以釋放二氧化碳。氣泡則在培養體的表層之下發揮作用。
- 觸覺：紅茶菌觸感光滑柔軟。
- 聽覺：輕輕彈出氣泡時發出愉快的啵啪聲表示釀造狀態良好。

你如何搭配和創造自己的康普茶感官體驗？

紅茶菌就像一艘搭載著數百萬種微生物的母船，在所有這些微生物的共同努力下維持整個共生狀態繼續存在。我們將從這些組成生物的基本介紹開始談起，以便爲理解共生關係的細微差別提供背景知識。

名詞解釋：細菌

1838 年，德國自然學家克里斯欽・格特弗・埃倫堡（Christian Gottfried Ehrenberg）成為顯微鏡研究和微生物鑑定領域的先驅，他在顯微鏡下看到了一個棒狀的圖形。他將希臘細菌 baktērion 中的生物細菌命名為「staff」或「cane」。

什麼是細菌？

不幸的是，細菌已經在我們的仇菌社會中受到了不白之冤。毫無疑問，保持清潔對食品的製作很重要，但是我們的「細菌戰爭」（過多不必要的抗生素處方、添加到食品中的抗生素，以及每個浴室中的抗菌肥皂和洗手液）已經破壞了食物的自然平衡，亦卽人體內進化的「好」和「壞」菌失衡。我們必須正視上述思維

紅茶菌溫床（請見第56頁）可以看出健康紅茶菌的各種大小和形狀。

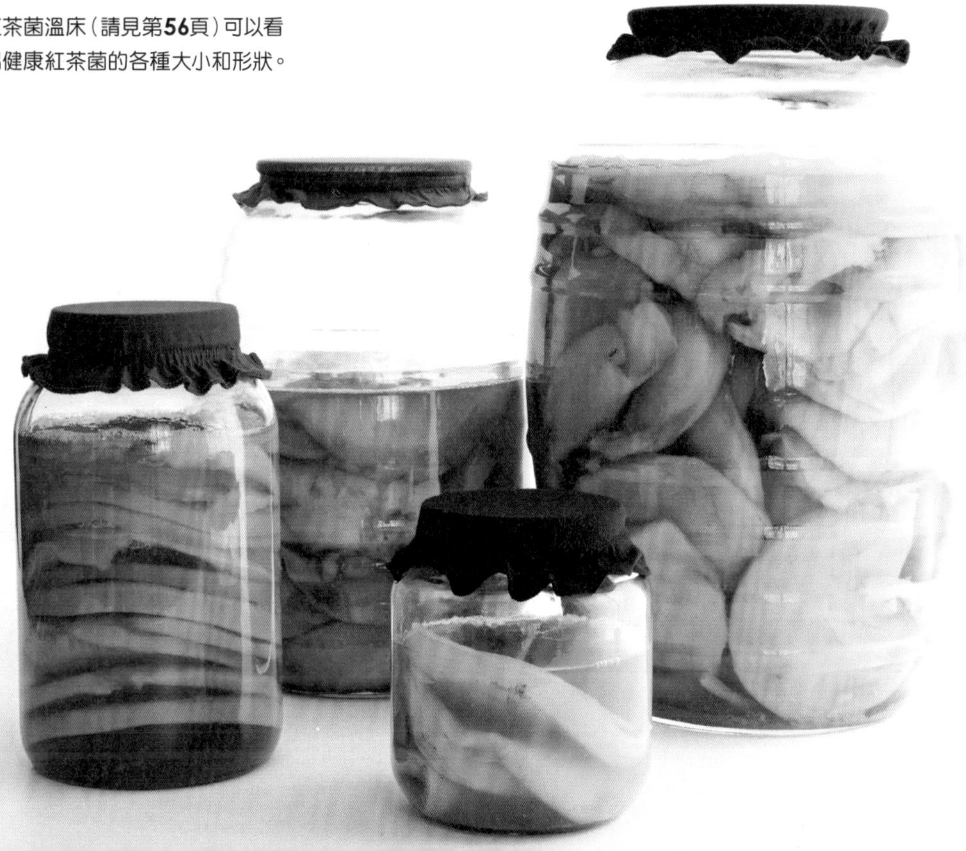

方式的負面影響。細菌是單細胞原核微生物，作爲原核生物，細菌細胞缺少明顯的核、膜結合之細胞構造，使其與更複雜的眞核生物區分開來，而眞核生物則包括酵母、蘑菇和人類（神奇的是，人類更接近蘑菇而不像細菌！）。儘管細菌的構造非常簡單，但細菌卻多產且種類繁多，並且扮演地球上生命存續不可或缺的角色。細菌非常簡單，因此對於每個有機體的健康運轉至關重要。作爲進化的載體，細菌與細胞之間DNA的轉移、基因的開啓和關閉，都與細菌的繁殖密切相關。

康普茶培養體始終含有大量的乙酸細菌，除了生產由紅茶菌產生的纖維素外，還將乙醇（由酵母產生）轉化爲乙酸。儘管醋酸桿菌在康普茶菌體中占主導地位，但其實每種紅茶菌培養體都有獨特的細菌種類和菌株。命名則取決於母菌和當地野生細菌種群的差異。（請參閱下一頁的潛在細菌完整列表）。除了構建紅茶菌之外，細菌還負責將酵母產生的乙醇轉化爲有益健康的酸類。

什麼是酵母？

酵母是單細胞眞菌生物，自從人類之初就一直是我們的忠實夥伴。沒有這群酵母好朋友，我們根本無法烘烤或發酵。酵母消耗糖分並釋放二氧化碳，以及乙醇（發酵時）或水（呼吸時）。二氧化碳則可使麵包膨發，並使發酵飲料產生自然的氣泡。如上所述，酵母在紅茶菌中產生的乙醇反過來成爲細菌的食物，細菌從而將乙醇轉化爲乙酸。

酵母菌聚集成漂浮在康普茶中的棕色絲狀物，肉眼清晰可見，而酵母在繁殖時則變得更加暗淡，附著在紅茶菌的底部。

紅茶菌罐子裡存在的確切混合物和類型，則會因不同的菌體以及當地酵母種群而有所差異，但最常見的優勢菌株包括釀酒酵母、布雷塔酵母和接合酵母菌。

紅茶菌中的細菌和酵母菌

隨著新品種的發現和辨識，近乎無限種類的細菌不斷地被重新檢查和更名。這種情況發生在 2013 年的糖醋桿菌中，當時東京大學應用微生物研究所的 Kazuo Komagata 博士使用 DNA 序列研究了乙酸細菌。如此一來，分類差異更明瞭，數據亦清楚地表明了系統發育、表型和生態差異。因此，此類細菌被重命名爲駒形桿菌（Komagataeibacter）。但是，由於名稱更改是最近的，所以許多較早的研究仍然使用舊名稱。我們列出更新後的名稱，而較舊的名稱則在括號中顯示。

酵母名稱

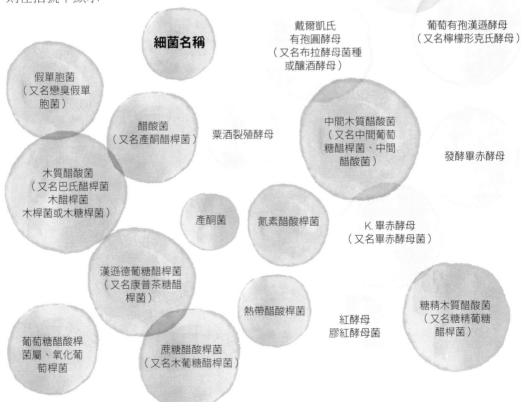

布雷塔酵母菌（又名異形德克酵母菌）布雷塔氏菌（又名德克酵母菌或布雷塔氏菌）

合子酵母
百里酵母
雙孢酵母
接合 k. 酵母菌
魯氏酵母

釀酒酵母
釀酒酵母變種
釀酒酵母
路德維希氏酵母

白色念珠菌
乳酒假絲酵母
星形假絲酵母

戴爾凱氏有孢圓酵母（又名布拉酵母菌種或釀酒酵母）

葡萄有孢漢遜酵母（又名檸檬形克氏酵母）

粟酒裂殖酵母

發酵畢赤酵母

K. 畢赤酵母（又名畢赤酵母菌）

紅酵母
膠紅酵母菌

細菌名稱

假單胞菌（又名戀臭假單胞菌）

醋酸菌（又名產酮醋桿菌）

木質醋酸菌（又名巴氏醋桿菌木醋桿菌木桿菌或木糖桿菌）

中間木質醋酸菌（又名中間葡萄糖醋桿菌、中間醋酸菌）

產酮菌

氮素醋酸桿菌

漢遜德葡糖醋桿菌（又名康普茶糖醋桿菌）

熱帶醋酸桿菌

糖精木質醋酸菌（又名糖精葡糖醋桿菌）

葡萄糖醋酸桿菌屬、氧化葡萄桿菌

蔗糖醋酸桿菌（又名木葡糖醋桿菌）

共生如何運作？

共生是細菌與酵母、菌母和菌種、人與環境等有機體之間的美好共舞。雖然我們每個人都在日常生活中經歷共生關係，但花時間去思考萬物之間的深層關連並不是我們心目中的首要之務。釀造康普茶便是一種與共生體進行互動的過程，同時讓精神與共生的眞實本質緊密相連。

名詞解釋：**酵母**

從古代人視角，發酵過程中產生的氣泡看起來類似沸水產生的氣泡。酵母一詞源自印歐語系的單字 jes，意思是「煮沸、起泡、起泡沫」。此單字經由日曼語系的單字 jest 進入英語字彙中（j 的發音與德語的 y 相似）。

康普茶培養體中的酵母和細菌之間維持著錯綜複雜的相互依存關係。培養液和發酵液中的細菌和酵母可以說是一場歡樂派對的主導者。

細菌與酵母
派對主辦人與派對動物

每個好的派對都需要策劃人和參與者之間的適當平衡，而我們的康普茶釀造派對也不例外。衆所皆知，世界上不乏喜歡當派對動物的人，而派對主辦人卻很少。在康普茶中，酵母扮演派對動物的角色，食物出現時將首先享用，當賓主盡歡時，酵母往往會迅速繁殖。爲了平衡生態，我們經常需要採取措施來控制酵母繁殖。

這些技術包括從富含細菌的釀造液頂部提取發酵液，而不是從酵母喜歡聚集的釀造液底部提取發酵液。爲了糾正產出的各批康普茶之間持續存在的酵母問題，可以過濾發酵液以去除更多的酵母（而釀造液中更微小的細菌則不會遭到過濾）。

儘管酵母可以在更廣的溫度範圍內繁衍，但我們的派對主辦人會將康普茶的溫度範圍定在 24-30°C 之間，該溫度區間則是專為促進細菌的健康和繁殖而設計。再者，從側面加熱代替從底部加熱，可以藉由將熱量傳遞到酵母在釀造液中的特定位置，促使酵母停留在容器底部而使細菌受益。在那裡，那些昏昏欲睡的派對動物不會受到任何傷害，而派對主辦人會清理並完成美味的釀造液以供我們享用！

酵母大觀

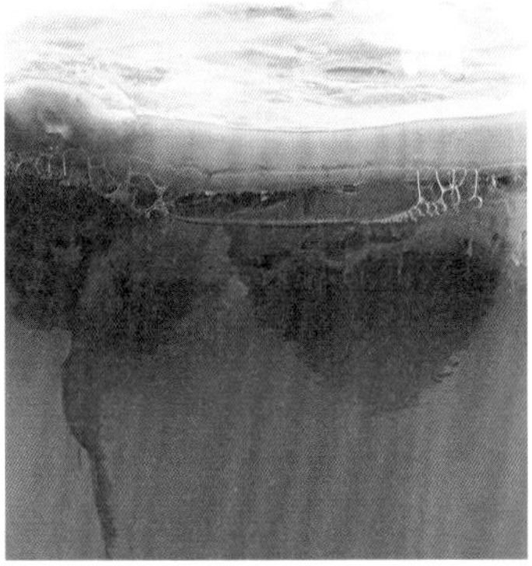

酵母鏈在發酵的過程中懸掛在菌母下。

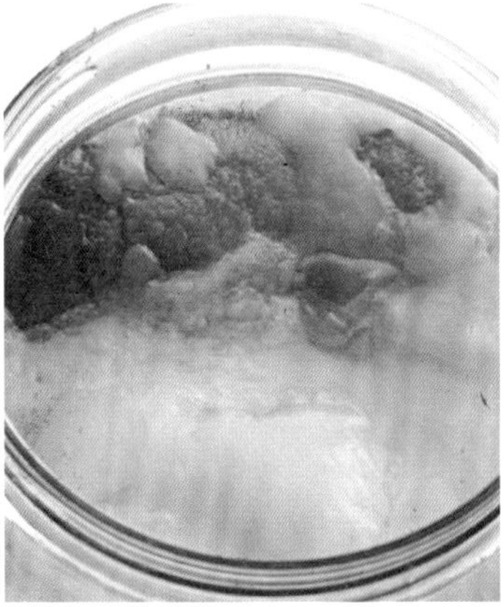

新的菌體形成時，有些酵母菌體可能會被困在纖維素之內或是其下方，可能為棕色、黑色、和／或藍色塊狀或是微粒狀。

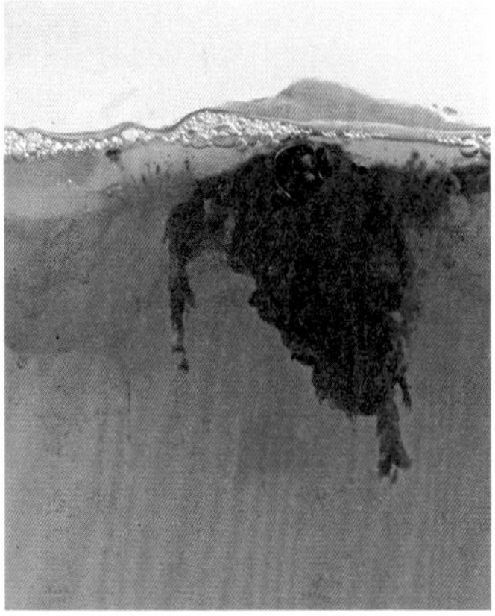

在發酵的前期，一個龐大但正常的酵母菌叢緊鄰富含氧氣的表層。

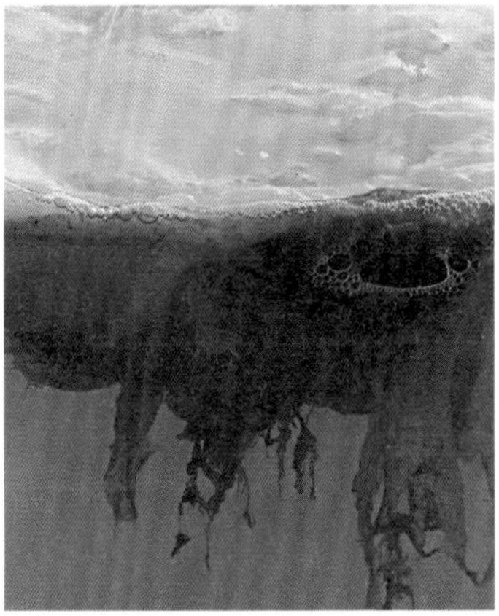

在厭氧發酵的過程中，完整成型的紅茶菌母下方，二氧化碳氣泡聚集在玻璃杯與菌體之間。

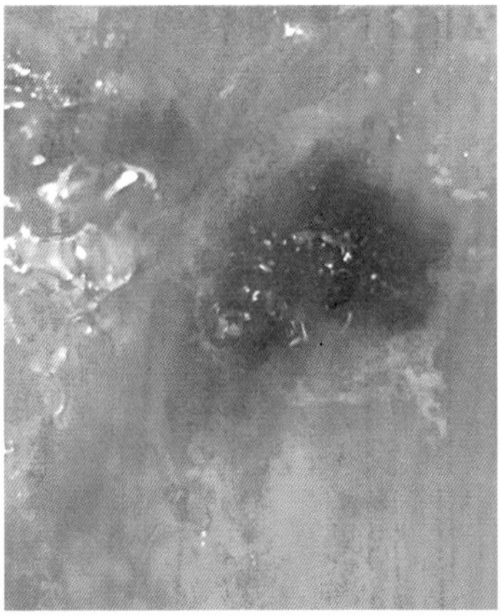

新生成的紅茶菌母之下的一團酵母菌看起來可能很像黴菌，但這樣完全正常且無害。

在紅茶菌溫床裡，酵母菌可能會依附在菌體上、自由漂浮，或是聚集於容器底部。

首先將酵母菌添加到新鮮的糖水中，酵母就可以開始工作，破壞蔗糖分子的弱化學鍵，分解爲果糖和葡萄糖成分。

在此容易獲得氧氣的階段，酵母參與呼吸作用，產生二氧化碳和水，而酵母團則懸浮在液體表面附近。隨著酵母分解糖，細菌利用葡萄糖作爲能量，以便轉換纖維素的奈米纖維，從而在釀造液的頂部形成新的菌母層。

一旦新的紅茶菌完全覆蓋了釀製容器的表面，氧氣含量就會降低，使酵母從呼吸轉換爲發酵。這時，酵母菌開始產生二氧化碳和乙醇，細菌可利用這些二氧化碳和乙醇合成酸，使康普茶具有酸味並有益於健康。此時，一些用過的酵母細胞會落到容器底部，形成一層棕色污泥。他們在這裡休眠，直到轉化成更多的燃料（糖）。

發酵與呼吸

發酵和呼吸是酵母代謝（分解）碳水化合物的兩個過程。發酵在厭氧（無氧）條件下進行，是酵母將糖分解爲二氧化碳和乙醇的過程。

呼吸在有氧（含氧）條件下進行，並將糖轉化爲二氧化碳和水。是故康普茶可說是一種獨特的發酵產品，原因在於它在釀造週期的不同階段進行了以上兩種機轉。

關鍵在於平衡

如我們所見，細菌與酵母菌之間的共生具有特定節奏，好比舞蹈，可以為彼此帶來正面的好處。人類在此過程中扮演的角色是提供最優質的成分，並監督不同生物之間的平衡。保持適當平衡所形成的圓潤甜美釀造液，與超酸的釀造液嚐起來風味迥異。

這也正是釀造液中細菌和酵母菌比例不同所反映的差異。如果釀造物中的酵母過多，細菌可能受到壓制。反之，釀造液幾乎無法產生出酵母呼吸的氣泡。

我們必須意識到其中各個參與者的作用，以及他們如何為整體目標做出貢獻，使釀造液保持平衡至為關鍵。（保持平衡之特殊指引，請參閱第 202 頁。）

康普茶初體驗

「一分錢一分貨」適用於任何食物，也包括康普茶菌母。紅茶菌的傳承由來已久，若你有管道與符合可靠供應商標準的朋友或本地的積極自釀者聯絡（請參閱第56頁），這是一個不錯的選擇，因為你能獲得非常新鮮濃郁的菌母和發酵液。

若你需要更便捷的管道（當然包括完整和詳細的使用說明、快速交付以及品質保證），我們建議從高度評價、可靠的供應商購買紅茶菌，這通常是最佳選擇。但是請注意，任何紅茶菌，無論是贈品還是購品，其品質仍有可能不佳。一些供應商建議冷藏、有些菌母已脫水或呈現部分水化（因為沒有發酵液）的培養液、或過於細小如試管大小的培養塊，只著眼於節省額外的託運費用，但卻浪費了紅茶菌的能量和風味。

若要第一次釀造康普茶就上手，請選擇符合以下條件的紅茶菌供應商：

- 經驗豐富的康普茶釀造商，提供之商品資訊清楚正確。
- 在整個釀造過程中，提供詳細說明和售後服務。
- 定期運送，或提供至少 13 公分寬的大型紅茶菌母。
- 提供非初泡但新鮮的發酵液，建議最好 6 週齡，至少 1 滿杯。
- 不建議冷藏培養體，應用紗布覆蓋釀造液，或使用罐底的釀造液作為發酵液。

以上建議集十多年來成千上萬自釀者經驗之大成，他們努力嘗試，從無法繁殖的菌母中反覆試驗並互相幫助。例如從來源不佳的紅茶菌母上啜飲，並丟棄數週或數月的不合格釀造液後，他們培養出高品質的菌體，並在 7 至 10 天內獲得了夢寐以求的優質釀造液。

如果菌母表現不如預期，那不一定是你的錯。由於儲存、新鮮度或原產地的因素，菌母可能會很弱或受損。不要浪費時間和金錢在品質不佳的菌母，要使用具有品質保證的菌母，並且要盡快開始「煩惱」要製作什麼口味！

然後，當朋友索取紅茶菌母時，請確保滿足上述所有條件，這樣他們才能有一個美好的開始，或者若方便的話，可以將其發送給你的供應商。

單個紅茶菌母通常在它疲勞、萎縮或無法繁殖之前，至少可以連續進行 10 個釀造週期——儘管一些自釀者聲稱菌母釀造液可以重複使用數年。

培育和儲存紅茶菌：紅茶菌溫床

每一批釀造液，原始的紅茶菌「菌母」都會產生「兒女」，即形成「菌種寶寶」，通常是以一種類似鬆餅的層狀物（視情況而定，可以變厚或變薄）。不久之後，可以將菌種寶寶分開，開始新一輪的沖泡或滿足其他用途（請參閱第 17 章）。

可以將額外的紅茶菌種贈送給朋友或用於實驗性沖泡——隨身攜帶它們會很不錯，紅茶菌溫床是一種簡單的儲存方案。請參閱第 6 章，了解有關建立和維護紅茶菌溫床的所有資訊。

尋覓優質康普茶

所有紅茶菌都不一樣！以下是一些尋找優質菌母來源的訣竅。

- 最佳選擇：向信譽良好的供應商訂購新鮮大塊的菌母。
- 好的選擇：從具備釀造知識的朋友或當地的自釀者獲得健康的菌母。
- 避免：任何脫水、冷藏、試管大小或從瓶裝容器中培養出來的紅茶菌。

培養時應避免的作法

你絕對不希望使用到以下任何一種狀態的紅茶菌：

脫水。某些類型的培養液，例如克菲爾優格菌種，在脫水時可能仍然可以存活（儘管新鮮的培養液通常能有更快的釀造速度，並且使產品更鮮美且更具風味），但將康普茶紅茶菌脫水卻是較不建議的選項。一般情況下，脫水紅茶菌的釀造液會變得所剩無幾。你可能以為自己正在製作康普茶，其實做出來的只是酵母菌飲料。脫水的紅茶菌除了拿來用作狗狗咀嚼玩具之外，看來沒有其他好處！（有關更多資訊，請參閱第 373 頁。）

冷藏或冷凍。康普茶紅茶菌是一種強壯的菌體，可以承受大範圍的溫度波動以及某些不理想的條件，但只能持續幾個小時到幾天。如果打算長期存放，較低的溫度的確會使乙酸細菌更持久地進入睡眠狀態。但當開始新一批釀造時，細菌活性會變低，無法適當保護釀造液，並且時常會在最初幾個循環沖泡中就開始發黴。

試管或微型包裝。釀造成功需要夠大的菌體和夠濃的發酵液才能正確酸化含糖的茶，故不建議那些提供以試管或小罐包裝紅茶菌體來犧牲品質以削減成本的供應商。

紅茶菌會冷嗎？沒什麼大不了！

紅茶菌是耐受性極強的強壯生物，可以短暫承受極端溫度後，仍然存活下來並開始再次沖泡。在我們的 Kombucha Kamp，紅茶菌全年無休的運送遍布全球，這意味著有一部分的紅茶菌在途中經歷了寒冷甚至冷凍的狀態。

如此一來紅茶菌死了嗎？沒有！還能用嗎？是的！將紅茶菌冷藏數週時會讓它們進入休眠狀態，所以運送期間數小時甚或數天的寒冷不足以破壞菌體。

然而，在將之前短暫冷凍的菌體加入甜茶基底前，請記得給它幾天時間甦醒和恢復，以便之後能順利發酵。幸運的是，恢復很容易！第一，將紅茶菌返回室溫的環境，讓其帶著包裝放在溫暖的地方，直到溫度恢復正常。第二，再給細菌和酵母 12 至 24 小時的恢復時間，以便重新獲得發酵的魔力，然後就能依照正常程序釀造！

從市售瓶裝菌母培養紅茶菌

儘管一些消息來源建議可以從市售的瓶裝菌母中培養菌體，但出於多種原因，最好選擇眞正的紅茶菌和全功能的發酵液。從本質上而言，生產待售的釀造液意味著做出我們不需要在家中做出的妥協，並且從這些產品中產生的菌體效果較差。

關於市售瓶裝釀造液的複雜問題，在於需要控制紅茶菌中天然的低含量酒精濃度。儘管這些低含量不會使人酒醉，但它們仍可能略高於市售「非酒精」飲料的法定容許濃度（有關康普茶中酒精含量的更多資訊，請參閱第 396 頁）。2010 年，由於擔心市售瓶裝紅茶菌的酒精含量上升到 0.5% 以上的限制，導致該產品暫時自主下架。

市售瓶裝紅茶菌業者藉由重新配方解決上述問題。過程中，一些公司在銷售和產品費用上損失慘重，其中有兩家從未東山再起。事後看來，由於缺乏複雜的酒精測量技術，這些擔憂可能沒有根據，或者至少遭到誇大。（有關更多資訊，請參閱第 397 頁。）

當品牌回到貨架上時，已經採用了多種方法來設計飲料本身或修改釀造過程，以便在各種條件下刻意維持較低的酒精含量，符合聯邦標示法。一些公司添加了實驗室培養的益生菌，有些改變了發酵過程本身，其他則進行了更改，但對其流程保密。無論進行哪種修改，都不太能有效透過瓶裝產品來提供純淨的培養體和活性強的發酵液，因爲康普茶的發酵物和發酵液是爲在家中沖泡而設計，適合在瓶中存活或儲存。

除了控制酒精的問題外，康普茶菌母的市售方式還有許多其他問題。例如貨架穩定性、價格競爭、吸引主流風味的需求，以及全國範圍的物流問題，更不用說任何會影響成分以及最終產品的因素，都可能導致釀造液的活性降低。

即使市售瓶裝菌母確實可行，使第一批釀造液成功了，隨後的釀造液也常變得風味較差，並且可能無法提供與新鮮濃烈的釀造液相同之營養價值。其效果僅類似於使用市售的的優格自製食品——無法在多次釀造中維持菌母強度，致使最終產能後繼無力。

以上是商業化的現實，但不會影響消費者對康普茶飲料的需求（我們樂於自商店購買和飲用康普茶，尤其是出外旅行時！）。然而，隨著康普茶持續走紅，業者相繼湧入市場，這對於消費者而言的確是個好消息。有鑑於市場多樣性以及對常規釀造技術的根本改變，意味著我們不再需要從市售瓶培育紅茶菌。好消息是，當你需要購買新鮮強壯的紅茶菌或發酵液自行釀造時，如今比以往任何時候都更容易購得，並且是迄今在家中自行釀造的最佳方法。

良好的發酵液是關鍵

新鮮濃烈的發酵液來源很簡單，其一是取自上一泡釀造液頂部的康普茶，其二便是紅茶菌溫床頂部的液體。與紅茶菌緊密作用的發酵液是釀造成功的關鍵。「新鮮」表示在釀造液或紅茶菌溫床的活性沒有停滯。「強壯」是指至少兩週大（最好4到6週）的泡齡。一批又一批地使用新鮮的發酵液，將會稀釋釀造液本身。

優質而老化的發酵液具有以下功能：

- **降低茶的 pH 值。**康普茶具有 3.5 至 2.5 的酸性 pH 值。在甜茶基底中添加的發酵液至少要占整體容量的 10%，如此一來可以保護年輕釀造液免於具破壞性甚或有害微生物（例如黴菌或卡姆酵母）的入侵（請參閱第 197 頁）。
- **充當接種劑。**發酵液中含有數十億種細菌和酵母，它們與紅茶菌中的菌群合作，以便加快釀造速度。
- **保持平衡共生。**沖泡釀造液頂部的濃烈發酵液有助於保持派對動物／派對主辦人的平衡（請參閱細菌和酵母：派對主辦人與派對動物，第 52 頁）。而使用容器底部的發酵液可能會產生難聞異味。

紅茶菌母的黃金法則

切記

- 使用新鮮、完整的康普茶紅茶菌母以及濃烈的菌種液體進行發酵
- 批次的大小需要正確（微型的紅茶菌母無法使 4 公升的茶發酵）
- 適當地將紅茶菌母儲存於紅茶菌溫床中（參見第 135 頁）
- 用 1 至 2 杯成熟的康普茶搭配健康、新鮮的紅茶菌母，並遵循完整且清楚的指示。

絕不

- 用冷藏過或脫水過的紅茶菌母
- 使用沒有菌種液體的紅茶菌母
- 用醋（特別是生醋）作爲菌種液體
- 用品質低劣的康普茶作爲菌種液體

康普茶薄餅

並非所有的紅茶菌都能形成非常光滑的餅狀物，故無法光憑你培養出的菌體形狀和顏色來判斷成果，亦即外觀不一定能反映成品的品質。因爲看起來古怪的菌體可以製作出味道奇妙的康普茶，而看起來完美的菌體卻可能會失敗。

漂浮的紅茶菌

許多自釀新手疑惑道，假使紅茶菌添加到甜茶混合物後沉入底部，該不該開始擔心？紅茶菌不是應該漂浮在甜茶頂部形成密封嗎？另一個問題是，紅茶菌「順滑的一面」是否需朝上。

實際上，紅茶菌母通常一開始就會下沉。菌母可能會在開始的幾天內緩慢上升，或者可能會保持在容器底部附近，但其實不管位置在哪或哪一側朝上，都不會影響沖泡。無論菌母身在何處，紅茶菌菌體生長出來的新層次始終會在釀造液表面上生長。菌母可能會附著在菌種寶寶的底面，或者可能分開存在。如果兩者連在一起，可以在需要分離它們時輕鬆拉開。

每當紅茶菌層受到干擾時（例如將釀造液倒出或甚至只是在廚房中移動時），它都會停止生長，一旦容器再次回復穩定狀態，菌體就會開始形成新的層次。在連續沖泡法（CB）中，亦即由單個厚實的多層培養體來釀造康普茶，該培養體每3至6個月必須修剪一次。

優質菌體的特徵

菌體團塊應在6到12公分之間

紅茶菌太薄可能代表菌體薄弱，太厚則可能無法讓足夠的氧氣進入。

顏色爲淺棕褐色

新增長的紅茶菌通常是白色或淺棕褐色。一塊紅茶菌隨著重複使用的時間增長，便會變成深褐色，並可能會失去效用。

不論舊的菌種是在容器內的何處，新的一層總是在頂部生成。

含有酵母菌

酵母鏈可能附著在培養體的底部，也可能漂浮在上層。

請記住，紅茶菌中的Y代表酵母，因此酵母的存在有其必要，但重要的是需與細菌保持平衡。當發酵液變得太混濁，過濾一下可能會有幫助，以免破壞釀造液的平衡。

第一泡後勁很強

液體越老越濃，愈有助於發酵。強烈建議 pH 值爲 3.5 或更低。而每一批都會長出新的層次，因爲健康的紅茶菌總是會產生新的菌體。

整塊菌體很硬，健康的菌體被拇指和食指緊緊捏住或擠壓時不會斷裂。

名詞解釋：SCOBY

SCOBY 通常發音作 s-co-bi，發長音的 o（像 go 的發音），但有些人念成 s-cu-bi (Scooby)，或許是根據他們最愛的卡通狗角色的名字；SCOBY 也被稱為：Biofilm（生物膜）、Pellicle（皮膜）、Zooglea（黏液菌）、Culture（菌體）

下沉或游泳

紅茶菌可以用任何方式漂浮或下沉，因此，只需輕鬆地放入新的容器，然後順其自然即可！康普茶在 7 天內便可成長。

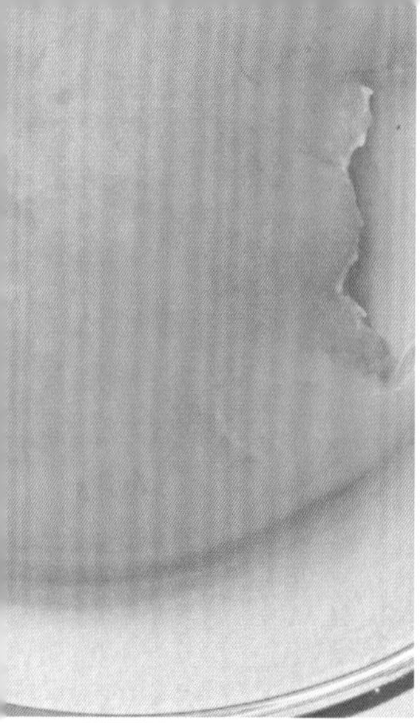

健康紅茶菌大觀

或薄或厚；半透明到白色到咖啡色；堅硬、強韌或帶有氣孔：以下是健康紅茶菌的圖例。

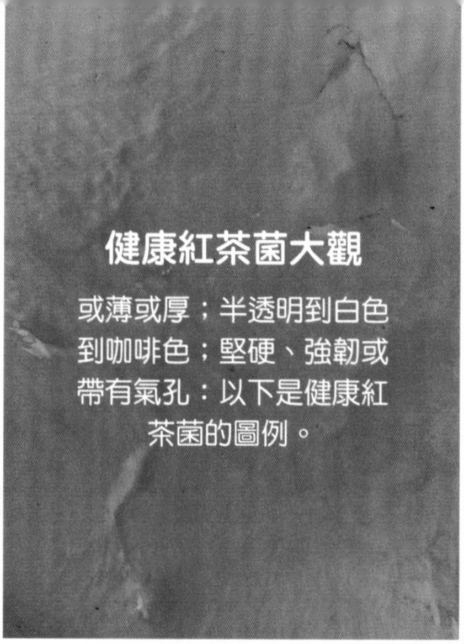

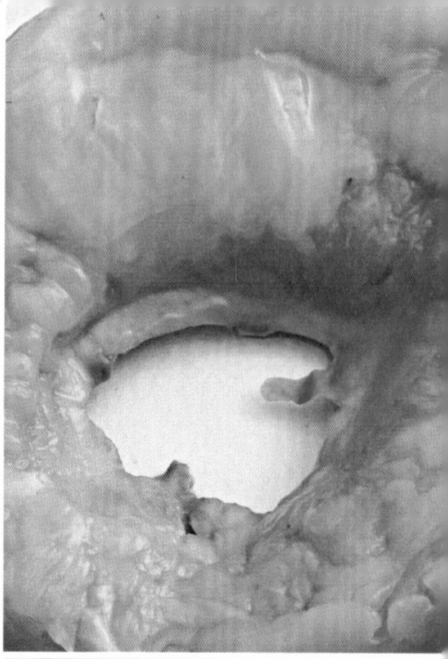

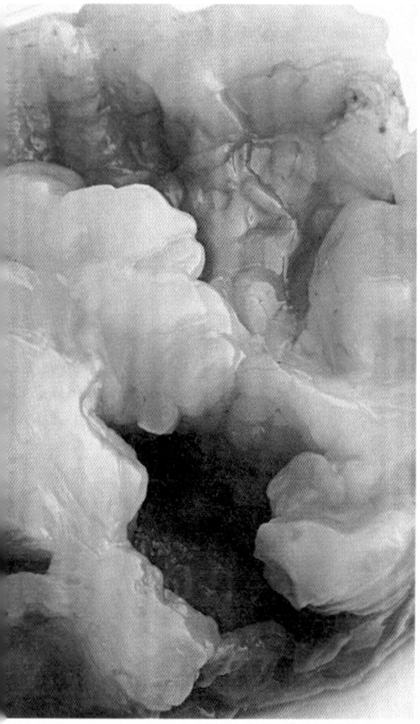

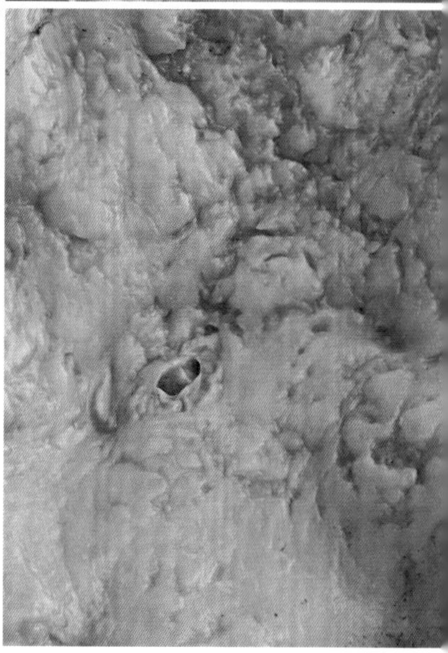

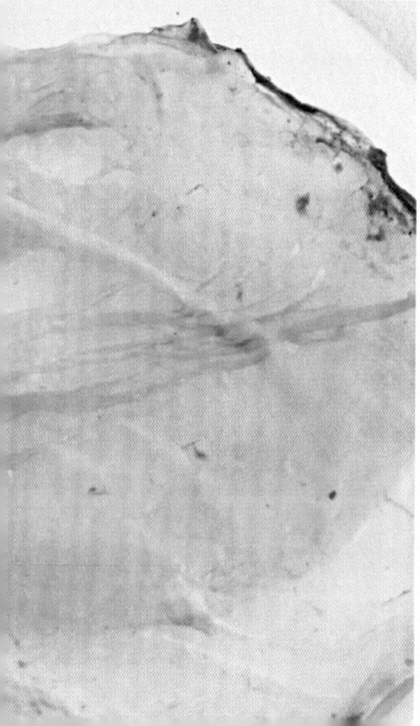

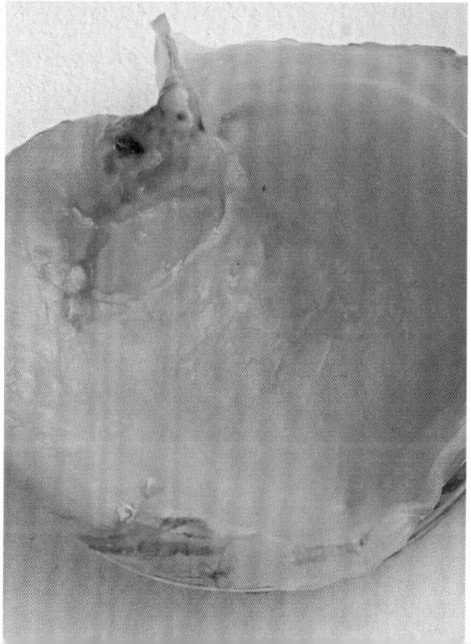

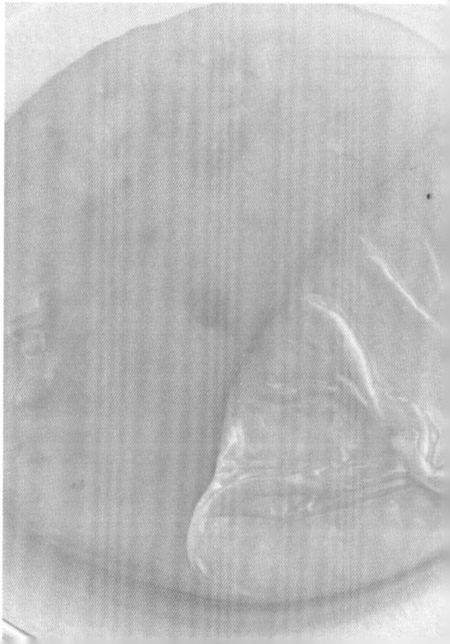

康普茶 7 日成長過程

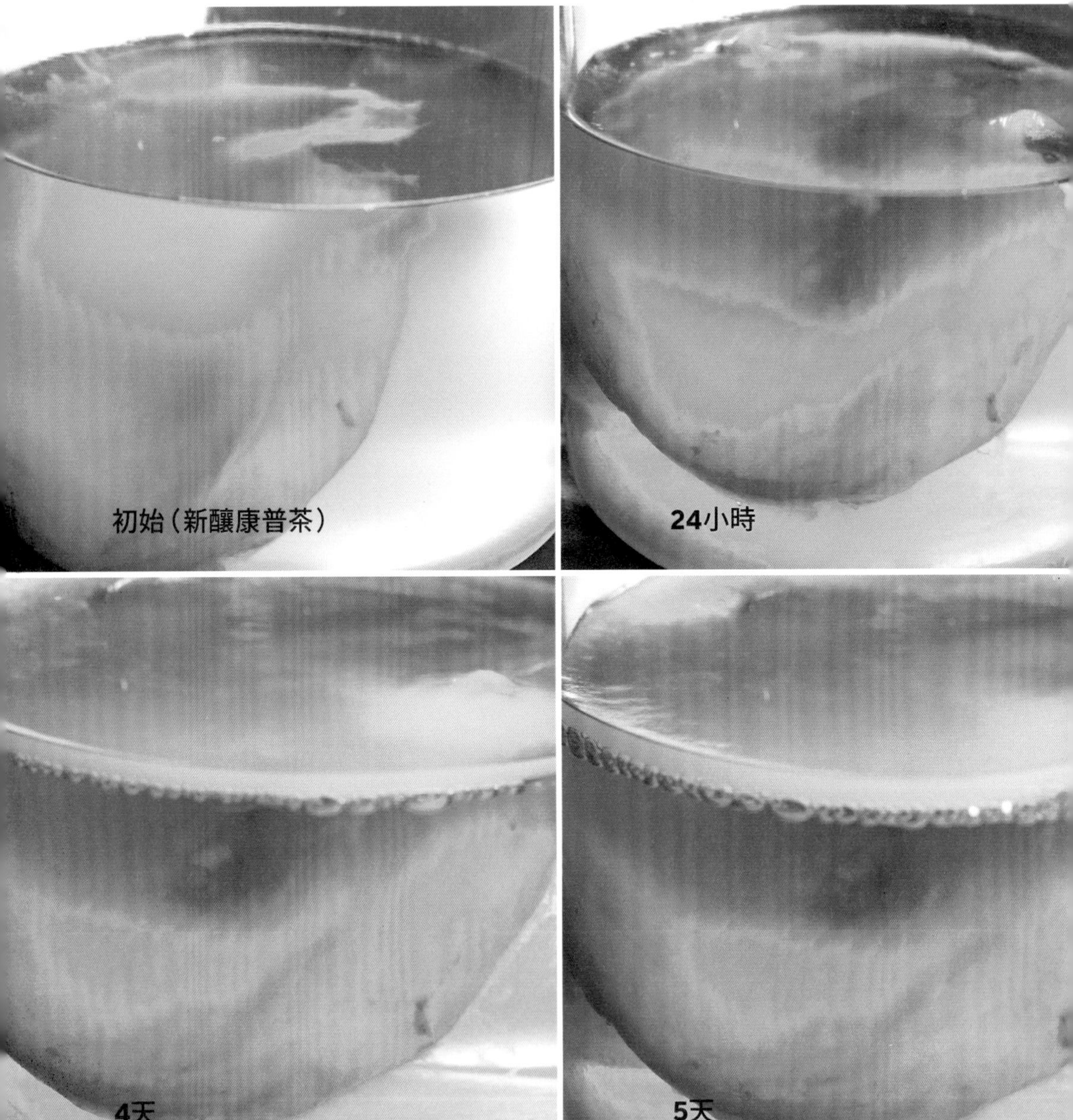

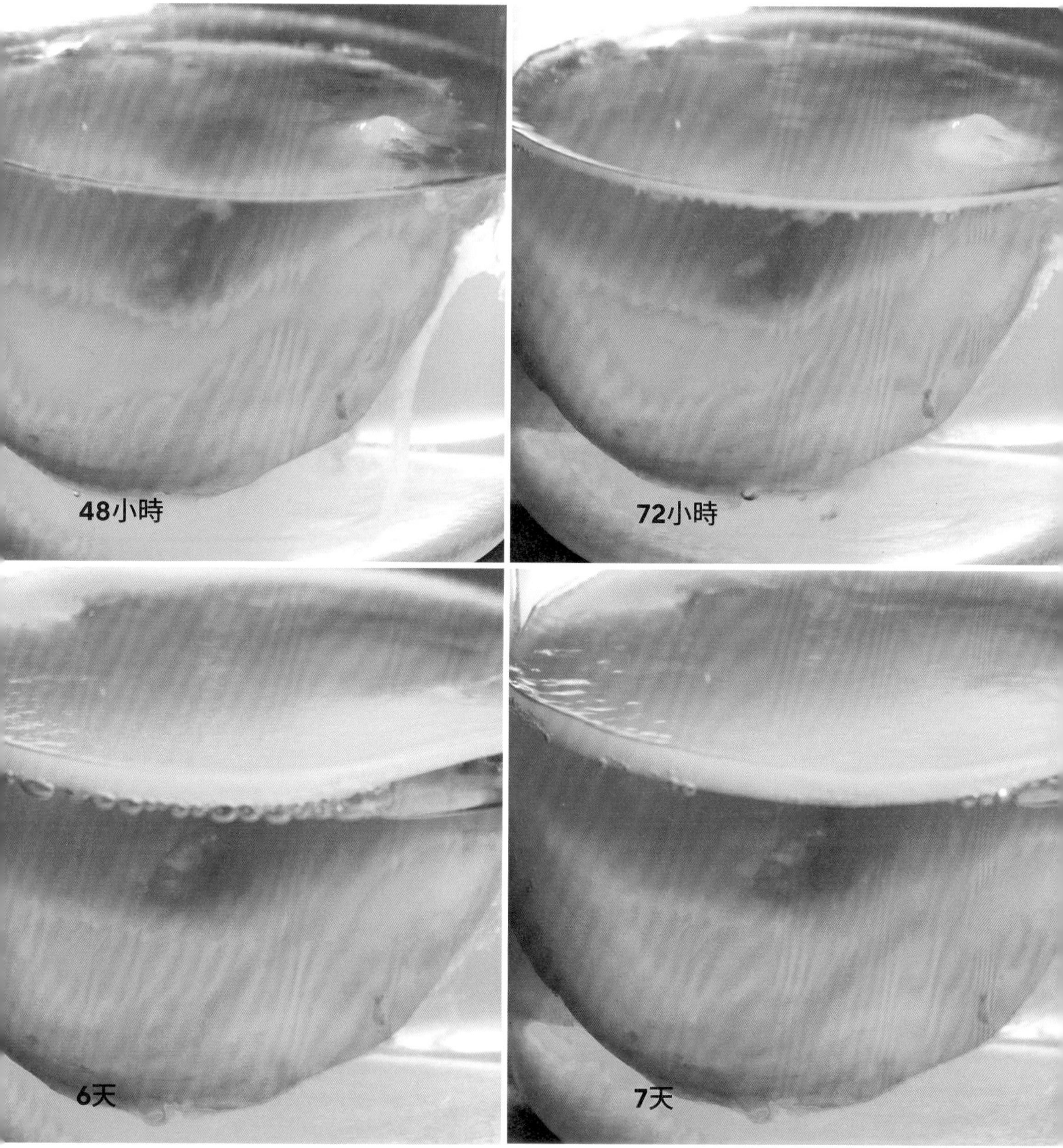
48小時
72小時
6天
7天

康普茶紅茶菌的各種名稱

康普茶在悠久的存在過程中積累了許多名稱。許多名稱都反映了紅茶菌的外觀、菌體來源或健康效果。這些具有歷史性和俚語性的術語則反映了人們對紅茶菌的信念和益處。

中文
蘑菇

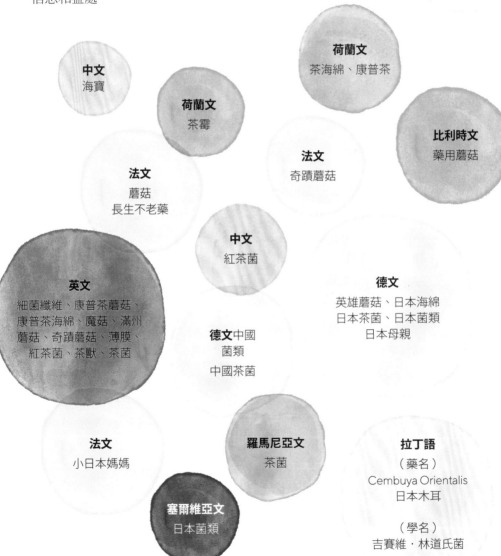

德國
俄羅斯花朵
俄羅斯媽媽
俄羅斯菌類
俄羅斯水母

中文
海寶

荷蘭文
茶黴

荷蘭文
茶海綿、康普茶

比利時文
藥用蘑菇

法文
奇蹟蘑菇

法文
蘑菇
長生不老藥

中文
紅茶菌

英文
細菌纖維、康普茶蘑菇、康普茶海綿、魔菇、滿州蘑菇、奇蹟蘑菇、薄膜、紅茶菌、茶獸、茶菌

德文中國菌類
中國茶菌

德文
英雄蘑菇、日本海綿
日本茶菌、日本菌類
日本母親

法文
小日本媽媽

羅馬尼亞文
茶菌

塞爾維亞文
日本菌類

拉丁語
（藥名）
Cembuya Orientalis
日本木耳

（學名）
吉賽維・林道氏菌

法文
日本蘑菇

日文
紅茶蘑菇

法文
中國蘑菇

德文
伏爾加梅杜莎
伏爾加菌
伏爾加水母

阿拉伯文（伊拉克）
Khubdat Humza

西班牙文
蘑菇

德文
高加索茶菌
高加索海綿

法文
善良蘑菇

義大利文
埃及海草

德文
奇妙蘑菇
魔法菇

捷克文
康普茶神奇蘑菇

西班牙文
中國蘑菇

俄羅斯文
日本蘑菇

德文
康普茶海綿

拉脫維亞
奇妙蘑菇

義大利文
尼羅河藻類

俄羅斯文
茶蘑菇

德文
印度酒菌
印度茶海綿／茶菌
印度日本茶菌

德文
康普茶漿

捷克文
奧林卡（波西米亞和摩拉維亞修士賦予紅茶菌的暱稱，他們希望保持這種祕密釀造的安全）

匈牙利文
日本蘑菇

德文
滿州蘑菇
滿州海綿
滿族日本菌

CHAPTER 4

其他成分

茶、糖、水

康普茶是一種非常簡單的飲料，僅包含四種主要成分：茶、糖、水和帶有發酵液的紅茶菌。

茶

茶是地球上最健康，最受歡迎的飲料之一，其消耗量比其他所有飲料（包括軟性飲料、咖啡和酒精性飲料）的總和還多。從溫和的澀味到柔和的單寧，其風味和營養益處使它風靡了中國、歐洲、中東和印度，以及在美國等衆多國家中享有盛譽。

茶富含多酚和其他抗氧化劑，其功能包括可以抵抗自由基的破壞、支持人體長期健康，並保持血液清澈和不含毒素。此外，茶還含有許多生物鹼和氨基酸，可幫助人體代謝脂肪和控制體重、幫助調節血糖值、幫助保護牙齒和骨骼，以及消除自由基來防止癌細胞形成。

難怪康普茶具有如此衆多的治療功效——它是由已經具有驚人健康益處的飲料所製成的。康普茶利用氮和嘌呤等營養物質，經過神奇的發酵以及少量含有維生素和酶的特定細菌和酵母的培養，使上述益處具有更高的生物利用度（亦卽，人體更容易吸收）。又一個好處！

當我們談論用茶釀造康普茶時，指的原料是茶樹的葉子。但是，許多人在聽到「茶」一詞時會想到是一種香草茶或藥草茶。其實，浸泡諸如洋甘菊和薄荷等香草製成的飲料，或南非國寶茶和南非蜜樹茶的葉子（均爲豆科植物）所製成的飲料，通常都被稱爲茶，故在日常對話中，這個定義沒有錯。但是，許多香草茶事實上並不包含成功發酵出康普茶所需的營養。此外，某些香草中的精油實際上可能會損害培養的細菌，甚或阻礙健康細菌的繁殖，亦卽會阻礙釀造液產生重要的酸味和其他好處，以及破壞菌體對抗黴菌入侵的能力。

在用香草茶釀造康普茶時，最初可能會生產出既美味又健康的發酵飲料，但隨著時間的流逝和沖泡次數增多，培養體可能會萎縮並最終死亡，或者細菌株群可能變得太弱而無法生長出新的一層培養體。因此，我們不建議僅用香草來釀製康普茶。然而，紅茶菌的發酵技術非常靈活，只要將少量無油或無添加香料的香草與大多數眞正的茶混合，便可以製造出具有濃郁風味和長期活性的健康美味釀造液（請參閱建議混合之香草和藥草，第 79 頁）。

或者，使用多出來的紅茶菌沖泡整批香草作為實驗。（有關此方法的更多資訊，請參閱第 81 頁「實驗性沖泡混合茶」。）

康普茶傳奇：

普洱茶起源

將茶埋在山洞中以產生特殊風味的做法是如何產生的？許多傳說繪聲繪影，但最刺激的和最有可能的說法則是關於僧侶欺騙盜賊的故事。這些和尚一生的大部分時間都致力於種植和照顧茶樹，但後來卻因為入侵者而失去了寶貴的收穫。僧侶們並沒有逆來順受，而是選擇將採收的茶藏了起來。他們在挖出植物後發現，將茶掩埋使之與土壤微生物接觸，進而改變了味道，從此建立了這種獨特的方法。

像所有偉大的歷史一樣，茶也有悠久的傳說。中國的「神農」皇帝（也是中藥草之父），據說是首位發現將茶樹葉子倒入一鍋沸水後會散發香氣的人。

飲用茶的好處包括鎮靜心緒、恬靜氣氛和專注能量。四千多年以來，茶已在地球上幾乎每個社會中占有一席之地，全球平均每天消費 30 億杯茶。

最適合的茶類

紅茶、烏龍茶、綠茶、白茶和普洱茶都來自同一種植物：茶樹。而各類茶之間的差異主要取決於摘葉的生長期長短和加工方式。

所有茶葉都進行了部分烘焙乾燥，再以各種不同的方式熟成，使葉子暴露在氧氣中。茶葉的氧化（也稱爲發酵）便產生出獨特的風味。白茶沒有經過發酵處理，而紅茶則是完全發酵，綠茶和烏龍茶介於兩者之間。與傳統發酵不同，在此過程中不使用細菌（葉片上沒有的細菌）或其他培養體（普洱茶除外——參閱第73頁）。

儘管最古老的康普茶配方要求使用紅茶做材料，但時至今日，各式茶葉都被用來製作康普茶。通常也會混合一些綠茶和紅茶，甚至加入少量對紅茶菌無害的香草，以帶來風味和益處，配方的選擇變化無窮。每種茶都具有特定的效果和特性，而康普茶的發酵過程則有助於釋放這些特性。

紅茶

傳統上，康普茶是用紅茶沖泡的，紅茶因爲經過完全發酵，增強了茶葉的風味和功效。紅茶會產生強烈的蘋果酒風味，深金色中帶有深厚的泥土味。爲了製作康普茶，通常會將紅茶浸泡在較高的溫度下，但浸泡時間不長，以使風味最大化而不引出苦澀味。

紅茶中咖啡因和嘌呤的含量均高於其他類型的茶，且有助於血液循環，幫助身體保持暖和。紅茶還能促進益生菌生長，有助預防腸道疾病，使血壓保持平穩，紅茶中的氟亦能防止蛀牙。

烏龍茶

在完全發酵的紅茶和部分發酵的綠茶之間存在著烏龍茶。烏龍茶具有綠茶和紅茶的優點，並且同樣富含抗氧化劑和排毒生物鹼。烏龍茶具有細膩而多層次的風味，因容易與其他類型的茶混合而受到一些康普茶釀造商的青睞，其中庸口味使口感愉悅。

綠茶

綠茶經過蒸煮並且未完全發酵，相較於紅茶，綠茶具有較淡的風味和色澤，溫潤易入口。越早採收的綠茶，應使用越低的溫度沖泡，以防止釋放出過多的單寧苦味。綠茶富含兒茶素多酚，尤其是兒茶素（EGCG）。兒茶素據說有抗菌作用，可以抑制癌細胞的生長，降低 LDL 膽固醇並增強免疫力。

白茶

白茶是用最早採收、最細膩的芽和葉製成的，這些芽和葉被細細的白毛覆蓋。葉子不會經過發酵處理，僅透過溫和的乾燥過程，以利保護細膩的風味並確保留下大部分的抗氧化劑。白茶可減少粥狀動脈硬化斑塊、中風、心臟病、癌症（包括腫瘤形成）和糖尿病的風險，亦可保護皮膚免受紫外線傷害。白茶可以產生一種口味溫和並富含兒茶素的康普茶。

普洱茶

普洱茶是由紅茶製成的，壓成磚塊或小球後，置於地下洞穴中發酵。由於二次發酵產生的天然微生物活性，普洱茶被認為是「活」茶，味道比深色外觀所暗示的要清淡得多。許多人發現普洱茶帶有令人愉悅的甜味。

在中國，普洱茶倍受青睞，據說富含藥用價值。正如葡萄酒收藏家可能會為精美的年份支付數千美元一樣，那些收集普洱茶的人也是如此。

選好茶

作為有意識的消費者，我們在購買茶葉時採用四個標準：

- 散裝茶葉
- 公平貿易
- 大包裝茶葉（可以的話）
- 有機（可以的話）

散裝葉茶和大包裝茶葉不會過度包裝（對地球友善），並且價格低廉（對錢包友善）。而省下來的錢讓我們足以支付有機茶和公平貿易茶。有機和公平貿易意味著我們可以避免使用有毒農藥（對地球友善），並且提供工人生活費（對人類友善）。

烏龍茶
白茶
綠茶
紅茶
普洱茶

基本的甜茶配方

無論你使用菌母單次沖泡（第 6 章「分批沖泡」），或是不取出菌母連續沖泡的 CB 沖泡法（第 7 章「連續沖泡」），最基本的甜茶處理並無二致。可以使用此配方填滿紅茶菌溫床，或添加進 CB 發酵罐，或者作爲製作康普茶的甜茶基底。此配方可產生約 4 公升的甜茶，你可以依照比例調整容量。如果碰巧生產過剩，至於密閉容器中的甜茶，可以冷藏保存長達一週。

配料

4-6 個茶包或 4-6 茶匙散裝茶葉

4 公升清涼無氯的水

1 杯糖

沖泡

- 將茶放入鍋、碗或其他耐熱容器中。
- 加熱 4 杯水，使其沸騰，然後倒入茶中，浸泡 10 到 15 分鐘；接著取出用過的茶葉。
- 將糖加到熱茶中，攪拌至完全溶解；接著加入剩餘的水。

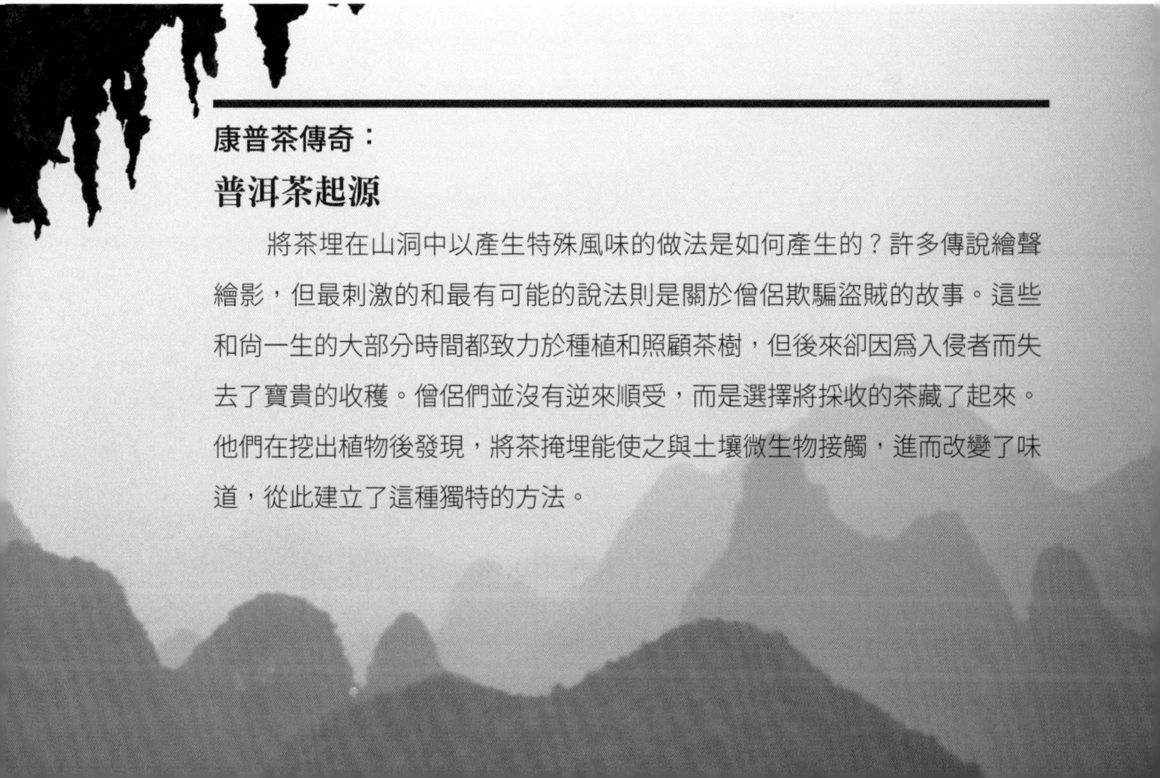

康普茶傳奇：

普洱茶起源

將茶埋在山洞中以產生特殊風味的做法是如何產生的？許多傳說繪聲繪影，但最刺激的和最有可能的說法則是關於僧侶欺騙盜賊的故事。這些和尚一生的大部分時間都致力於種植和照顧茶樹，但後來卻因爲入侵者而失去了寶貴的收穫。僧侶們並沒有逆來順受，而是選擇將採收的茶藏了起來。他們在挖出植物後發現，將茶掩埋能使之與土壤微生物接觸，進而改變了味道，從此建立了這種獨特的方法。

咖啡因和康普茶

咖啡因是一種天然存在的黃嘌呤生物鹼，存在於咖啡、茶和可可等植物中。咖啡因的作用就像殺蟲劑，可以保護這些美味植物免受飢餓昆蟲的入侵。在人體內，咖啡因刺激神經系統，提供更多能量和專注力。對於康普茶菌體而言，咖啡因是一種重要的營養素，可以建造新細胞、爲酵母和細菌提供能量，並刺激發酵。

有些人對咖啡因特別敏感，想知道其康普茶內含多少咖啡因。答案爲「不是很多」，但就像許多有關自釀的問題一樣，最終含量會根據你的釀造方法和環境而有很大差異。原本的甜茶基底中的咖啡因已經比一杯茶的含量少，咖啡因的含量在發酵過程的第一週就已減少了三分之二。此外，茶中的咖啡因可與穀氨醯胺等（請參閱第 81 頁）的氨基酸類似物茶氨酸配合（請參閱附錄 1）。茶氨酸可平衡咖啡因、提供鎮定和集中精神的能量，消除咖啡和能量飲料有名的咖啡因崩潰症。

可以肯定的是，康普茶咖啡因的總量比典型的茶、咖啡或蘇打水要少得多。難怪許多人即使晚上飲用康普茶也不會對睡眠產生負面影響。

但是，對咖啡因敏感的人可能會希望完全減少或消除咖啡因，將咖啡因含量減少到幾乎沒有，又不損失釀造的好處。

多少咖啡因？

儘管咖啡因含量會因茶葉類型品質、浸泡時間、發酵週期和溫度不同而有差異，但其實經過適當發酵的康普茶釀造液咖啡因含量相對較低。含量仍可以進一步減少，但首先我們先檢視一份康普茶的正常咖啡因含量。

要沖泡一杯茶，通常是將 1 個茶包（1 茶匙的散茶葉）放入 170 至 240 毫升的熱水中，浸泡 5 分鐘或更長時間。當我們爲了製作康普茶而泡茶時，我們只需要用 3 到 5 個茶包裝 4 公升水，即可以在開始發酵前就將咖啡因含量降低 70% 至 80%。多項研究顯示，康普茶中的咖啡因含量在整個發酵過程中降低了：在 24 小時內降低了三分之一，7 天後降低了 50% 至 65%（請參閱第 431 頁）。

按照上述浸泡配方和數量，每 250 毫升紅茶一般會產生 40 至 80 毫克的咖啡因，每 250 毫升康普茶會產生 3 至 12 毫克咖啡因，而每 250 毫升綠茶則會產生少於 1 毫克到 6 毫克的咖啡因。當然，可以將茶浸泡更長的時間，或者使用更多的茶包以增加咖啡因的含量，反之將含量保持在較低水平也輕而易舉。

降低咖啡因含量

有鑑於上述康普茶的低咖啡因含量，一般人可能無需再採取額外措施降低其含量，即便如此，以下我們仍提供一些技術可以安全地降低咖啡因含量。

混茶。紅茶比綠茶或白茶含有更多的咖啡因，其他茶例如焙茶（一種用木炭烘烤的綠茶）所含的咖啡因量則更少。康普茶菌體亦適合與多樣的茶類混搭使用，因此若要顯著降低咖啡因含量，應多使用綠茶和／或白茶（最多占茶總量的 80%），而不要單獨使用紅茶。

使用香草混茶。正如前面所討論的，我們不建議你使用藥草或香草茶作爲康普茶的唯一甜茶基底，因爲如此可能會使紅茶菌的健康和活力緩慢流失。但是，你可以在混茶中使用香草作爲主要成分，占混合物總量的 75%，而茶樹屬的茶葉則占另外 25%（這是茶葉比例的最小值—我們仍建議一般需使用 50% 至 75% 的茶葉以獲最佳長期效果）。

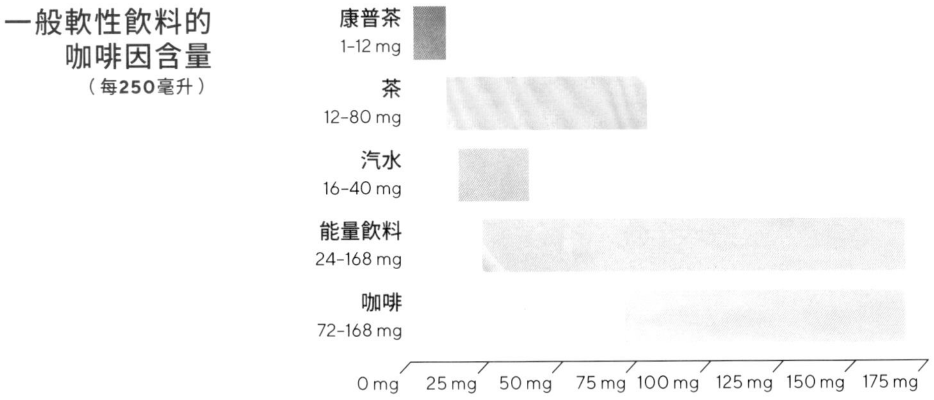

另外，你也可以全數使用香草當基底，而在隨後的每四次沖泡中全數使用一次純茶葉當基底，以恢復菌體活力。但是請記住，濃油和人工調味劑會殺死紅茶菌。建議多次實驗各種混搭法，便能找出適合你和微生物口味的混茶比例。

花更長時間釀造。研究表明發酵的時間愈長，康普茶中的咖啡因含量便隨之降低。建議可將菌母沖泡更長的週期，然後用果汁或水稀釋康普茶，以便緩和長時間發酵產生的酸味。

浸泡丟棄法。就如同字面的方法，這種方法是將散茶浸泡 1 到 2 杯熱水中約 30 到 60 秒，然後丟棄液體，再用浸泡過的茶葉來釀製康普茶。儘管許多釀造者都對這種「預先浸泡」的功效信誓旦旦，但是大多數研究則顯示，如此短的浸泡時間幾乎無法減少咖啡因。然而，如果將基底茶在釀製康普茶前預先浸泡 7 到 9 分鐘，則咖啡因的減少量可能達到 50%。可惜對於大多數茶葉而言，減少咖啡因意味著風味也打折扣。

使用無咖啡因的茶

儘管使用市售不含咖啡因的茶似乎是一種合乎邏輯且方便的選擇，但我們不建議你這樣做，因爲大多數品牌（甚至是「天然不含咖啡因」的產品）都已經過化學處理。菌體或許能夠適應無咖啡因的茶，但如果你發現紅茶菌生長不良或味道平淡，則可以考慮在下次的沖泡中添加一些常規茶以增強菌體活性。

使用混茶製作康普茶

只要你的基底茶包含茶樹屬的茶葉，便可以嘗試混入任何類型的非茶樹屬茶葉。而一旦加入了藥草或其他香草茶，就別忘了考慮培養體和釀造液的長期活性是否會下降。如上所述，一般的經驗法則是至少包含 25% 的茶葉，儘管最好的混茶至少包含 50% 至 75% 的茶樹屬茶葉。

藉由混合不同的茶葉和香草，任何人都可以獲得變化無窮的釀造液，每種釀造液的口味、主體、香氣和營養成分都略有不同。這是每個自釀者產品獨特性的祕密之一。

適用的藥草和香草混合

儘管茶葉和糖的溶液對康普茶是最適宜成長茁壯的環境，但強烈建議進階自釀者藉由混搭其他香草進行試驗，以利找出發酵時「預先消化」的香草所產生的潛在健康益處。基本上，康普茶是一種溶劑。換句話說，康普茶協助將分子轉化爲健康元素，透過將其分解成更小分子，不停作用直到這些元素具有更高的生物利用度。

當你擁有紅茶菌溫床並取得許多備用的紅茶菌體時，再著手進行這類實驗，（請參閱第 56 頁）。如此，如果紅茶菌發黴或無法繁殖，就不會造成太大損失。當注入一些含有高含量揮發油的香草時，可能因爲其殺菌功能而阻礙培養體的生長。而當實驗性釀造液中的紅茶菌表蓬勃生長，則可以將這種混合物定期注入你的初次發酵過程。

以下香草的確含有一些滋養康普茶的元素，但是確切的成分和濃度會因類型甚至來源而異，因此無法產生制式的調配方式。（請參閱第 76 頁咖啡因和康普茶，以了解有關使用香草製作較少咖啡因含量之釀造液的資訊。）

肉桂

品質優良的肉桂所製作出的康普茶具有微香滑順的迷人風味（見第 173 頁）。添加一些肉桂短枝或少量肉桂磨粉能降低乙酸的產生，使康普茶產生淡淡的風味，同時紅茶菌的生長和碳酸化作用通常亦會狀態良好，代表釀造液的優良品質不會受乙酸降低而有負面影響。

薑

所有的根莖類都可以用來搭配康普茶，但薑似乎最適合的合作夥伴。儘管純粹主義者永遠不會這樣做，但在主要發酵物中添加少量新鮮生薑（最多占混合物的 5-10%）可以爲釀造液注入獨特的風味和層次。

洛神花茶

許多自釀者在首次發酵使用乾燥的洛神花瓣，使釀造液具有良好的酸味。在茶混合物中使用最多 20% 的洛神花，便不影響釀造液的活性。如此也能收穫一場視覺饗宴，因爲洛神花會將康普茶變成可愛的粉紅色。

南非國寶茶／蜜樹茶

Rooibos（發音爲 ROY-bos，在南非荷蘭語中的意思指「紅色灌木叢」）特點包括天然不含咖啡因、略帶甜味，並且富含黃酮。南非國寶茶起源於非洲南部，是一種流傳並風靡許多世代的豆科植物。其處理過程類似於茶，產生天然甜味的香草物質。南非國寶茶有許多別名，包括如意寶茶、紅果汁甜酒茶或紅茶。據稱，適當使用下，它可以幫助鎮靜嬰兒腸絞痛並緩解皮膚不適。南非國寶茶的表親是蜜樹茶，其味道相似但更甜。

瑪黛茶

瑪黛茶（學名：巴拉圭冬青）是南亞熱帶地區一種冬青樹葉的茶湯。根據伊利諾伊大學香檳分校的一項研究，瑪黛茶具有高含量的多酚和其他抗氧化劑，並具有抗炎特性和降低低密度脂蛋白（LDL）膽固醇的功能。（請參閱第 431 頁相關研究。）

瑪黛茶的咖啡因與咖啡一樣多，但其營養成分抵消了典型的「咖啡因崩潰」體驗。因此，體內提高的能量會使人感受上較爲專注，而不會引起交感神經興奮的手抖現象。

阿育吠陀和中醫藥草

阿育吠陀或傳統中醫藥草，通常是與各種茶混合以將其他功效注入康普茶的絕佳選擇。可以混入基底茶的一些建議選項包括當歸、南非醉茄、黃芪、銀杏、人蔘、雷公根和薑黃，在此僅舉幾例。（請參閱第 256 頁「風味靈感：藥草」）

當然，在嘗試使用這些（或任何一種）新的藥草時，請自始至終保持紅茶菌溫床的活躍狀態，以避免釀造過程出現問題而必須丟棄菌體。

茶氨酸（L-Theanine）：茶的放鬆效果

一種名爲茶氨酸的獨特胺基酸在結構上類似於 α 波，可以如冥想一般使心靈平靜，其中的必須胺基酸穀氨醯胺和麩胺酸也增加了人體中多巴胺的分泌，其中亦包括礦物質和血清素。該些物質對飲茶者將產生良好的心理影響和作用。α 波的振動可改善記憶力，而茶氨酸扮演著調節身體進入放鬆狀態的角色。研究表明，茶中的咖啡因啟動時，茶氨酸同時可以舒緩身體。相比之下，既然咖啡因可改善認知能力和情緒，而咖啡缺乏茶氨酸的平衡效果，導致許多人轉向飲用茶和康普茶。

實驗性沖泡混合茶

使用香草或藥草來製作康普茶時，最重要的考慮因素是避免內含食用精油或化學調味劑的選項，這些精油或化學調味劑或許可以產生可口的飲料，但會破壞細菌的活性並損害培養液。幾乎任何類型的茶或藥草—甚至果汁（請參閱第 174 頁「對主要發酵劑進行調味」）—都可以用作康普茶的基底，儘管在瘋狂的實驗中，成功一次不代表每次都能成功。

而那就是樂趣的一部分，實驗時請使用備用紅茶菌，讓你的想像力自由翱翔，嘗試加入一些新的東西。如果釀造液看起來或聞起來很奇怪，扔掉它可能是最安全的方法，不要拿腸胃冒險。總歸一句話，相信你的直覺！

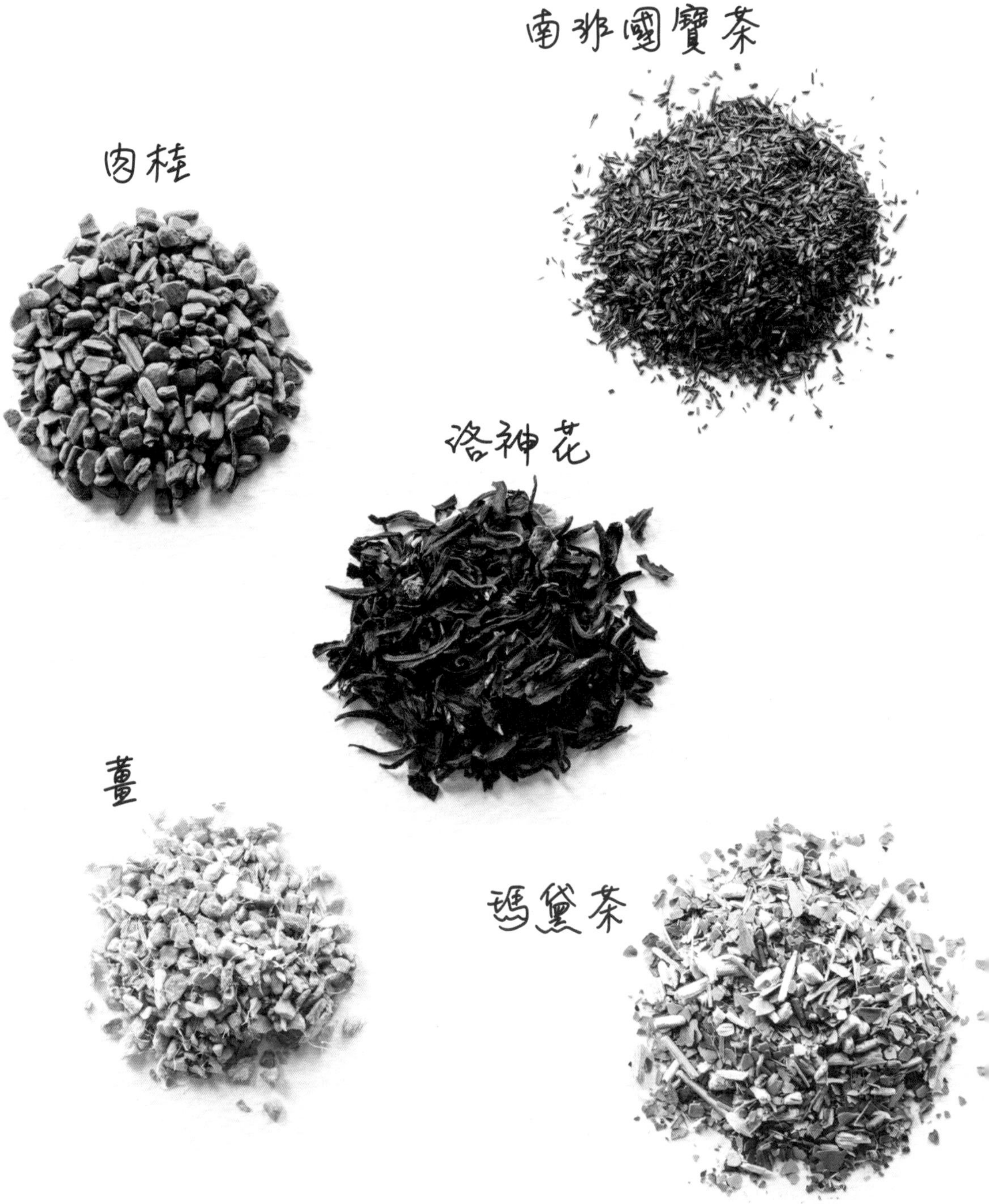
南非國寶茶
肉桂
洛神花
薑
瑪黛茶

各式茶類的沖泡溫度和浸泡時間

品種	沖泡溫度	浸泡時間(分鐘)
紅茶類		
阿薩姆	93°C	4-6
錫蘭	100°C	3-5
大吉嶺	93°C	3-5
金毛猴紅茶	93°C	2-3
祁門紅茶	90°C	3
雲南	90°C	2
混合紅茶類		
英式早餐茶	100°C	4-5
愛爾蘭早餐茶	100°C	4-5
綠茶		
番茶	82°C	2-3
龍井茶	85°C	3-4
珠茶	66-71°C	2-4
煎茶	77°C	3-4
白茶		
白毫銀針	82°C	3-5
白牡丹茶	82°C	4-6
烏龍		
烏龍	88°C	5-8
普洱茶		
普洱茶	100°C	4-6

混合用茶、香草茶、藥草

肉桂	慢煮	15-20
伯爵茶	93°C	4-6
薑	100°C	4-6
芙蓉	100°C	4-6
南非國寶茶	100°C	4-6
瑪黛茶	77°C	3-5

康普茶的各種名稱

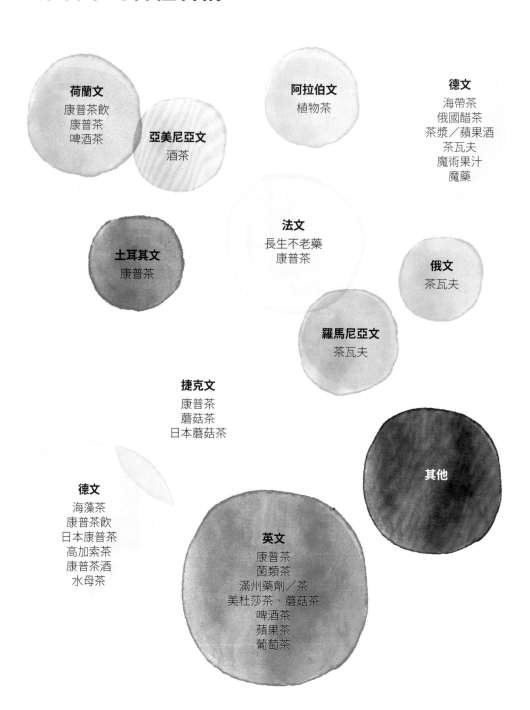

荷蘭文
康普茶飲
康普茶
啤酒茶

亞美尼亞文
酒茶

阿拉伯文
植物茶

德文
海帶茶
俄國醋茶
茶漿／蘋果酒
茶瓦夫
魔術果汁
魔藥

土耳其文
康普茶

法文
長生不老藥
康普茶

俄文
茶瓦夫

羅馬尼亞文
茶瓦夫

捷克文
康普茶
蘑菇茶
日本蘑菇茶

其他

德文
海藻茶
康普茶飲
日本康普茶
高加索茶
康普茶酒
水母茶

英文
康普茶
菌類茶
滿州藥劑／茶
美杜莎茶、蘑菇茶
啤酒茶
蘋果茶
葡萄茶

糖

人類已經種植和食用了 5000 多年的糖，然而近期以來，我們對糖的攝取卻變得如此不受控制，以至於過量攝取糖分。高果糖玉米糖漿、其他高度加工的糖和化學代糖的過度消費，加劇了許多困擾身體也困擾社會的疾病，其中包括糖尿病、癌症、念珠菌感染、炎症和關節炎。

現實情況是，糖是一種重要的營養素，地球上幾乎每種生物都需要攝取一定份量的糖才能生存。我們自己的 DNA 透過糖——磷酸骨架（該糖稱爲去氧核糖）結合在一起。當均衡地消耗糖分時，糖可以爲細胞提供執行重要功能所需的能量。在釀造康普茶的情況下，糖爲酵母和細菌提供營養，並爲形成健康的酸打好基礎。沒有糖，就沒有康普茶。跳過此一成分通常會導致釀造效果欲振乏力，使培養體無法繁殖。

甘蔗最早種植於大約一萬年前的亞洲。人們咀嚼甘蔗、提取果汁並添加於食品和飲料中。大約兩千年前，印度人開始將甘蔗汁加工成晶體，自此之後，糖成爲全世界的主要食物。

有鑑於人們每天的食品中，常不必要地添加許多糖分，是故許多人經常出於充分理由地擔心糖的攝取量。然而，與生活中的其他事情一樣，節制勝於消除。因爲攝取糖分也有一些健康益處。選擇吃新鮮水果、自製冰淇淋或鮮奶油卡士達，而不是加糖的包裝零食。一兩匙糖則可以增強許多鹹味食品的風味。

對於康普茶來說，平衡也是關鍵，因爲適量殘留的發酵糖可以消除酸性的刺鼻味道，形成愉悅的組合。發酵前可以嘗試一小口甜茶基底以見證發酵後的變化。我們都知道令人作嘔的死甜不見得受歡迎，而過甜的混合怎麼會產生出美味呢？當發酵過程將蔗糖分解爲果糖和葡萄糖時，美麗的煉金術就此展開：葡萄糖會爲酵母提供營養，而酵母則爲細菌提供營養，並且最後爲人類提供營養。

儘管嚐起來很明顯，發酵過程會減少康普茶中的糖分，但傳統上用於測量發酵度的工具（如比重計和折射計）卻無法準確估計糖分。這是由於各種複雜的原因所致，這些原因與酸的存在、讀數的偏差、發酵的共生特性以及康普茶中其他溶解物的特性有關。對於實際剩餘糖分的粗略估計，研究似乎表明這些工具的讀數應減掉一半。（請參閱第 213 頁「測量工具和守則」。）

康普茶中剩餘的糖分

糖有幾種形式。果糖天然存在於水果和蔬菜中，而葡萄糖是生物界最常見的能源。發酵後殘留在康普茶中的大部分糖已經從食用糖（蔗糖是一種雙醣）分解爲果糖和葡萄糖（單醣），後者對人體的血糖影響較小。在康普茶中，細菌緊接著將葡萄糖轉化爲健康的葡萄糖酸，例如葡萄醣醛酸。（更多資訊，請參閱第 420 頁的附錄 2。）在釀造過程中，酶會進一步分解糖，這意味著最終產出的飲料其糖含量甚至會更低。

自 2000 年以來進行的許多研究表明，發酵過程會根據時間、溫度、使用發酵液的量以及研究人員可能沒有考慮的諸多其他因素而改變糖量，從而降低康普茶中的糖含量。儘管研究使用了不同的配方和技術，但終究顯示如下結果：糖分的減少一開始速度和緩，接著在大多數糖分被裂解並逐漸經過使用之後，從第 3 天到第 8 天糖分的減少迅速愈來愈明顯。糖的減少量在第 7 到第 14 天之間大約爲 50% 到 70%，在 30 天後最多可以達到 80%。（請參閱第 431 頁引用的研究。）

建議使用我們每加侖 1 杯糖（即 200 克糖）的配方，亦即每 250 毫升甜茶中有 12.5 克糖。對於一般的發酵而言，每 250 毫升甜茶產出的康普茶可留下 4 至 6

克糖，而根據情況的不同，在更長的釀造後每 250 毫升甜茶產出的康普茶之糖含量可低至 2.5 克。不過，當我們說「糖」時，指的是所有殘留的糖，包括蔗糖、葡萄糖和果糖，如前所述，它們對人體的血糖影響有別。

總歸一句話：放鬆並享受釀造過程。讓你的味蕾引導你達到最適合的甜酸味平衡！

糖的最佳類型

蔗糖是釀造康普茶最常見的燃料來源。甘蔗的不同加工工藝會產生各種不同的產品，最常見的是純白食用糖和甘蔗汁的結晶。如果你想知道是否可以將不同類型的糖混合到康普茶釀造液中，那絕對是肯定的答案！就像混合茶一樣，糖混合物可以爲你的釀造液增添風味和深度，因此請盡情嘗試。以下是適用於釀製康普茶的甘蔗和其他糖類的詳細介紹。

蒸製甘蔗汁

這是釀造美味康普茶的最佳選擇。蒸製甘蔗汁也被稱爲原糖或原蔗糖，可供康普茶微生物輕鬆食用，同時保留天然的維生素和礦物質，例如鈣、鎂、鉀和鐵，對飲用者有益。蒸製的甘蔗汁晶體可以在人們的需求和紅茶菌的需求之間達到最佳平衡。建議盡可能使用有機甘蔗，以防毒素並避免基改食物。

純白糖

普通食用糖是釀製康普茶的典型選擇，純白糖會使釀造物快速運轉，因爲酵母可以迅速分解這種高度精製的燃料來源。但是糖怎麼會變白呢？是故有些人擔心白糖在精煉過程中使用了有毒化學物質，這也是爲何選擇蒸製甘蔗汁的另一個原因。如果你選擇與純白糖搭配使用，請在包裝上檢查應有「蔗糖」一詞，並避免使用可能源自基改甜菜的產品。

其他蔗糖

粗製的蔗糖形式包括紅糖、不經漂白的黑糖及再精煉的黑糖、黑紅糖、墨西哥甘蔗糖和非洲黑糖等等。每種都能產出口感些微不同的飲料。有了這些糖，紅茶菌和最後的沖泡液可能會呈現較深的色調和更深的風味。另一方面，由於精製糖中較低的礦物質含量，可能會導致釀造液變得更酸，甚至出現味道危機。使用這些糖的大多數釀造液將隨著時間的流逝趨向於變回甘蔗汁晶體或純白糖。

經過巴氏殺菌法的蜂蜜

蜂蜜可以產生令人愉悅的康普茶風味，而不同蜜蜂的採蜜選擇將突顯各式花香風味。典型的蜂蜜糖含量中，約 80% 是單醣果糖和葡萄糖的形式，這意味著酵母已經將其分解，可以食用。如此可以縮短康普茶釀造週期，而且除非立即冷藏，否則裝瓶後的釀造液更容易變酸。以 ⅞ 杯蜂蜜替換 1 杯的普通糖。

警告：請勿使用生蜂蜜！生蜂蜜中的天然細菌將與康普茶裡的微生物相互競爭，這種結合會產生臭味。請使用經過巴氏殺菌的蜂蜜。

楓糖漿

楓糖漿可以用作普通糖的優質替代品，只需 ½ 至 ⅔ 杯即可代替 1 杯糖。它含有大量的微量礦物質，例如鋅和錳。切記僅使用 100% 的楓糖漿；常見的「煎餅用楓糖漿」通常摻雜玉米糖漿。

糖尿病患者可以喝康普茶嗎？

許多糖尿病患者不需過度擔心，可以盡情享用康普茶。康普茶長期以來一直令人驚訝，有病友甚至聲稱它幫助了他們的病情。有趣的是，康普茶會為那些血糖高的人帶來好處，而這些紀錄可以追溯到 20 世紀初。這些人非但能夠享用康普茶，而且不會感到不適；當然，糖尿病友在飲用前，請務必諮詢你的慢性病醫師和營養師，並記錄血糖峰值。（更多資訊，請參閱第 425 頁《糖尿病》。Srihari，2013；Aloulou，2012；Agrilou，2012）。

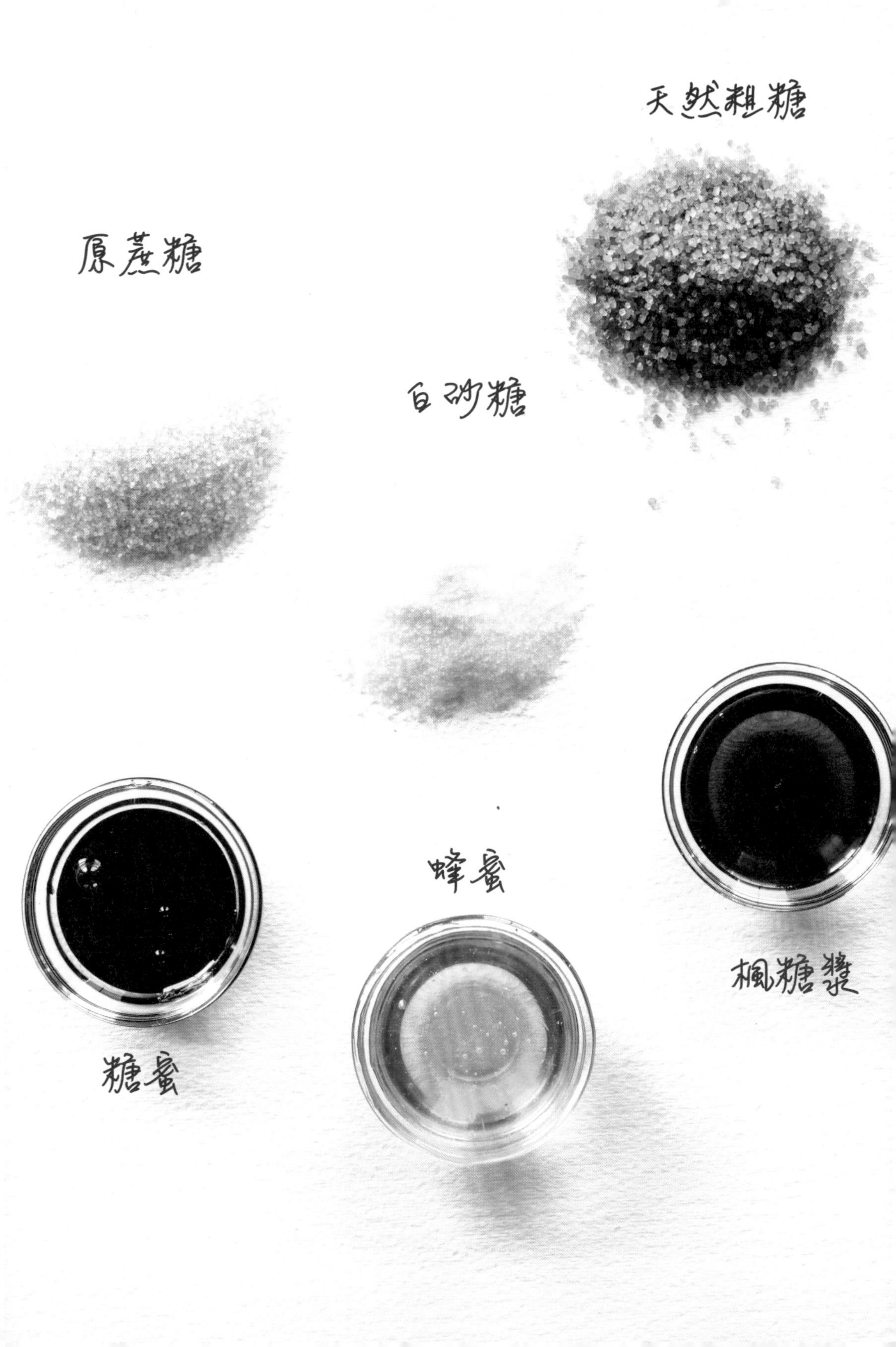
天然粗糖
原蔗糖
白砂糖
蜂蜜
楓糖漿
糖蜜

僅用於實驗性質的糖

以下類型的甜味劑可以用於生產康普茶，但應謹慎使用，且只有經驗豐富的自釀者才能使用。我們不建議將這些實驗性釀造液中的任何紅茶菌或培養液放回紅茶菌溫床裡。如果釀製的康普茶未達到預期的效果，則將其丟棄。

糖蜜

白糖加工後產生的這種濃稠、糖漿狀的副產品包含更高濃度的礦物質，並能產生具有獨特風味且營養濃郁的釀造液。一些自釀者會發現焦糖味，而其他人則發現礦物質產生的過多酸味。儘管可以用 1：1 的比例代替常規糖，但完全使用糖蜜的沖泡通常會導致培養體生長情況較弱。

椰子水

這種清涼的飲料比標準的甜茶含糖量少了 50% 到 60%，可以作爲發酵的基礎，儘管有時會產生異味或產生較差的沖泡情況。用椰子水代替水製成全部的甜茶時，通常不建議加熱椰子水，而是選擇使用相同量的茶來進行冷注入。另一種選擇是將椰子水混入甜茶中。在這種情況下，請根據總液體（水加椰子汁）計算要浸泡的散茶用量。在水中沖泡茶；然後加入椰子水。根據水與椰子水的比例，添加較少的糖，例如，比正常值少 50%，因爲椰子水會提供額外的甜味。

椰子糖

由於品質和生產方法的差異，椰子糖可能是成功的選擇，也可能一敗塗地。不同的紅茶菌及不同的酵母和細菌組合也可能發揮了影響力。一些自釀者反映發黴或味道有問題，而其他人則享受成果。

甘蔗汁

新鮮的甘蔗汁在許多國家是蔚爲風潮的飲料，可以用作釀製康普茶的基底。由於果汁的甜度不同，原則應是提供正常糖量的 80%，再根據需要嘗試加入或多或少的果汁。

轉化糖

轉化糖通常以糖漿形式存在，在某些釀造商中很流行，尤其是在裝瓶販售時。其名稱只是一種奇特的說法，表示糖已經從蔗糖分解爲果糖和葡萄糖。該名稱來自測量糖溶液的實驗室技術，而不是糖本身。

分解成較小成分的任何糖都將更易於康普茶培養液中的微生物食用，因爲可以在消化過程中少一個步驟。然而，酵母其實完全有能力自行分解蔗糖，並將糖轉化成更小分子。

在康普茶釀造中使用糖

	糖類型	每3.785公升茶的建議用量	釀造週期（天）
最佳方案	蒸製甘蔗汁	1杯	7-10
	白糖	1杯	7-10
合適方案	未精製的蔗糖／紅糖	1杯	7-14
	巴氏殺菌的蜂蜜	⅞杯	5-8
	楓糖漿	½-⅔杯	5-8
實驗方案	糖蜜	1杯	7-14
	椰子水	與正常量25%的糖混合	5-8
	可可椰子糖	⅔-1杯	5-8
	甘蔗汁液	與正常量25%的糖混合	7-10
	轉化糖	⅞杯	5-8

康普茶可以省略加糖嗎？

人們經常詢問製作康普茶是否可以省略加糖的步驟，簡短的回答是「不可以」。糖是酵母和細菌的必須食品，爲兩者提供了繁殖和長出新生紅茶菌所需的能量，同時也將甜茶轉化成酸性物質、維生素和氣泡，供你食用！而最終產出的康普茶中殘留少量的糖，則可以使健康的酸味變得順口。

正確釀造的康普茶平均每 8 盎斯中大約含有 1 至 2 茶匙經發酵的糖，而這些糖並不會以食用糖的方式與人體發生交互作用。（請參閱第 424 頁糖尿病。）

切勿使用

曾經有人問我們是否可以使用碳酸飲料作爲甜茶基底。首先，有點噁。第二，爲什麼要呢？第三，不，你不能。或者你可以嘗試，但眞的建議不要。僅僅因爲某種東西嘗起來是甜的，並不意味著它含有眞正的糖。高果糖玉米糖漿和其他人造甜味劑以及代糖（例如阿斯巴甜、三氯蔗糖和糖精）不適合發酵。這些物質不僅對你有毒，對紅茶菌也有毒。

使用這些替代品之一來製作「低糖」的康普茶可能很誘人，但根據我們的經驗，結果從令人不快到發黴都有。以下是一些其他應避免的甜味劑。

龍舌蘭糖漿

作爲一種主要成分爲果糖的甜味劑，這種糖漿缺少葡萄糖。而葡萄糖能刺激細菌產生葡萄糖酸和葡萄醣醛酸，這有助於康普茶的分解過程。關於其高度加工的性質和對健康影響的疑問，也使許多自釀者卻步。

烘焙用糖和糖粉

這些蔗糖衍生物比起普通的白糖，被加工成更小的顆粒，會導致結塊或溶解問題。

糙米糖漿

這種高度加工的糖漿可分解為 100% 的葡萄糖，而礦物質含量很少。所沖泡出的釀造液通常會產生奇怪的酵母團和異味。

葡萄糖

葡萄糖會產生一種幾乎完全由葡萄糖酸和葡萄醣醛酸（支持排毒的酸）組成的康普茶釀造液。其味道可能很弱，但最大的問題是培養液的品質會降低，因爲裡頭也需要果糖交互作用才能生意盎然。

生蜂蜜

不要將生蜂蜜用於康普茶，因爲它含有自身的細菌群和酵母菌落，可能會干擾紅茶菌並使釀造過程失去平衡。你可以將生蜂蜜與君茶（jun）搭配使用，君茶是一種外觀類似康普茶，但生態平衡與之不同的菌體，特別適合與生蜂蜜一起使用。

代糖

稱爲糖醇的產品例如甜葉菊、木糖醇、山梨糖醇、赤蘚糖醇和甘露醇，它們既不是糖也不是酒精，而是用其他糖加工而成的。儘管糖醇的卡路里比普通食用糖少得多，但它們並不包含用於初級發酵過程中的必須燃料。糖醇可以使釀造的康普茶變甜，但它們的味道可能會隨著時間而改變，因此通常最好在開瓶後儘快食用糖醇釀造的釀造液。

水

正如對紐約市的披薩外皮或對舊金山酸麵團一樣，水對康普茶的味道和紅茶菌的健康有著深遠的影響。各種水都適合釀造康普茶，而最重要的是，水中不應含有可能損害菌體的汙染物。

最佳用水

對於自家釀造，最好的選擇是使用你最容易獲得且花費最少的水，只要它能夠維持康普茶菌體生長卽可。如果你的家庭供水不理想，這可能意味著得投資過濾或淨化系統，或者在沖煮之前對水進行脫氯處理。

考慮到自來水中的化學物質，我們安裝了帶有可回收式椰子炭過濾器的全屋過濾系統，以及專門用於去除氟化物的單點過濾器。如此一來，我們飲用和沐浴的水便不會對我們產生負面影響。投資好水，投資健康！

井水

根據美國環境保護署的數據，約有 15% 的美國人依靠私人水井來喝水，但品質卻各不相同。由於一般不會對井水進行特殊處理，因此其中不會有過多的氯和氟化物，但其他礦物質的含量可能很高，這些物質會導致康普茶的味道變淡。添加軟水劑的井水通常會產生味道更好的康普茶。向你當地的衛生或環境部門確認當地的用水認證實驗室。如果你的井水品質好，並能產生美味的茶和健康的紅茶菌，請繼續使用！

泉水

泉水是一個很好的選擇。若有必要，請遵循標準的淨水方法。與私人井水一樣，泉水中可能含有大量礦物質，這些礦物質很可能會影響康普茶的味道和菌體的健康。因此請視需求測試泉水的品質，監測康普茶的後續變化，並根據需求進行調整。

瓶裝水

如果瓶裝水確實是來自泉水的礦泉水，而不是像許多品牌那樣僅是從自來水水龍頭取得並重新包裝，那瓶裝水可能是個不錯的選擇。有些品牌在裝瓶之前，可能已經對水質進行了適當的過濾和再礦化，但請注意每個品牌都不同。

自來水

自來水供應（大多數人使用）由地方政府機構控制和監視。自來水幾乎總是含有氯和其他添加劑，使其可以「安全」地飲用。在美國，自來水通常還包含氟化鈉或六氟矽酸，據稱是爲了牙齒健康而添加，但曾在許多社區引起爭議。

用來製作康普茶的水必須不含氯，這一點至關重要。氯具有抗菌作用，可殺死病原體，因此釀造康普茶時不受歡迎。幸運的是，可以使用以下任何一種方法將氯輕鬆去除：

蒸發。將水倒入大口徑的容器中，保持約 24 小時不加蓋。氯是一種氣體，經過足夠的時間後便會蒸發。

沸騰。將水煮沸 15 分鐘以去除氯氣。

儘管以上方法可以去除氯，但我們仍建議你過濾自來水，以去除氯和其他雜質。供水中的某些化合物可能對沖泡釀造液「無害」，但對人體健康的影響存疑。常規過濾器不能去除所有汙染物，尤其是氯胺或氟化鈉，因此採取高規格的釀造廠商採用特殊過濾器，以利獲得最乾淨的水。建議在廚房水槽下方安裝可以過濾掉幾乎所有汙染物的家用過濾器，以便改善康普茶的味道和純度，如此一來還能使家人享用更加健康的飲用水。

過濾水的方法

愈來愈多的家庭安裝家庭過濾系統，例如逆滲透系統和蒸餾水設備，以代替瓶裝水或自來水。爲了達到使用水的物美價廉和健康安全，以下是幾種你可以選擇的過濾器。

濾水壺。大多數使用活性炭濾芯的簡易濾水壺，能除去氯和約 30% 至 60% 的汙染物。儘管無法去除氟化鈉，這已是一個好的開始，濾水壺在大多數情況下足以提供乾淨的清水用於沖泡。

檯面式或檯下式濾芯系統。許多這些過濾系統中的部分設備也使用了活性碳，其更複雜的設計可以去除 99% 或更多的汙染物，但它們通常無法除去氟化物。

重力式濾水器。這些裝置利用重力去除水中的病毒和其他汙染物，而不會去除礦物質。這是將水過濾或淨化的絕佳選擇。

逆滲透（RO）淨水器。RO 藉由迫使水穿過半透膜來進行過濾，將純淨水與載有化學物質的水分開，然後將其引向排水管。接著，過濾後的水在流出水龍頭之前先經過活性碳。由於損失了 50% 的水分，因此有人認爲它昂貴且浪費。

蒸餾。曾經有人認爲蒸餾水是唯一適合釀造康普茶的水，但事實恰好相反。如今大多數人了解到由於缺乏礦物質，這種「死」水卻是釀造問題的根源。如果只能使用蒸餾水，則建議搭配富含礦物質的糖，例如蒸發的甘蔗汁結晶或紅糖，然後加入濃茶基底，如此一來方可正常釀造。

你的水中有什麼？

飲用水供應由於環境和系統性問題而日益受到汙染，若我們試圖否認這個事實將非常不智。數十年來，藥品、農用化學品和其他汙染物一直氾濫到自來水和地下水供應中。許多城市的自來水設施老化的情況也同樣造成危險，更別提水利壓裂和漏油的風險，這些各式各樣令人作噁的混合物，最終可能會浸入我們的水中並對人體的內部生態系統造成嚴重破壞，這甚至都尚未考慮到引起廣泛爭議的化學物質，例如市政當局在水中添加的氯和氟化物。要確定你的自來水中有什麼，可以考慮將樣品發送到區域實驗室進行測試或購買家用水質檢測工具。

康普茶傳奇：起源於島嶼？

認爲康普茶具有更多熱帶淵源的支持者將因爲此一鮮爲人知的理論而振奮，這種理論認爲康普茶不是起源於中國，而是起源於另一個喜歡茶的地方——錫蘭（現爲斯里蘭卡）。隨著故事的發展，康普茶從錫蘭傳播到印度，然後傳播到中國和滿洲，再到俄羅斯各地，隨後再傳到歐洲。目前尚未找到該理論的書面證據，但康普茶的一些名稱將其描述爲起源於「印度」。

CHAPTER 5

設備和用品

釀造康普茶是一個簡單的過程，但在成功的釀造中有許多關鍵因素。當然，工欲善其事必先利其器，但適合的釀造環境也不可或缺。具有活性的康普茶中，細菌和酵母菌對各種輸入（溫度、光線、濕度、聲音、能量和振動）都十分敏感。創造一個安全、溫暖的康普茶溫床，以採收美味絕倫的釀造液。

選擇合適的容器

許多人開始使用 4 公升（或更小）的玻璃容器展開康普茶釀造之旅。儘管在少量製作下，釀造一整加侖的康普茶非常容易，但其實你會需要稍大一點的容器，以容納紅茶菌、發酵液和 4 公升的甜茶。理想情況下，應選擇口徑大而寬闊的容器，方便取用並提供足夠的瓶口表面積，以達到最佳釀造環境。

對於 CB 沖泡法（請參閱第 7 章），我們建議使用容量爲 9 至 19 公升加侖的容器。對於自釀者而言，任何比這更大的容器可能都難以處理和清潔，更不用說找到收納空間了。當然，認眞的業餘愛好者或專業釀造者可能會摩拳擦掌決定投資更大的容器，例如最大容量爲 113.6 公升的釀造塑膠桶或盛水桶，甚至是容量 189 至 1893 公升的不鏽鋼發酵桶。

一次釀造 1 噸重的康普茶可能令人躍躍欲試，然而請注意！大於 19 公升的沖泡可能會遇到口味不一致或發酵極慢的問題，有時還會由於保持整體溫度和供氧等問題而失敗收場。

首先，確定你的釀造容器尺寸，再從各類材料中挑選。只要遵循一些準則，就能找到許多各式材料的合適選擇。

回收原則！

重新利用舊貨店或車庫拍賣的容器，或許可以作爲尋覓釀造液之家的一種經濟實惠的方式。但是請注意，花瓶或其他類型的陶器等非食品用途的容器可能會將鉛或鋁等危險元素浸入釀造物中。甚至某些標榜「食品安全」的容器也可能使用較低等級的塑膠、油漆或釉料，這些塑膠、塗料或釉料不適合與高酸度的康普茶進行長期接觸。使用前請仔細檢查所有容器，如果不確定，請考慮使用簡單的含鉛量檢測工具。（更多資訊，請參閱第 103 頁「選擇合適的飲料分配器龍頭」。）

玻璃

大玻璃罐也許是最常見的新手沖泡容器，且經常是一個好選擇，尤其是對於分批沖泡（請參閱第 6 章）。花瓶或蝕刻玻璃器皿等有色玻璃可能含有鉛，不適合使用，故請使用食品安全級玻璃進行沖泡。透明的玻璃罐容易取得、相對較輕、易於清潔，並且可以直接查看釀造狀況，故受到自釀者深深青睞。一個用過的泡菜罐也許就頗符合你的需求。

帶飲料分配器龍頭的玻璃容器可用於連續沖泡（請參閱第 7 章），但由於材質較差，許多市售的飲料容器（例如通常用於檸檬水或冰紅茶的冷水壺）都不適合與康普茶一起使用。（請參閱第 103 頁的「選擇合適的飲料分配器龍頭」。）

瓷器或陶瓷

歷史上，瓷器或陶瓷器皿是用於發酵最常見的容器類型，其不透明的性質可以保護釀造液免受光線直射，並提供有格調的外觀，有些釀造液製造商更喜歡這種視覺效果。尋找食物專用的容器，如此一來最能承受康普茶的高酸度。避免使用釉彩鮮豔的花盆或容器。一般而言，本世紀幾乎所有的瓷器和陶瓷廚具都是無鉛的。然而如果對某個特定的容器不確定，可以透過簡單的含鉛量檢測來確認其安全性。

不鏽鋼

大多數金屬在安全性方面都不適用於釀造康普茶，因爲酸性溶液會將金屬中的化合物溶出到茶中（請見第 102 頁，避免使用的材料）。但是，不鏽鋼（304 等級或更高等級）是耐腐蝕的。不鏽鋼是康普茶釀造液、葡萄酒以及最重要的醋釀造業的堅強後盾，因爲它可以承受產生乙酸發酵的低 pH 值高酸度條件。醋在生產過程中的酸度是康普茶的 20 倍，因此，如果不鏽鋼可以承受醋的酸度，我們可以確保該材料對於釀造康普茶來說十分安全。

木桶

高品質的酒桶可用來釀製獨特而美味的康普茶，具有變化範圍更大的風味和溫潤宜人的乙酸味。所選擇的木材類型會將其獨特的風味融入釀造液中。美式橡木桶（醋、葡萄酒和釀造液的傳統選擇）是絕佳選擇，但也可以使用其他各種木材。

大多數木桶都是用來發酵酒精飲料，因此木桶頂部沒有適當的大面積開口，無法提供沖泡或取出釀造液和紅茶菌的空間。可以尋求熟悉康普茶釀造特殊需求之供應商協助，商量將木桶的開口稍作加工。（有關木桶釀造的更多資訊，請參閱第 158 頁。）

塑膠

一些康普茶愛好者喜歡在食品級塑膠桶中進行沖泡，這些通常是在沖泡用品店找到的容器。而且，有些市面上的康普茶品牌會選擇高密度塑膠作爲其釀造容器，因爲這些高級材料對康普茶有更好的耐酸性。然而，請注意，我們不會推薦你使用消費級塑膠，包括許多用於製造飲料分配器龍頭的低等級塑膠，例如將容器和飲料分配器龍頭固定在一起的環氧樹脂。

避免使用的材料

請勿使用由黃銅、鑄鐵或鋁等金屬製成的容器來釀製康普茶。許多釀造容器無法承受低 pH 值，包括其黃銅固定裝置或其他金屬零件。康普茶會將這些金屬化合物溶出到釀造液中。

避免使用的另一種材料是水晶製容器，它可能含有鉛，因此不應用於發酵康普茶，以免將鉛溶入你的釀造液中。再次提醒，家用含鉛量檢測工具可以確認任何容器的安全性。

用來釀造的容器材質與大小沒有一定，視釀造方法與批量而定。

選擇適當的飲料分配器龍頭

使用連續釀造法[6]時，由於較大的容器尺寸和重量，我們會對飲料分配器龍頭以高標準作篩選。當然仍有其他多種解決方案（可以使用虹吸管或大匙取出釀造液），但會徒增額外步驟，並可能破壞CB連續沖泡的許多優點，例如易於裝瓶、乾淨程度和總體便利性。

謹記，龍頭必須愼選而不是有就好，遺憾的是，許多飲料分配器中隨附的龍頭並不適合與高酸度的康普茶一起使用。新手自釀者通常爲了節省成本而選擇自帶龍頭的容器，導致康普茶流經龍頭時成爲釀造毒素的路徑！這些容器上幾乎所有的消費級龍頭和緊固配件都具有以下一個或多個問題：低等級塑膠（超過 95%

6 連續釀造法，Continuous Brew，簡稱 CB 法；與其相對的是分批釀造法 Batch Brew。此兩者為製作康普茶的兩種方法，釀造法或沖泡法皆可稱之。

的塑膠有此問題）、具有金屬外觀的油漆或其他塗料，以及金屬緊固件內圈的環氧樹脂／膠水。

如果使用的容器無法輕鬆轉開龍頭或拆卸緊固件，意味著無法在容器中留一個乾淨的孔或通道，則建議停止使用該容器。如果組件的任何部分是由乳白色、半透明的塑膠製成的，那就是一個糟糕的選擇。因爲隨著使用時間增加，金屬塗料會侵蝕釀造液，而膠水及其他金屬配件（鋁、黃銅、鉻）都會在釀造液中產生毒素。

最佳的龍頭選項具有以下品質：

- 由木材、不鏽鋼（304 級或更高等級）或專業級塑膠製成
- 未上漆
- 組裝或連接時沒有使用環氧樹脂或膠水
- 使用耐腐蝕螺母和墊圈
- 可供快速輕鬆拆卸以利清潔

美國製造的專業級塑膠龍頭在業界享有很高的聲譽，並且多年來一直爲我們效勞，而不鏽鋼龍頭有質感的外觀和高流量也深受歡迎。此外，對於那些只希望使用天然素材的人來說，木材仍是一種吸引人的選項，但是，與使用塑膠或不鏽鋼相比，木材流出的時間通常要長一點。上述選項都適合長期使用並且安全無虞，因此請選擇或嘗試所有這些選項後找出自己喜歡的！

其他釀造用品

找到製作康普茶的工具並不難，除了合適的容器外，其他工具在大多數廚房中都已具備。使用這些工具之前，請務必確保它們的乾淨程度。但請謹記，清潔用的氯甚或肥皂會損害你的康普茶菌體。

你或許可以考慮爲製作康普茶保留一套單獨的工具，以避免食物、油、香料等的汙染。或者，徹底清洗工具後，再使用熟成的康普茶或蒸餾的白醋快速搖晃容器清洗一下，就可再次使用。

水壺或鍋子

你需要在鍋子或水壺中添加熱水以利製作甜茶基底。任何容器都可以滿足需求，因爲這個步驟並不屬於釀造流程。我們會使用快煮壺以便快速將水加熱，只需要一個插頭即可。

或者，節省一些能量，沖泡「太陽茶」！在乾淨的玻璃容器中混合散茶與室溫水，然後將容器放在陽光直射的地方，簡易覆蓋後浸泡 12 至 24 小時。

可重複使用的茶包、茶球或過濾器

散裝茶葉、棉茶包和茶球是絕佳的選擇，因爲可以重複使用，從而減少浪費並節省資金。茶包可能會被單寧染色，但可以使用到包裝散開爲止。茶球可能會使一些茶顆粒逸出到基底茶中，最終沖泡到康普茶裡，並偶爾以黑色、棕色或綠色小斑點的型態附著在紅茶菌上。然而這不是問題，茶葉顆粒不會影響培養或釀造過程，無論你選擇哪種方式，請確保茶葉袋或茶球足夠大，可以容納茶葉膨脹時的葉片，以達到最佳的萃取和風味。

另一種選擇是將茶葉直接直接浸泡在水中，然後在加入糖之前過濾掉葉片。

長柄湯匙

只要手把長到可以接觸沖泡容器的底部，任何大匙或其他攪拌工具都可以使用。金屬、木材、塑膠大匙都可，不用擔心材質，因爲這裡只是用來攪拌甜茶基底，而不是發酵或變酸的步驟。

布面遮蓋

由於康普茶的釀造過程爲有氧發酵，故康普茶的容器必須能讓氣流通過，也需要覆蓋以保護內容物免受灰塵、果蠅和其他潛在汙染物的侵害。針對 Kombucha Kamp（我們開發的康普茶零售品牌），我們發明了釀造帽（Brewer Cap），這是一種合適的透氣棉套，帶有彈性邊緣，可將其牢牢固定在任何寬口發酵罐上。然而你也可以使用任何緊密編織的布，但切記請勿使用紗布遮蓋你的釀造容器！紗布的編織太鬆，可能使果蠅和其他汙染物進入釀造液中。此外，即便將紗布折疊成雙層也無濟於事，因爲果蠅可能會在各層之間蠕動並進入容器。除非你的棉布中沒有多餘的蛋白質，否則請選擇編織更緊密的布套。

膠條溫度計

監控沖泡溫度有助於確保發酵液保持健康、排除問題，以及最重要的是保持一致的風味。膠條溫度計可以附著在幾乎所有材料上，並能準確測量容器內的液體溫度。如果溫度計上沒有立即顯示出溫度讀數，在上方照射手電筒可使讀數更明顯。

請勿在康普茶中使用帶有探頭的溫度計，因爲探頭材質可能無法承受高酸度。另一個問題是若在布套下面插入一個探針，便會產生間隙，並使果蠅汙染釀造物。

加熱墊

如果沖泡液降至理想溫度範圍以下，則可透過加熱墊增加熱量。當然，

不要用薄紗棉布！

「絕對不要使用薄紗棉布覆蓋你的釀造容器！它的孔洞太鬆散，果蠅和其他汙染物會占領你的釀造物。就算把棉布對折成兩層也沒用；果蠅還是有辦法鑽過去。除非你想補充額外的蛋白質，不然請選擇組織較緊密的布。」

自釀者可以使用各種臨時加溫系統，然而有一種專門爲康普茶製造的加熱器，可以從容器的側面加熱，以達到最佳效果。（僅能加熱容器底部的加熱器會造成酵母菌滋生細菌，使釀造液失去平衡。）（有關保持溫度的更多資訊，請參閱第113頁。）

過濾器

此工具可有可無。細網過濾器或一般過濾器可在沖泡或裝瓶時用來過濾酵母，在裝瓶前除去調味劑或在浸泡後收集散茶葉。可以使用不鏽鋼或塑膠作爲過濾器，而折疊的紗布，雖然不是覆蓋發酵釀造液的好選擇，但可以用作過濾器。

漏斗

分批釀造法在裝瓶階段需要一個漏斗。不鏽鋼和塑膠材質的漏斗都是可行的選擇。（偶爾與金屬和塑膠接觸並不會對沖泡的釀造液造成損害。）在沖泡供應商店中可以找到帶有可拆卸過濾器的漏斗，這種漏斗十分有用。

pH 試紙或酸鹼度測定器

儘管不必測試每批康普茶的 pH 值，但可以使用試紙條或酸鹼度測定器來檢查釀造液是否正確酸化，以進行問題排除。

康普茶落在 pH 刻度的酸性端，因此小範圍的低 ph 值（0 至 6）試紙或酸鹼度測定器將是最佳選擇。（更多資訊，請參閱第 213 頁。）

使用的瓶子類型

如同任何發酵飲料一樣，康普茶應放在設計成能承受碳酸壓力的重型瓶中。用於裝飾的花俏瓶子可能不是安全的選擇。

雖然可以用塑膠瓶裝康普茶，但我們不建議你這樣做，因爲大多數塑膠瓶都不適合用來承受高酸度，並且可能會將化學物質滲入釀造液中。你還有很多其他選擇，不值得爲塑膠瓶冒險。另一方面，由於塑膠瓶蓋只會偶爾與康普茶接觸，故塑膠瓶蓋是非常好的選擇，可以將瓶子緊密蓋緊。此外，由於康普茶的酸性特質，請勿使用金屬蓋或任何金屬內膽的瓶子，而以下是根據我們的偏好建議的幾款最佳瓶子選擇。

彈簧蓋口玻璃瓶。帶有活動頂蓋的玻璃瓶有多種不同的厚度等級，其中最重的瓶子便是盛裝康普茶的最佳選擇，因爲高厚度的玻璃瓶可以更有效地承受碳酸壓力。當然，任何瓶子都可能破裂，但通常是底部會破裂而不是整個向外爆開。有時瓶蓋會漏水，造成麻煩，但本款瓶子的防破裂優點足以彌補這項缺點。另外，由於玻璃表面的壓力分布更爲均勻，圓形瓶子比正方形瓶子破裂的頻率更低。

回收市面上的康普茶瓶。許多自釀者將喝完的瓶子重新用於自己的釀造事業，這是一個絕妙的主意。尤其是剛開始時，自釀者可能還沒有準備好投資瓶子。但是，這些較薄的玻璃瓶比較容易破裂，瓶蓋也可能變鬆而無法完全密封，建議可以將其替換爲釀造商店販賣的專業級瓶蓋，如此一來不僅可以延長整體使用壽命，還能獲得更好的碳酸化效果。

透明或有色玻璃？

康普茶的許多市售品牌裝在有色瓶子中。爲什麼？主要是因爲光具有殺菌作用，而康普茶仰賴細菌。對於市售廠商來說，將紅茶菌放在卡車上、穿過倉庫、放在明亮的商店燈光裡並最終直接置於貨架上就帶出了一個疑問：在進入消費者口中之前，細菌和酵母遭受的損傷如何計數。因此，廠商將飲料包裝在暗色的瓶子便能減少這些影響。

對於有能力完全控制釀造環境和裝瓶儲存的自釀者，其實不需要暗色或有色玻璃。透明的瓶子可以使調味料的美麗色彩自然呈現。不過，藍色或綠色之類的玻璃顏色也可以爲瓶裝系列增添個人風格，所以選擇在你！

啤酒瓶和封蓋器。較薄的啤酒瓶容易破裂，建議尋找較厚的啤酒瓶。爲了安全起見，請勿倒置，以防康普茶侵蝕金屬瓶蓋。無論選擇哪種釀造液瓶，你都可以使用封蓋器將瓶蓋重新蓋上；兩者均可從釀造商店購買。

梅森罐。許多在家發酵的人都有好幾套梅森罐和蓋子。雖然梅森罐材質夠厚重，可以盛裝碳酸飲料，但由於缺乏適當的密封，有可能使康普茶變得索然無味。金屬蓋的氧化也可能是一個問題，因爲蓋上的凝結液體可能會使金屬滴落，使康普茶散發出金屬味。塑膠蓋（在裝罐用品店可以找到）是個可行的選擇，而用作安全裝置的軟木塞會在瓶子破碎之前彈出。瓶子破裂後會一團混亂，康普茶灑落滿地，而調味的水果碎片可能會黏在天花板上！我們當然可以精確掌握釀造和裝瓶週期，以將爆炸風險降至最低，但作爲安全至上的選擇，選擇安全的瓶子將更有保障。

回收酒瓶或香檳瓶。有些人會選擇使用回收的酒瓶或香檳瓶做容器，要是瓶內的碳酸作用太旺盛，作爲安全裝置的軟木塞會在瓶子破碎之前彈出。瓶子破裂後會一團混亂，康普茶灑落滿地，而調味的水果碎片可能會黏在天花板上！我們當然可以精確掌握釀造和裝瓶週期，以將爆炸風險降至最低，但作爲安全至上的選擇，選擇安全的瓶子將更有保障。

釀造場所

選擇沖泡場所時，請考慮以下因素：

- **溫度。**爲了獲得最佳效果，沖泡設備需要相對溫暖的溫度，即 24-29° C 的溫度範圍。
- **空氣流動。**當紅茶菌形成新的層次時，發酵的初始階段會需要新鮮空氣。
- **勿日曬。**陽光直射可能具有抗菌作用，因此最好避免這種情況。而間接照明則不會產生不利影響。
- **方便性。**你需要在發酵時定期品嚐釀造液。大多數自釀者都喜歡將發酵設備放置於靠近廚房的地方。

對於許多人來說，廚房流理臺是放置釀造釀液的理想場所。（然而，由於油脂和烹飪油煙可能會導致異味，因此請在發酵罐和火爐之間保留幾公尺的距離。）但是，並非每個人都有廚房可以使用。通常都可以找到合適的替代位置，有些人將釀造液保存在車庫、備用臥室、辦公室架子上或冰箱頂部。任何受保護的角落都可以。

應避免的條件

下列環境因素可能會對釀造液產生不利影響：

- 香菸煙霧
- 花粉（來自室內植物和室外）
- 油脂和烹飪油煙
- 有毒化學物質和濃煙（例如存放清潔產品的壁櫥中可能揮發的化學物質）
- 陽光直射
- 溫度過高或過低（請參閱第 113 頁，溫度最佳化）
- 過悶或通風不良的地方
- 接近其他發酵品

避免與其他發酵液交叉汙染很重要。康普茶酵母和細菌很強壯，它們無聲無息地黏在衣服、頭髮和皮膚上，甚至漂浮在發酵區域附近。如果在同一區域製作克菲爾乳酪、優格、德國泡菜或其他發酵物，則可能會造成交叉汙染。一些自釀者曾反映，紅茶菌突然在克菲爾乳酪中生長，或者是奇怪的酵母接管了他們的酸菜生態。的確，康普茶菌和酵母菌就是比較強壯的菌種。

為防止這些問題，請在發酵罐之間保持適當距離，最好在各自區域內，並為發酵罐使用單獨的蓋子、器皿和容器。若眞的發生交叉汙染，當然不甚理想，但除非你發現黴菌，否則並不會造成危險。將交叉汙染的發酵液移至單獨的區域，並等待微生物平衡應隨時間恢復。交叉汙染並不總是一件壞事，但是若你的其他發酵食品產生了過於前衛的味道，請考慮將康普茶移遠一點。

溫度最佳化

釀製康普茶的建議溫度範圍是 24-29° C，理想溫度是 26-27° C。雖然酵母在較大範圍的溫度下皆能表現良好，但這樣的溫度為細菌繁殖提供了最佳環境（請參閱細菌與酵母：派對主辦人與派對動物，第 52 頁）。

在較低溫的範圍內，由於發酵液中存在的酸度會隨之減少，康普茶風味可能會變弱。較高的溫度會使釀造液變酸或變得不順口。在這兩種情況下，酵母都可能使釀造液中過度產生酵母，而抑制了細菌的生長。換句話說，只要不發黴，在任何溫度下釀製的康普茶都可以安全食用，儘管美味可能打折扣。

怎樣算溫度太高

以美國來說，在一年中大多數時間的大多數地點，保持適當的溫度意味著要加熱發酵液，但是在極少數情況下，卻也可能會過度加熱。在高於 29° C 的溫度下釀造不具有任何不安全、不健康或錯誤的地方，有些人可能更喜歡這些溫度。只要釀造溫度保持在約 38° C 以下，培養體就可以生存。需要超過 42° C 的溫度才能破壞細菌。

注意：這也意味著，如果你的康普茶加熱器在整夜或一天之中不小心將溫度升高到稍稍超過最佳溫度範圍，並無大礙。

在較高溫度下釀造時，風味變酸的速度會較快，而釀造速度也會更快。如果釀造條件通常高於 29° C，那麼第一個也是最好的選擇是在屋子裡找到最不溫暖的地方，也許是在陰涼的儲藏室底部的架子上、通風的走廊中，或任何空氣較涼的地方。

減少高溫沖泡影響的其他方法包括：

- 經常品嚐，儘早採收——越熱，可越快採收康普茶；接近釀造將要完成的階段時，可以每天多檢查幾遍。
- 在比你喜歡的味道更甜的時候採收——無論如何，我們可以這樣做還能讓康普茶在採收裝瓶後繼續在瓶中熟成，但若是在溫暖的條件下，我們認爲即便是稍微過甜的康普茶也可以裝瓶。
- 較少的釀造量。若發酵液量較少，無論如何就都會更快地完成釀造，因此較不會受到溫度過高的傷害
- 對康普茶調味，直接置於冰箱；儘管如此一來碳酸化作用可能較弱，但仍會注入風味。從冰箱拿出沖泡設備後，請在室溫下放置 4 到 24 小時，以重新喚醒酵母。
- 少用 25% 的糖和／或茶；藉由減少產生酸味的原因，可讓釀造液更順口。

怎樣算溫度太低

新手自釀者最常面臨的問題之一是溫度過低，導致釀造能力變弱，且容易導致發黴。在 20 至 24° C 的溫度範圍內沖泡，仍然可以產生可飲用的釀造液，但會花費更長的時間，並且可能缺少一絲蘋果酸味。

如果沒有合適的加熱方案，請在廚房中尋找最適合的地方。如果廚房的加熱工具還不足以提高溫度，請嘗試將發酵容器放置在冰箱壓縮機或慢燉鍋等發熱設備旁邊。或者將容器用毛巾或毯子包起來也會有幫助。例如，藉由將容器放在木製砧板上使容器與寒冷的廚房檯面保持距離，便可以使沖泡罐溫度升高幾度。

太熱？太冷？正好！

43°C 及以上

酵母菌會在數小時內開始死亡，紅茶菌無法存活超過幾天。

38-42°C

細菌停止活動，酵母菌變得活躍，而導致釀造液變質。

30-38°C

這個範圍有利於酵母生長，阻礙細菌發育，因此隨著時間流逝或連續沖泡，便會破壞釀造液的微生物平衡和風味。該溫度範圍不會導致細菌死亡，但最終可能導致酵母將細菌消滅。

27-29°C

這是理想的釀造溫度範圍，此溫度範圍下生產的康普茶具有更濃郁的風味，更高的酸含量和酵母產量，還可能具有更強的紅茶菌。此外，這是發酵過程初期的良好範圍，但不建議用於已沖泡多次的熟成康普茶。

26-27°C

這是釀造康普茶的理想溫度範圍，尤其是在發酵的第 3 到第 7 天。該範圍能在酵母、細菌活性以及產酸方面達到最佳平衡。

22-25°C

這是理想的釀造範圍的低標，其結果是使飲料更溫順、味道更佳，但較無口感。此溫度範圍若用在幾乎熟成的連續沖泡紅茶菌上，則可降低其發酵速度。

18-21°C

在這個溫度範圍內，可進行緩慢但尚可接受的發酵。康普茶會在更長的釀造週期中達到所需的風味。這樣的溫度可能會導致紅茶菌的生長較弱，而酵母菌更多。這也是紅茶菌溫床儲存或第二次發酵時可接受溫度範圍。

10-18°C

對於釀製康普茶，此溫度範圍會導致發酵緩慢、康普茶帶有淡淡酵母味，並可能導致發黴。但是，16°C 是紅茶菌溫床長期儲存的理想溫度。

10°C 以下

此溫度範圍將使細菌活動力過低，而且如此低的溫度將導致紅茶菌溫床和康普茶釀造液都發黴。絕不建議在該溫度範圍（冰箱不適合）沖泡康普茶。

有些人還把燈放在開啓的櫃子、壁櫥或烤箱中。通常，我們不建議使用燈泡或加熱燈的熱源加熱康普茶，因爲光具有抗菌作用，而且容器和沖泡的釀造液會受熱不均。

氣流也很重要，因此要找到一個在溫度和空氣流通之間保持良好平衡的地點。是的，有人會在使用烤箱時忘記移開沖泡罐，進而烘烤了整組紅茶菌溫床。切記，在選擇釀造地點時要做出最好的判斷！

例外

每個規則都配有一個例外，這是我們針對冰箱規則的唯一例外：在極端條件下，沖泡本身（不僅是室外的天氣，而是液體）可能會達到接近 38°C。若是如此，建議可以將沖泡液體在一天中最熱的時段置於冰箱幾個小時，但記得不要冷藏一整夜。請記住，這只是一個短暫且暫時的例外，不是常態。

釀造週期的季節性變化

季節會影響康普茶釀造的速度和風味。適時調整以適應釀造液的需求，以確保一年四季都有美味可口的康普茶。

春季——隨著冬季積雪逐漸融化，氣溫通常較低。建議使用加熱器將沖泡液保持在 26 至 27°C 之間。

夏季——隨著室外溫度的升高，發酵週期會大大縮短，因此，請更常品嚐釀造液是否已熟成。建議讓釀造液休息一下，先不要沖泡下一批，也不要添加新茶到連續沖泡的培養液。另外，爲了確保正確的釀造週期，可能需要排出一些過酸的液體。不用擔心，這些液體有很多用途（請參閱第 298 頁和第 355 頁）。

秋季——釀造的週期會延長，但風味仍然濃郁。當夜間溫度下降時，請使用加熱器保持適當的溫度，而溫暖的日子裡則要監控溫度以防過熱。

冬季——天氣寒冷時，康普茶會變得遲鈍，想進入冬眠。即使加熱到正確的溫度，沖泡時間也可能比平時更長。

如何估計沖泡量

1. 估計家庭中每個飲用者每天消耗多少康普茶（別忘了包括鄰居、保姆和狗！）使用右邊的圖表來計算每個飲用者的每週消耗量。
2. 核算每個人的飲用量之後，每週加總家庭飲用量。
3. 使用下表中的總計，找到適合你需求的家庭類別，諸如品嚐用、酌量用、正常飲用、戀人用或專家用，並估算應該在手邊備用多少康普茶。此圖表假設的量分別是4公升的分批釀造法和10公升的連續釀造法。由於人們某些天喝得多某些天喝得少，因此這些數字只是估計值——你可以隨時隨需求增加更多容量。

每天的康普茶量	× 每週的天數	= 一週總量
125毫升	4	500毫升（0.5公升）
125毫升	7	1公升
250毫升	4	1公升
250毫升	7	2公升
500毫升	4	2公升
500毫升	7	4公升
1公升	7	7.5公升
1公升以上	7	可以開公司了！

家庭每週消耗的康普茶量	家用類別	建議釀造量
最多2L	淺嚐用：你可能更適合購買市面上康普茶或在家中根據所需間隔時間製作半批的量。	釀造一次（或直接購買吧）。
2-4L	酌量用：釀造標準量，即每次4公升以滿足你的需要，或者就進行一次標準的連續釀造法（CB法）。	1-2次的分批釀造法，或1次標準的CB法。
最多7.5L	正常飲用：作爲具有嚴重康普茶需求的常態消費者，讓數次分批釀造法輪流進行，或進行至少一次CB法以滿足需求。	2-4次的分批釀造或1-2次標準CB法，或1次大產量CB法。
多達15L	超愛用：你每天讓你的熱愛流淌到許多分批釀造法的容器，或者每天許多CB法同時進行。	4-8次的釀造或2-3次標準CB法，或1-2次大產量CB法。
超過15+L	高手用：你距離創辦自己的康普茶公司僅一步之遙！讓多達四次CB法同時輪流運作是保持穩定供應量的最簡單方法。	2-4次標準CB法或2次大產量CB法。

最佳實踐

最終，大多數人都會找到適合的方式加熱康普茶，以達到各自所需的沖泡效果。即使在夏季，居住在沿海地區、北方或使用空調的人們會發現，若想將容器保持在對紅茶菌友善的溫度之下，仍需要使用熱源加熱。

專爲加熱康普茶設計的的高效加熱墊永遠是最好的選擇，但是如果溫度僅需要升高幾度，苗圃加熱器或加熱環帶足以提供臨門一腳的熱量。如同前述，加熱的傳遞應從容器側面，而非自底部。謹記此點對於風味和釀造平衡至關重要。原因在於保持酵母的活性。當酵母在釀造過程中完成前幾天的呼吸後，會下降到發酵容器的底部，同時，孜孜不倦的細菌則移動到釀造液的頂部附近，亦即新長出的紅茶菌。而許多新手自釀者會不經意間將加熱器置於容器下方，直接的熱源便會使酵母菌停止作用，破壞釀造液的平衡。

建議使用適當的加熱器從容器側面加熱，這將有助於細菌致力酸化釀造環境，並順利生成紅茶菌，而在最佳狀態下傳遞溫暖的加熱器便能盡職保護釀造液的健康。爲了獲得最一致的釀造結果，尤其是使用連續釀造法時，使用正確的熱源保持溫度將是成功關鍵。

旅行中釀造康普茶

偶爾有自釀者必須在旅途中釀造康普茶。以下說明少量紅茶菌和整批紅茶菌的旅行方法。

搭機

目前的航空法規要求將超過 100 毫升的液體存放在託運行李。首先，請將紅茶菌與發酵液包裝在密封袋中，接著用小毛巾包裹袋子，並用一個較大的密封袋密封住。萬一袋子漏液，毛巾可吸收液體並保護行李中的其他物品。

爲了提供更好的保護，請在紅茶菌的容器中裝滿足夠的發酵液，以便旅行期間保持濕潤。

將發酵液倒入另一個塑膠瓶或玻璃瓶中，緊緊密封後，請在蓋子的邊緣上纏上填料或膠帶，盡可能地減少洩漏，最後如上所述，將其包裹在塑膠袋和毛巾中。

如果你沒有採取預防措施，在不包裝瓶子的情況下，釀造液幾乎可以篤定會漏出來。

乘車

將紅茶菌和康普茶移到帶有旋蓋的玻璃罐中，最好是塑膠蓋，以防生鏽。爲了保護細菌免受陽光照射並保持在適宜的溫度下，請將玻璃罐放在有蓋的盒子中，或者最好放在涼爽的容器中。

如果在晴天長時間停車，你可能需要將沖泡罐拿到室內以防其在車內過熱。釀造液可以承受短暫的低溫暴露，但長時間暴露於 108° F（42° C）及以上的溫度則可能會損害培養體。

即使扭緊瓶蓋，康普茶也可能從瓶蓋下方漏出，因爲它比水的滲透性更強。防止滲漏的技巧是在蓋上瓶蓋之前先在罐口放置一塊保鮮膜。即使如此，仍可考慮將罐子裹在毛巾裡以便吸收滲出液體。記得將廣口瓶或釀造容器保持直立狀態，否則將更易導致洩漏。

當攜帶連續沖泡的容器旅行時，你可以將培養體繼續留在容器中沖泡，但前提是容器中的水分不能全滿（如有必要，請除去一些液體）。將整個容器包裝在盒子中，然後將其固定於車輛的安全位置。若要運送瓶罐或旅途攜帶時，請聯絡葡萄酒運銷商，其專業運送設備可將每個瓶罐放入安全的插槽。請記住，運輸滿瓶可能所費不貲。

隨時隨地釀造

如果你不僅是要運送康普茶，而且實際上打算在不斷行駛的交通工具（例如休旅車或船屋）中沖泡，那麼除非行駛時特別顛簸，否則你不會遇到任何具體問題。然而，紅茶菌的生長可能會受到液體不斷擾動的影響，你可能會發現奇形怪狀的紅茶菌，呈現束狀或薄層，這些可供移出培養皿的新生成紅茶菌沒有問題。不斷攪動釀造液也可能使紅茶菌更快熟成，因為如此一來紅茶菌會暴露於更充足的氧氣當中，從而加速發酵時間。

遷徙

如果你要搬家，並隨身攜帶了康普茶菌體，紅茶菌可能需要花一段時間才能適應新環境。新居中釀造的第一批或第二批康普茶可能無法完全對味，但最終菌體會適應，而你就能重新開張。

康普茶旅遊！

無法攜帶你的康普茶大軍旅行嗎？無論你身在何處，都可以查找當地的品牌，拿幾瓶不同的康普茶，並與任何勇於嘗試的人進行一次品嚐大會。某些康普茶釀造廠現正提供遊覽和品嚐，請提前致電預約。

PART TWO

自釀康普茶

CHAPTER 6

分批釀造法

大多數新手都使用分批釀造法開啟康普茶製作之旅。的確，這是最基本的程序：製作營養液（即甜茶），添加菌體和發酵液，以及等待著讓釀造液發酵。準備就緒後，便能採收並再次釀造。對於希望少量製作大約 2 到 20 公升康普茶的人來說，分批釀造法是理想的選擇，而對於希望精準控制康普茶味道的人，尤其是那些非常喜歡青澀和甜味的人來說，分批釀造更是一個絕佳的選擇。分批釀造法也很適合進行實驗。

由於每次沖泡都是使用不同的紅茶菌，並且每次的濃縮甜茶基底都需要 1-2 杯發酵液，所以你所做每個的選擇——茶或糖的類型，以及釀造週期的長短等——將完全與使用連續釀造法得出的結果相反（請參閱第 7 章），前者每次採收後的風味喝完就消失了，而後者的風味則是取決於留在容器中的大量康普茶釀造液。

分批釀造法的靈活性吸引許多新手和資深自釀者，即便是許多選擇採用連續釀造法爲其主要作法的自釀者，都樂於同時嘗試分批釀造法。

大多數康普茶製造商都是採用分批釀造法而非連續釀造法，這是由於如此一來他們便可以使用精確的配方，生產更具一致性的產品，且更輕易地控制不同批之間的過程。也就是說，無論釀造者多麼努力地複製條件，不同批的康普茶都可能有不同的風味產出。有趣的是，將兩份條件相同的紅茶菌彼此相鄰放置，幾乎每次它們的生長方式都會有所不同——一批紅茶菌的生長可能很好，而另一批則不然，或者儘管成分、發酵液、紅茶菌重量等等相同，風味也各異，讓自釀者嘗到生物多變性的喜悅。

康普茶一次釀造的量越大，釀造過程中發生變化的可能性則越高。大於 5 加侖的釀造液可能會遇到發酵不完全、味道不均勻或發酵作用太弱的問題，以上僅舉幾個潛在的問題爲例。培養體中的細菌和酵母利用氧氣發酵甜茶，但是在較深的容器中，底部的甜茶可能不會像靠近容器頂部的甜茶那樣受到細菌和酵母的強烈作用。

藉由較淺較寬的容器沖泡則可以解決此問題，因爲該容器可使氧氣更均勻地滲透到沖泡器中。但一般來說，建議自釀者的產量落在每批 1 至 5 加侖，如此一來可控制大小且發酵均勻，並能於 2 至 4 週內熟成，有利在相對較短的時間內飲用。

康普茶傳說：

秦始皇

康普茶的起源，最著名的傳說可以追溯到秦朝（公元前 221 年至 206 年），在此期間，許多人稱其爲「不朽之茶」或「聖茶」。據說秦始皇試圖尋求任何可行的方式來延長生命，而這不朽之茶是煉金術士應他要求而上交的。

然而，這個故事的具體細節並沒有得到證實，由於聖茶或靈芝在中國指的是靈芝蘑菇，而康普茶菌體曾被稱爲蘑菇，但靈芝似乎不太可能跟康普茶有關。

如何釀造 4 公升的康普茶

分批釀造法的配方通常會採用4公升的量，這種容量恰好符合自釀者的需求。康普茶一般需要更久的時間才能熟成，不像某些發酵物只需數天就可以完成。因此，一次至少製造 4 公升的康普茶可確保在等待下一批時有足夠的（也許！）飲用量。

在準備容器、器皿和檯面時，請避免使用任何可能對培養體有不利影響的抗菌肥皂。取而代之的是，我們建議你選擇熱水或消毒／蒸餾後的醋（以 1：1 的比例稀釋，且切勿使用生醋，因爲它會改變並可能汙染釀造液）。你也可以選擇在添加甜茶前，使用蒸餾醋或康普茶醋沖洗以便「強化」容器內部，但這是可做可不做的步驟。

若要釀造 4 公升的康普茶，則需要至 5 公升的發酵罐，以容納紅茶菌和發酵液，並爲空氣流通留有足夠的空間。如果只有 4 公升的容器，請不要擔心，只需將茶、糖和水減少 25%。（有關更多詳細資訊，請參閱第 143 頁的「數量、釀造時間和方法」。）

下列這個基本配方基本上是世界各地各類釀造商經由實驗和研究形成的百年共識。除了第 5 章討論的設備之外，你還需要以下材料：

4 公升不含氯的冷開水

4-6 個茶包或 1-2 大匙的茶葉

1 杯糖

1 個全尺寸康普茶紅茶菌（4-156.25 毫升）

1-2 杯熟成的康普茶，用於發酵液

我們通常會在玻璃容器中沖泡 4 公升的量。但是，這樣做時必須小心，因爲將熱液體倒入冷罐中可能會導致玻璃破裂，造成危險和混亂。在大多數情況下，這不是問題，可以採取預防措施以防止事故發生。

若要完全避免該問題，可將濃縮的熱甜茶基底置放於與發酵容器不同的單獨容器中，甚至可以放在燒水的鍋子裡。（用什麼材質作爲容器都無大礙，因爲甜茶不具酸性。）

先將冷水添加到沖煮容器中，再添加濃縮熱甜茶的好處是，如此可以均勻地分配熱量，並防止容器底部過熱。並且意味著發酵液的溫度將下降得更快，以利快速釀造。實際上，通常不需要等待太久，因爲使用此法，溫度原本就已經低於100° F（38° C）。另一方面，將熱甜茶放置於釀造容器中，隨後將水倒入也不會產生任何問題，只要確保玻璃溫度不會過冷而導致在加入熱水時破裂。

釀造步驟

1. 將 1 公升的水加熱到剛好沸騰的溫度。將茶和熱水混合在鍋、碗或沖泡容器中。浸泡 5 至 15 分鐘，接著取出茶葉。
2. 將糖加到熱茶中，攪拌直至完全溶解。
3. 將剩餘的 3 公升冷水倒入釀造容器中。如果茶和水是分開盛裝，則記得添加甜茶。將乾淨的手指浸入混合物中以便測量溫度。如果溫度超過體溫（約 38° C），請用乾淨的布蓋上並靜置一旁，直到不冷不熱爲止。
4. 用乾淨的手將紅茶菌放入甜茶溶液中。將發酵液倒入紅茶菌的頂部；這會酸化位於容器頂部的茶之 pH 值，在此容器中，菌體最容易受到傷害，成爲潛在病原體的溫床。
5. 用透氣布覆蓋容器，必要時用橡皮筋固定。除非沖泡罐是不透明的容器，否則將其放置在溫暖的地方（理想的溫度爲 24-29° C）時，請避免陽光直射。（在此階段，你可以選擇祈禱，試圖散發良好的氛圍，或以正面的方式與你的新生釀造液相知相識。紅茶菌這種活生生的菌體，對能量會產生積極和消極的反應。）
6. 讓甜茶發酵 7 至 21 天。5 天後（或更短的時間，如果你止不住好奇心的話），可以開始每天品嚐一次。品嚐時，請取下布套，將吸管輕輕插入紅茶菌下方，吸一小口。或者將小玻璃杯浸入紅茶菌的新層中，汲取釀造液品嚐。
7. 一旦沖泡達到你喜歡的口味，就可以採收了。在裝瓶或調味之前，請從釀造罐的頂部收集至少 1 杯用作下一批的發酵液（如果你有足夠的備用量，或者釀造液才沖泡不過幾次，則可以收集 2 杯），然後倒入乾淨的碗中。接著請將紅茶菌移到碗中，用乾淨的毛巾蓋好，放在一旁。（我們先採收液體，因爲若先移出培養體會使酵母從底部流出，酵母減少在品嚐時沒問題，但若要收集發酵液時則不建議。）

康普茶跳恰恰

接下來的步驟

釀造康普茶的美妙之處在於它生生不息。在每個釀造週期結束時，都要採收裝瓶，儲存足夠的當前沖泡量並開始下一批，無限循環。當完成一批並準備開始另一批釀造時，我們發現最有效的方法是進行「釀造之舞」，在此過程中，首先爲下一次釀造開始煮水沸騰、調整口味並在釀造期間裝瓶，最後將紅茶菌放入新一批甜茶基底。當然這是我們找出的最佳方法——但每個人喜歡的釀造流程和節奏不同。以下是我們的康普茶跳恰恰步驟：

循環由此開始：

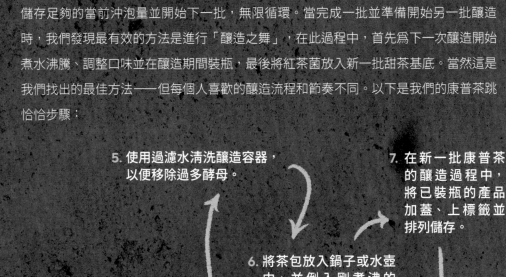

1. 準備所有器具和材料。
2. 開始煮沸熱水。
3. 切碎任何水果／調味料並放入瓶中。（請參閱第 8 章）
4. 將紅茶菌和發酵液移到另一個碗以供下一批釀造使用，將康普茶裝瓶。
5. 使用過濾水清洗釀造容器，以便移除過多酵母。
6. 將茶包放入鍋子或水壺中，並倒入剛煮沸的水，設定計時器來達到所欲的浸泡時間。
7. 在新一批康普茶的釀造過程中，將已裝瓶的產品加蓋、上標籤並排列儲存。
8. 當計時器響起，移除茶包並加糖攪拌。
9. 將冷水注入釀造容器，接著加入甜茶、紅茶菌和發酵液。用布覆蓋住罐子，並放回釀造地點靜置。
10. 享用康普茶。

8. 剩餘的康普茶現在便可以直接從容器中飲用，裝瓶後也可選擇是否加入調味劑。有關調味、過濾、瓶裝熟成（以利進一步開發風味和碳酸化），以及其他高級技術的訣竅，請參閱第 8 章。

9. 當開始下一批沖泡時，請使用一種或兩種紅茶菌（上一批的原始紅茶菌和／或新生紅茶菌）以及發酵液。多餘的菌體建議可以在另一批釀造時使用，或者放在紅茶菌溫床中保存。等待第二批釀造時，就能好整以暇享受第一批康普茶！

釀造週期

除去其他因素，普遍的釀造週期也可能會有所不同，原因包括發酵空間中的溫度和你個人的喜好。你可能需要沖泡幾批才能找到最佳時機。耐心是美德。

釀造觀測日誌（請參閱第 434 頁）可以幫助你找到最佳的康普茶釀造節奏。每一批後續的康普茶釀造，總會為打造最佳共生環境提供新的洞見。（請參閱第 114 頁「釀造週期的季節性變化」）。

釀造容量	發酵時間
2公升	3-7天
4公升	7-21天
10公升	10-28天
20公升	18-42天

處理紅茶菌

我喜歡用手拿我的紅茶菌，它們既柔軟又光滑，卻具有像魷魚一樣的堅實質地。我堅信，作爲一種活的生物體，紅茶菌樂於進行個人接觸和細菌交換。我們只需先洗手（避免使用抗菌肥皂）。但是，如果你認爲這種菌體的觸感不佳，可以選擇使用橡膠手套或大鉗子，如此一來也可以防止菌體或茶弄髒手指，偶爾和暫時的髒污可輕易去除。

健康的跡象——康普茶釀造

釀造出好幾批康普茶大軍之後，整個過程就會變得再熟悉不過，首先便要知道尋找哪些跡象，可以表明康普茶正在健康生長。好消息是，只要沒有黴菌（在紅茶菌上會顯示爲藍色、黑色或白色絨毛），就可以品嚐釀造液來判斷發酵過程。（康普茶黴菌並非危險至極，但若你對黴菌過敏就會導致身體不舒服，故發黴的菌體就該丟棄；請參閱第 209 頁。）

在最初的幾個週期中，細菌不斷進化並適應新環境，大多數人從第一批開始就品嚐到美味的飲料。儘管由於這種菌體的逐漸發展，風味可能會隨時間變化，但很少引起問題。康普茶已在世界各地流傳了數百年，並經歷過新環境調適和重新平衡而得以倖存。以下是留意康普茶健康狀態的一些跡象：

略帶醋香氣。康普茶具有獨特的氣味，釀造老手可以立即察覺。容器中標誌性的甜酸味特別令人愉悅，這些味道有時被描述爲發酵的、蘋果酒味的或類啤酒味的，而那些醋味和微酸的辛辣味便成爲健康釀造液的最佳指標。

紅茶菌增長。健康的康普茶釀造最明顯的跡象之一就是形成了新生紅茶菌。紅茶菌並非全部一次出現或立刻完全形成，而是逐漸生長，直到覆蓋釀造液的整個表面積並形成密封狀態，從而減緩蒸發且產生進行厭氧發酵的條件。天氣溫暖時，康普茶會迅速發酵，紅茶菌也迅速生長；在涼爽的天氣下，紅茶菌的生長通常會變慢和變薄，而分批發酵可能需要更長的時間。

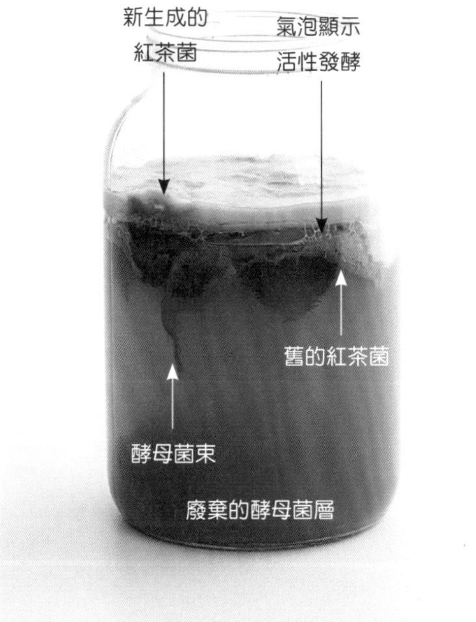

酵母活動。培養體中懸浮的酵母束或卷鬚的形成不僅是正常而且是必要的。在發酵的早期階段，菌種寶寶完全形成之前，酵母小球聚集在釀造液的頂部。而在後期，這些褐色酵母股線或團塊最終會將其自身附著於培養體的底面或掉落到釀造容器的底部。自釀新手可能會將這些酵母花與黴菌混爲一談，因爲在新生的培養體中，它們看上去可能是帶藍色或黑色的。（有關識別黴菌的更多資訊，請參閱第 209 頁。）

保護性 pH 值。康普茶菌體對病原體最重要的防禦手段之一就是本身的低 pH 值屬性，數值在發酵開始後的 3 到 5 天內通常會降至 3.5 以下。這種酸性環境有利於紅茶菌中之特定細菌和酵母菌，亦可以防止其他可能有害的微生物繁殖。然而，pH 值不是可飲用的指標，只有你的味蕾才能決定。通常，釀造過程會達到所需的 pH 值，但釀造液仍然太甜而無法即刻享用。儘管如此，pH 值仍是讓你知道釀造過程正在安全進行的指標。

顏色變淺。新鮮沖泡的發酵液可能會呈現黯淡顏色，主要取決於所用茶的類型和浸泡時間。而菌體是將糖轉化爲健康酸的媒介，其功能之一是分解單寧，使茶具有顏色。發酵結果則是從深棕色、淺棕、褐色甚至轉變至金色，這取決於原始茶爲何。

品嚐和完善釀造液

康普茶是百變風味之王。在菌體吃了甜茶基底一段時間之後，建議可以開始品嚐釀造液，試試其風味發展過程。如果你對釀造液還不甚熟悉，我們建議當你沖泡 4 公升的釀造液時，可在 5 天後開始品嚐，然後每天抽樣品嚐，以便教導你的味蕾了解釀造液的熟成過程，並識別何時可以採收。

康普茶粉絲們都知道，儘管康普茶是由茶製成的，但味道卻不像茶。反之，由於含有乙酸，康普茶具有甜酸的蘋果味。通常用於形容康普茶的形容詞包括濃郁、酸的、滑順、新鮮、乾燥、清爽、止渴、令人滿意，以及具有活力。

對於新手來說，上述味道似乎很奇怪，但是即使只是第二或第三次品嚐，你對風味的理解和欣賞就會一路展開。那些在日常飲食中攝取大量糖分的人，一開始經常會在享用康普茶時遇到更多的困難，但是隨著身體機制的移轉和平衡，每一口都將變得更加令人滿意。如果酸味太重，請用水或果汁稀釋。

分批釀造法縮短了發酵週期，也更能輕鬆地根據自己的口味調整每批產品，如此採收的康普茶亦顯得相對「年輕」。

調整茶與糖的配方，並搭配你偏好的沖泡週期和環境溫度，接著可以嘗試加入調味劑，在下一次的發酵實驗各種條件，以便增強碳酸和注入風味，如此過程是自製康普茶的眞正樂趣和技藝精髓。科學爲我們提供了理解和參數，但我們的直覺更肩負重任。第一要務則是釀造自己喜歡的康普茶。請相信你的直覺！（有關調味劑、瓶裝熟成和碳酸化的詳細資訊，請參閱第 8 章。）

基本配方

當然，我們提供的最基本 4 公升配方只是一個起點，可以根據個人口味進行修改。每次更改都會影響最終的沖泡；例如，改變茶的用量或浸泡時間的長短不僅會改變風味，更會影響培養和發酵過程。維持連續發酵所需的最少茶量是每加侖水 3 袋茶包或約 3 茶匙散茶。

上限則是：12 個茶包或大約 ¼ 杯散茶是可以在不損害培養體情況下連續沖泡的可使用最大值。因爲太濃的茶可能會過度刺激酵母並產生異味，對釀造液的平衡產生不利影響。將較淡的茶（例如綠茶和白茶）混入甜茶基底則可以減少影響。以不同的茶和不同的浸泡時間作爲實驗，便能產生各種康普茶口味。

糖量則較無彈性空間。每加侖茶使用 1 杯糖的規定比例，可以在各批釀造之間產生一致的結果。如果需要，請嘗試從 ½ 杯到不超過 2 杯糖的範圍進行試驗，但即使如此也可能太勉強。過多糖分將抑制釀造液的正常發育：無法產生康普茶，也無法產生乙酸。糖過多要麼會導致酵母「沖洗」並淹沒細菌，要麼就是使酵母完全入睡，什麼也不做。

如果你連續實驗減少或增加糖分的含量，而康普茶的風味或紅茶菌的

善用你的嗅覺

當你第一次接觸康普茶時，不僅要品嚐釀造液的味道，更建議你每天都要聞一聞，嗅覺也能幫助辨識康普茶的狀態。假以時日，你有可能學會僅通過鼻子判斷康普茶的一切。聞到臭雞蛋？如果你的鼻子檢測到有硫磺味或其他異味，則培養液顯然出現問題。（請參閱第 205 頁的「處理異味」。）

生長卻接連顯示出失敗的跡象，請恢復爲每加侖 1 杯糖的原始比例。另外，培養體可能需要進行 1 到 3 輪發酵之後，才能從發生錯誤的實驗中恢復過來。

捕捉正確的味道

由於樂於分享康普茶，所以我們進行批量生產、調味，進行瓶裝後，在陰涼處儲存數天、數週甚或數個月。採收時美味的康普茶調味和瓶裝後，經過一段時間後的瓶裝陳釀則通常會變得太酸，因此我們在康普茶還稍甜時，就開始採收和裝瓶，這是非常有效的解法，同時能產生更輕爽順口的碳酸口感，而在變酸之前在瓶中保存更長時間。以下是一些捕獲正確口味的準則：

太甜	甜酸	**口味正好！**	太酸
每天品嚐直至達到最佳風味，或立即裝瓶並移至冰箱中以保留風味。	對於口味粗糙的康普茶應立即調味，並在 23-25°C 間裝瓶 1 至 7 天，或者如果希望飲用全風味的康普茶大軍，則可以繼續沖泡。	立即調味並裝瓶 1 至 3 天，密切監視以避免產生過多的酸味，或立即裝瓶並移至冰箱中以保持風味。	縮短沖泡週期和／或降低下一批的溫度；嘗試將此批與水或果汁混合，以便減少酸味，或嘗試使用淨化劑（請參閱第 167 頁）。如果康普茶太酸而無法採收，則改用作發酵液、紅茶菌溫床的增強劑、家用品或美容產品（請參閱第 17 章）。

紅茶菌增長與下一次沖泡

康普茶紅茶菌的數量是無限的，因為每一批「菌母」都會產生一個「菌種寶寶」。這種新的菌體逐漸形成，並且始終在液體的頂部生長。菌種寶寶可能首先顯示為小點或小斑點，而後形成較薄的膜，若保持不受干擾的時間越長，最終就會長得愈來越厚。（有關紅茶菌生長的照片，請參閱第 64-65 頁。）

隨著菌種寶寶的成形，它可能像一疊薄餅狀一樣在菌母之上的一層中生長，或者可能在菌母周圍發育而結合成一體，正如我們在連續釀造法中經常看到的那樣。連續釀造法或紅茶菌溫床中的紅茶菌，則通常會融合成由數十個薄層組成的實心墊。

菌母也可能漂浮在沖泡液的下層，並且與新生成的紅茶菌分離。這些是正常現象，並且隨批不同而異。

請注意，一旦紅茶菌受到干擾，無論是移動容器還是移動層次本身，它將不會繼續增長。如果添加到另一批中，它可能會漂浮在頂部並開始與新的培養體相生相連在一起，進而與新的紅茶菌結合起來而顯得濃稠。然而，漂浮在釀造液表面以下的紅茶菌則不會自行變厚。

有時一起生成的紅茶菌很容易剝離。但如果菌體真的融合在一起無法分離，保持連結的狀態並沒有什麼害處，但是你終究會想要分離其中的一些、或者一次釀造多批康普茶、或者建立一個紅茶菌溫床（請參閱下頁），又甚或尋找它們的其他用途（請參閱第 17 章）。將紅茶菌拆開或切割是一個簡單的過程。（請參閱第 155 頁的移除和修剪紅茶菌，及第 154 頁連續釀造守則。）

如果你的原始菌母來自優質供應商，那麼釀造後可能比一般花費 7 到 10 天生長的菌體還要厚實。更有可能的是，你的釀造液沖泡中的菌體明顯過薄。因此，至少要在第二批的沖泡中，仍將新的菌種寶寶與菌母放在一起。而一旦第三個紅茶菌生成，則可以考慮將其中一個作爲紅茶菌溫床，並將其他兩個紅茶菌放在一起繼續釀造，再根據需求輪流使用紅茶菌，如果它們很薄，則將兩個放在一起進行沖泡。

你需要多少紅茶菌？

保持發酵液和菌體的正確平衡，是製造出一批又一批佳釀的關鍵，但是就像茶和糖的數量一樣，發酵液和培養體兩者的數量也可以在合理範圍內變化。我們建議每加侖甜茶中包括 1 至 2 杯濃縮發酵液和 4 至 156.25 毫升紅茶菌；你可以添加更多的培養體和發酵液，增量可能會略微縮短釀造週期，但是為了獲得最佳成果，我們不建議你減量。如果紅茶菌變得太大或太厚而無法使用，只需將其修整成一定大小即可（請參閱移除和修剪紅茶菌，第 155 頁）。

紅茶菌新生成的厚度會有所不同，但請記住，目標是生產美味的飲料，而不是培養固定尺寸的培養體。有些批的紅茶菌比其他批的要厚，雖然重要的是要觀察到菌體的生長，但也可能一個又厚又健康的紅茶菌仍然嘗起來過甜，而一個清瘦微薄的紅茶菌卻風味絕佳，適度培養調味的一批釀造液。

執行分批釀造法時，無法僅透過查看紅茶菌的增長來判斷何時釀造完成。你必須品嚐康普茶。當口感合適時，請拿出發酵液中的所有紅茶菌，再繼續下一步驟。取出的紅茶菌可能具備優質、橡膠觸感及美觀，或者可能過薄而且很脆弱，無論如何，釀造的風味良好才是重點。

紅茶菌溫床

與其他更細膩的菌體（如克菲爾優格）不同，如果不定期餵食會分解並消失，而康普茶紅茶菌則是一種強壯的微生物，可以長期停滯但不消失。經過幾個釀造週期後，紅茶菌每次產生一個菌種寶寶，就能累積額外的紅茶菌。這是開始打造紅茶菌溫床的絕佳時機，溫床是一個可以安全儲存濃烈發酵液來培養菌體的地方，這樣就可以隨時獲得康普茶的備用供應。紅茶菌溫床是自釀者彈藥庫中最重要的工具之一。

若要容納額外的紅茶菌，最好的選擇是一個乾淨的大玻璃罐（一個 2 或 4 公升的罐子效果很好）、一個緊密編織的布套以供裝在罐子上，以及一些熟成的康普茶和甜茶（請參閱基礎甜茶配方，第 75 頁）。接下來，建立康普茶溫床只剩三步之遙就能到位：

1. 用不含氯的熱水沖洗大玻璃瓶罐，或者用非抗菌肥皂清洗瓶罐，再用巴氏殺菌的醋或康普茶醋進行強化。

   不受干擾的紅茶菌溫床將孕育出厚實的新菌體。

2. 將紅茶菌放入瓶罐中，並加入 2 至 4 杯熟成的康普茶。如有必要，請添加足夠的甜茶直到完全淹沒所有紅茶菌。只要水位變低或因爲其他目的而倒出發酵液，就建議再添加熟成的康普茶或甜茶到瓶罐中。

3. 用布套蓋住罐子，於室溫下靜置於相對黑暗的地方。請勿冷藏。大功告成！

在紅茶菌溫床裡盡情生活

我發明了「紅茶菌溫床」（SCOPY Hotel）一詞來稱呼我隨手保存的一罐備用菌母，以備有人向我索取。接著我靈機一動想爲這個新詞寫一首模仿加州旅店（Hotel California）的歌詞，但是卻無法完全搞定歌詞——試試看，然後把你的版本寄給我！

如果添加少量甜茶，並且讓溫床至少靜置數週，則紅茶菌的厚層將會越過頂部。這個新的紅茶菌層將可充當蓋子，以減慢蒸發過程。如果長時間不受干擾，該層可能會長厚幾公分！我們更喜歡在溫床上使用緊密編織的布套，以便讓新生的紅茶菌來製作「蓋子」，當然你也可以使用塑膠蓋。

溫床維護

我們需要時不時注意紅茶菌溫床，以確保菌母保持活性。一般而言，我們只需要一週餵食細菌與酵母一次。由於需要讓氧氣進入下方液體，依需要修剪紅茶菌頂部，並隨時留意菌母。

分批釀造法的度假建議

出遠門但找不到紅茶菌保姆？需要休息一下嗎？以下是一些暫停釀造活動的選項。

- 離開前立即開始釀造新的一批，如此你回來時康普茶就釀好了。
- 讓當前的批次變成康普茶醋（請參閱第 298 頁）。
- 將菌體存儲在紅茶菌溫床中。
- 教朋友如何照顧紅茶菌。

餵食紅茶菌

只要將紅茶菌保持在室溫下，並且每隔幾個月餵食一點食物，那麼生活在紅茶菌中的細菌、酵母以及溫床中的液體將無限期地存活。隨著時間流逝液體將緩慢蒸發，在接下來的幾週用布蓋住瓶口，這樣紅茶菌就可以正常發酵新的液體，之後則可根據需要換回塑膠蓋。

薄化和修剪紅茶菌

如果在溫床頂部形成的紅茶菌厚度增加到 2 公分以上，則新鮮的氧氣可能便無法到達下方的液體，並導致細菌和酵母隨時間停滯或死亡。防止這種情況的一種選擇是在過厚之前將紅茶菌向下推到液面下，但是即使那樣，多餘紅茶菌也可能會漂浮到頂部，並藉著與新的生成物融合在一起而形成非常厚重的菌體。

不管發生什麼情況，終究你會希望把多餘的紅茶菌分開變薄或修剪整理（此過程也適用於連續釀造法，當 CB 法內部的培養體必須被移除以重新平衡釀造液時可適用）。

要完成此任務，請收集一個大容器（不鏽鋼、玻璃、陶瓷或木材）、砧板或烤盤、乾淨的毛巾以及一把鋒利的剪刀或鋸齒刀。

從溫床取下厚厚的紅茶菌頂部，並將其放置在容器中，而後用乾淨的毛巾覆蓋，以防止果蠅汙染。靜置後，某些液體將從培養體中排出，如此更易於處理。

同時移除其他需要維護的紅茶菌。建議修剪掉任何柔軟、膠狀的邊緣或深色碎片；將這些碎片堆肥或留作其他用途（請參閱第 17 章）。如果有任何紅茶菌準備退役，則順便處置。清潔完每一個紅茶菌之後，便可將其送回溫床。（將紅茶菌分開是一個明智的選擇，儘管有些厚層看起來似乎融合在一起，但其實很容易撕開。）將厚層修剪成較小的紅茶菌。別擔心，修剪它們並不會損害菌體。必要時過濾酵母的時間——請參閱下面的「移除酵母菌」。

8 最大的紅茶菌排水一段時間後，便可以嘗試徒手將其撕開，在容器上執行；這些層次可能容易剝離，而即便撕裂，也不會使紅茶菌死亡。

9 如果無法徒手分離紅茶菌，請根據需要使用剪刀或小刀修剪培養體。你可以將一隻手放在上面以保持紅茶菌穩定，再像麵包一樣對厚厚的培養體水平切片（請參閱第 156 頁的照片）。

或像比薩一樣將其切成兩半或四等分。或者只是修剪最大的部分。

可能會有幾層黏在一起，但可以輕易將它們分開。

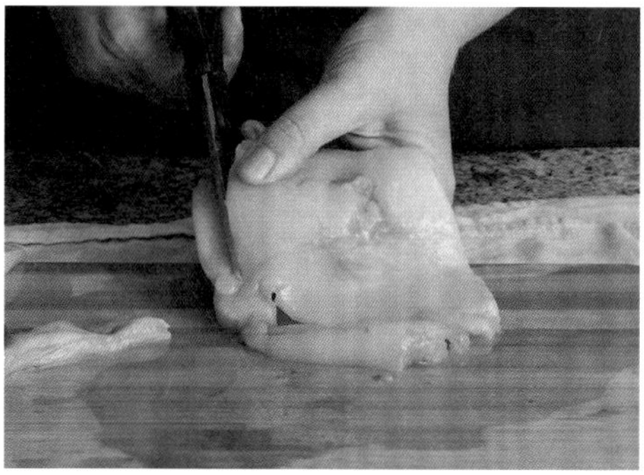

將厚的紅茶菌層剪成比較小塊的紅茶菌。別擔心，剪開它們不會破壞菌體。

移除酵母菌

酵母會產生碳酸，並為細菌（和人類！）提供營養。儘管細菌和酵母菌共生，但兩者也彼此競爭，除非你這位自釀者干預其中以保持平衡，否則酵母菌往往會獲勝。當酵母進入其生命週期的休眠階段時，它們會下降到容器底部。隨著時間的流逝，液體則可能變黑或變混濁。

這表明現在是該去除多餘酵母的好時機了；預計每 2 到 6 個月做一次。

> **美味的酵母菌！**
>
> 「將自溫床液體內過濾出的酵母菌留起來，可以做成康普茶酸麵麵種！參見第 302 頁的作法。」

收集以下耗材：

- 乾淨的毛巾
- 兩個容器，一個足夠大，可以容納溫床中所有的紅茶菌；另一個可以容納所有液體
- 細篩網、篩子或紗布
- 2 杯甜茶（1 袋茶包或 1 茶匙茶葉、2 大匙糖）
- 備用：砧板和刀子／剪刀以修剪紅茶菌

將紅茶菌從溫床移到第一個容器中。用毛巾覆蓋以防止汙染。

將液體從溫床透過濾網過濾到第二個碗或廣口瓶中。大型酵母束不會通過過濾器，但仍有大量的酵母會殘留在過濾後的液體中。

如果現在容納液體的容器合適，則可直接用作紅茶菌溫床。如果不適合，請用熱水沖洗盛裝過溫床的容器，以清除底部和側面的所有酵母菌。

保存從溫床液體中過濾出來的酵母，以製成康普茶酸麵團發酵劑！（請參閱第 302 頁。）容器若需使用肥皂，要謹慎擦洗。拔出大塊酵母，但不要沖洗紅茶菌。

現在是修剪紅茶菌的好時機，之後再將紅茶菌放入溫床所在的任何容器中。添加過濾後的液體，必要時從釀造液中添加額外的康普茶以提高其含量，再加 2 杯甜茶（如果需要，可以添加更多）到溫床中，蓋上蓋子，然後將其靜置儲存。

過度過濾酵母也可能導致問題，所以不要太過。建議將其中一些酵母保留在那兒，以幫助保持平衡，建立碳酸味並改善風味。

發酵液的強大來源

在溫床如此狹小的空間中擁有如此衆多的菌體，隨著時間的流逝，溫床的液體將變得非常酸。嚐一口或聞一聞——保證會有康普茶酸梅臉！發酵液聞起來很香，因爲它是發酵用的液態黃金。你可以倒出一些這種強有力的液體，用作新一批的發酵劑。

你不需要在每次從溫床採收發酵液時就爲溫床補充甜茶，但是幾批之後應該添入幾杯加滿它（添加甜茶後用布蓋住幾週），並給溫床一個轉換糖的機會，這個過程將很快完成。

那些希望縮短釀造週期的人可以從紅茶菌溫床獲得特別的好處，因爲使用僅5、6天的發酵液就可以了（從每批釀造液中收集）；使用一次可以，但是若多次使用此種方法，將稀釋細菌的強度，導致酵母過多並產生異味。來自溫床的超酸液體將成爲縮短沖泡時間的全能發酵劑！

最棒的是，溫床中的發酵液意味著該批的100%都可以飲用，也不用將其用於下一批沖泡。如此一來，有更多康普茶飲用，又有備用紅茶菌在不斷再生的健康細菌和酵母菌池中游泳，隨時準備採收——這是雙贏！

紅茶菌輪替

一些自釀者更喜歡將紅茶菌在各批沖泡和溫床備用兩者之間循環替換，從溫床中取出發酵液和紅茶菌進行新一批沖泡，然後將以前使用過的紅茶菌（可能還有新的菌種寶寶）送回溫床，直到再次派上用場爲止。這將建立一個動態的溫床環境，使更多的紅茶菌保持活力和活性，同時亦爲他們提供休息時間。

其他自釀者一旦發現自己喜歡的平衡感和風味，就傾向保留一個紅茶菌連續沖泡。每個自釀者都必須找到自己的節奏，並找出周遭環境與紅茶菌一起工作最有效的方法。

一個紅茶菌或許可供持續10個或更多個釀造週期使用，儘管據說有些人使用同一個菌體發酵好幾年。我們更喜歡在釀造瓶罐中使用較年輕的紅茶菌，而將老舊的菌體用於實驗性沖泡或食譜配方（請參閱第16章）。

不要扔掉紅茶菌！

新鮮修剪下來的健康紅茶菌碎片可以作爲傷口或燙傷的繃帶，也可以將其扔進攪拌器中製成紅茶菌面霜。如果你有一點燙傷，但剛好沒有紅茶菌碎片，也可以將菌體從容器中拿出，切下一小塊之後，把菌體再扔回去；或者也可以在手邊保存一個小罐子，用以存放少量零碎的紅茶菌（在第 17 章中了解更多。）

與朋友分享紅茶菌

與朋友分享各種發酵菌體是一項悠久傳統。如果你想與朋友分享一個菌體，

最好是大尺寸的（約 5 公分，寬約 15 公分，厚約 0.6 至 1.3 公分，重約 100 至 170 公克）菌體，並連同至少 1 杯（2 杯更好）濃烈的發酵液體，這樣的容量一起交給接收者以供其製作 4 公升的康普茶。並建議總是提供他們信譽良好的完整釀造說明。

郵寄康普茶菌體給朋友，將菌體雙層甚或三層包裝在塑膠拉鍊袋或眞空密封袋中。卽使菌體包裝得當，康普茶也經常會滲漏，因此建議將塑膠袋包裹在紙巾或報紙中，以吸收運輸中的任何滲漏。請閱讀第 55 頁的獲取你的第一個紅茶菌。如果你不能在發酵液，運輸和包裝方面達到這些標準，請考慮推薦優質的供應商以利對方獲取最佳體驗。

釀造的請和請勿

請用無氯熱水清洗準備區域、容器、設備和手。如果需要，請使用少量非抗菌肥皂，用熱水充分沖洗，再用巴氏殺菌的醋或康普茶醋進行固化。	請勿使用會傷害紅茶菌中細菌的抗菌肥皂或含氯水。其他肥皂也可能會留下潛在的有害殘留物。
請選擇玻璃、食品級陶瓷、不銹鋼（304級或更高等級）、木桶或食品級塑膠容器進行釀造。	請勿選擇水晶、低檔塑膠、金屬（除不銹鋼外）、裝飾性或古董陶瓷器皿進行釀造。
請用過濾水、蒸餾水、泉水或瓶裝水沖泡。	請勿使用含氯或未經過濾的自來水沖泡。
請用純糖和純茶（茶樹）沖泡。有機是最好的，但不是必需的。	請勿與不含咖啡因的茶、涼茶、人造甜味劑或糖替代品一起釀造。
請在發酵容器上使用緊密編織的透氣布套以防止汙染。	請勿使用粗棉布（編織太鬆）或密封的蓋子（紅茶菌需要氧氣）。
請讓茶在通風良好、相對溫暖的地方發酵。	請勿讓茶在直射的陽光下、密閉的櫥櫃中或陰涼的地方發酵。
請在品嚐之前經過足夠的釀造時間。	請勿在開始的五天內打擾發酵容器。請勿太大的移動，否則會妨礙新的紅茶菌正常成形。
請從上一批次的頂部取出發酵液。	請勿從上一批的底部取出發酵液。
請將紅茶菌溫床打造爲額外菌體和強大發酵液的來源。	請勿將所有紅茶菌儲存在同一個釀造容器中——如果該容器受損，你將沒有任何備份。
請丟棄任何發黴的液體和紅茶菌產品。	請勿試圖搶救一批發黴的康普茶。

數量、釀造時間和方法

總是在比所需的康普茶量稍大的容器中釀造。例如，4 公升的容器可容納約 ¾ 加侖的甜茶以及紅茶菌和發酵液。如果需要，小批量可以在大容器中沖泡；多餘的空間不是問題。甜茶的數量大致等於批量大小，因爲在此過程中發酵液和和其他通常會蒸發掉。

容器尺寸	最大批量（甜茶）	茶包（散茶葉）	糖	紅茶菌	發酵液	釀造週期（天）	推薦方法
2公升	6杯	2-3袋（1大匙）	6大匙	一塊小的	½-1杯	3-7天	僅供分批釀造法——對於CB法來說量太少
4公升	1公升	3-5袋（1-2大匙）	¾杯	1塊大的*	1杯	7-14天	僅供分批釀造法——對於CB法來說量太少
6公升	4公升	4-6袋（1-2大匙）	1杯	1塊大的	1-2杯	7-21天	僅供分批釀造法——對於CB法來說量太少
8公升	6公升	6-9袋（2-3大匙）	1½杯	2塊大的	2杯	10-24天	非常適合多產的分批釀造者使用；也可用在CB法
10公升	8公升	8-12袋（3-4大匙）	2杯	2塊大的	2-4杯	10-28天	CB法的理想選擇
20公升	16公升	16-24袋（5-8大匙）	4杯	4塊大的	4-8杯	18-42天	適合認眞的業餘愛好者和自釀者

* 大塊的紅茶菌 = 大約 15 公分寬，0.6 至 1.3 公分厚，100-170 公克重。

CHAPTER 7

連續釀造法

連續釀造法很簡單：在帶有飲料分配器龍頭的容器中製成大量的康普茶（通常為 4 至 10 公升），發酵成所需的風味，再透過龍頭將釀造液中的三分之一至三分之二移除。緊接著立即添加更多甜茶以保持釀造過程持續進行，或等到供應量減少時，再重新將沖泡罐加滿以便稍微減慢發酵過程。這種不斷被添加的甜茶通常被稱為營養液、基底茶或封頂茶。藉由容器中大量熟成的康普茶作為發酵液，紅茶菌可以很快地轉化營養液中的糖分，並進一步可以在 2 到 5 天內採收另一批康普茶。

簡而言之，這就是整個過程，但是由於每個自釀者的需求各不相同，更不用說釀造條件和個人口味之差異，因此連續釀造法沒有所謂正確的規則。不過，自釀新手很快就能駕輕就熟地發現適合自己的節奏。隨後我們將介紹 CB 法的基本流程，並說明並多種採收和補給技術。

為什麼選擇 CB 法？

簡而言之，連續釀造法是製作紅茶菌最簡單、最美味、最安全、最健康，並且也是最通用的方法。CB 法可能會吸引那些希望大量製作康普茶的人，以及僅僅是希望不要投入太多釀造時間的人，即使釀造過程本需要時間。

任何想要在更少的釀造時間內製作大量康普茶的人都應該嘗試這種方法。CB 法的最小建議容器大小為 2 加侖，這樣的量體剛好夠大，可以讓你定期收穫，也能同時在容器中留有足夠的熟成康普茶，以保持平衡的沖泡過程。對於 CB 法自製程序，最常見的選擇則是 5 加侖的容器。無論容量多大，帶有飲料分配器龍頭的容器對於 CB 法的易用性則不可或缺，如此一來便大大減少了使用分批釀造法會產生的麻煩和工作量。

一旦第一次沖泡達到理想的風味，就可以直接透過飲料分配器龍頭採收三分之一。一旦紅茶菌整體熟成（釀造 3 或 4 批之後），就可以移出更多的康普茶，每次採收最多可以移除三分之二。在大多數情況下，為了保持細菌和酵母之間的適當平衡，我們不建議一次採收 50% 以上，但是有經驗的自釀者可能會採用更激進的採收強度來滿足需求。

自釀者會根據各自的釀造節奏添加營養液。他們可能會選擇遵循「喝一杯，加一杯」的方法，直接從龍頭下方盛飲料，然後在喝的過程中加甜茶。或者，他們也可以選擇一次收穫幾瓶康普茶，立即補充營養液，或在康普茶供應量減少後，再補充甜茶。

由於 CB 法裝置中保留了大量熟成的康普茶作為發酵液，因此大大縮短了釀造週期。使用分批釀造法通常需要 7 到 14 天才能發酵，連續釀造法則只需 2 到 5 天。CB 法還消除了在各批之間處理紅茶菌的需要，從而將汙染的風險降至最低。

CB 康普茶的最大好處之一是，在茶的發酵過程中，發酵過程的後期（第 15 到 30 天）會表現出較高含量的酸，例如葡萄糖酸和葡萄醣醛酸，這時康普茶可能會喝起來太酸。藉由 CB 法，可以在使用年輕紅茶菌調和風味的同時充分釋放酸性物質。

一人份的 CB 法？

由於連續沖泡裝置的最小尺寸（8公升）比分批沖泡的最小尺寸（4公升）大，故對於那些製作一人份康普茶的人來說，他們可能會懷疑 CB 法是否依舊是個不錯的選擇。答案是肯定的！

首先，許多人發現飲料分配器龍頭提供了更多飲用自製康普茶的機會（市面一瓶 3 至 5 美元！）。另外，一人份自釀者通常會將採收的釀造液裝好後裝瓶，然後讓紅茶菌和發酵體以大約半滿的水準靜置。而當瓶裝康普茶供應量呈現短缺時，才會再添加一批新鮮的甜茶到沖泡裝置，進而在短短幾天之內就能收獲新的康普茶。

無論裝瓶與開始下一次釀造之間需要間隔多少時間，只要紅茶菌仍被熟成的康普茶包圍和覆蓋，低 pH 值的環境就能在新鮮甜茶注入後立即開始釀造，因此 CB 法的釀造容器也可以視爲一個獨立的紅茶菌溫床，而每個人都可以在其中找到自己的節奏和流程。

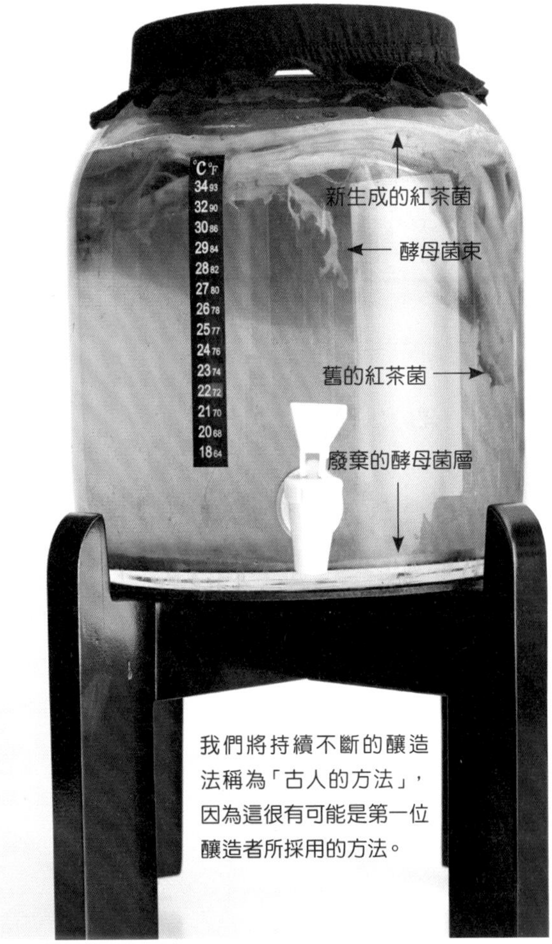

我們將持續不斷的釀造法稱為「古人的方法」，因為這很有可能是第一位釀造者所採用的方法。

準備釀造容器

在展開第一批釀造之前，請仔細檢查並確保飲料分配器龍頭是可拆卸的，並且確認龍頭是由耐腐蝕材料所製成（請參閱第 103 頁，選擇合適的龍頭）。下一步是測試龍頭的洩漏情況。

爲此，請在釀造容器中注滿足夠的水，以完全覆蓋龍頭，將其靜置幾個小時。如果水從水龍頭密封處滲漏，請旋開水龍頭，以調整墊圈並擰緊。（有時需要顚倒墊圈以形成密封。）而後再次測試。木塞或軟木塞可能需要更多的靜置時間才能發現問題。

如同上述，將釀造罐密封後開始測試流量。木質或其他天然材料製成的飲料分配器龍頭一開始可能會需要一些摩擦；在插入容器之前，請將龍頭旋轉幾次以便使其鬆動（有關龍頭的更多資訊，請參閱第 103 頁）。將龍頭固定到位後，用熱水沖洗並強化容器內部，以便建立適當 pH 值的釀造環境。將大約一杯以巴氏消毒法消毒的醋或康普茶醋倒入釀造罐中，將醋攪勻並搖晃使其流過容器內部的每個部分，接著將醋倒出。另一方面，橡木桶具有獨特的製作方案。（有關如何正確密封橡木桶的討論，請參閱第 158 頁的橡木桶釀造）。

開始連續釀造法

我們假設你使用的是 10 公升的容器，這是 CB 法自釀者最受歡迎的尺寸，如此一來需要 8 公升的甜茶，（如果你使用不同尺寸的容器，請參閱第 143 頁的圖表以便了解正確的配料比例。）以及：

8-12 袋茶包或 3-4 大匙茶葉。

8 公升不含氯冷開水

2 杯糖

2 個大尺寸康普茶紅茶菌

（每個 100-170 公克）

2-4 杯熟成的康普茶，用作發酵液

連續釀造法之過程與分批釀造法基本相同。我們通常會將甜茶濃縮物與釀造罐分開放，亦即將甜茶放在其他的碗或器皿中，甚至直接放在用來將水加熱的鍋子中（請參閱第 105 頁）。然而，若想將甜茶直接放入釀造罐也沒什麼問題。只要確保罐子別太冷，以免在加入熱水時破裂。

1. 將 2 公升的水加熱到剛好沸騰的溫度。將茶和熱水混合在鍋、碗或沖泡容器中。浸泡 5 至 15 分鐘，取出茶包或茶葉。
2. 將糖加到熱茶中，攪拌直至完全溶解。
3. 將剩餘的 6 公升冷水倒入釀造容器中。如果茶和水是分開盛裝，則記得添加甜茶。將乾淨的手指浸入混合物中以便測量溫度。如果溫度超過體溫（約 38° C），請用乾淨的布蓋上並靜置一旁，直到不冷不熱為止。
4. 用乾淨的手將紅茶菌放入甜茶溶液中。將發酵液倒入紅茶菌的頂部；這會酸化位於容器頂部的茶之 pH 值，在此容器中，菌體最容易受到傷害，成為潛在病原體的溫床。
5. 用透氣布覆蓋容器，必要時用橡皮筋固定。除非沖泡罐是不透明的容器，否則將其放置在溫暖的地方（理想的溫度為 24-29° C）時，請避免陽光直射。（在此階段，你可以選擇祈禱，並試圖散發良好的氛圍，或以正面的方式與你的新生釀造液相知相識。紅茶菌這種活生物體，對能量會產生積極和消極的反應。）
6. 讓甜茶發酵 10 至 28 天。7 天後（或更短的時間，如果你止不住好奇心的話），可以開始每天或每隔幾天從龍頭流出康普茶品嚐一次，以確定康普茶何時達到所需的風味平衡。
7. 一旦達到所需的風味平衡，就將一些發酵的康普茶倒入瓶中（不超過第一批總體積的三分之一）。根據需要調味，並在室溫下保存（以增加香味和碳酸化作用）或在冰箱中保存（以盡可能長時間保存當前口味）；有關詳細資訊，請參閱第 8 章。

8. 根據你個人的日期排程，替釀造罐注入甜茶，或者稍稍等待後再注入。

提示：即使味道有些酸，也要讓釀造容器中殘留的康普茶繼續熟成。CB 法以發酵良好的康普茶爲基礎，如此便能源源不絕提供最佳風味和品質的釀造液。當釀造出的康普茶供應量開始減少時，請補充甜茶注入釀造容器。接下來，我們將詳細討論時程安排。

建立 CB 法的釀造節奏

與分批釀造法相比，連續沖泡的兩個主要優點是：（1）靈活的時間表，便於釀造和採收產品；（2）較大比例的發酵液可實現快速生產週期。然而，上述的多功能特性所需的代價，則是可能必須花費數個釀造週期才能確切地找到最適合你的產品。

前幾個週期

啓動 CB 法時，重要的是不要過早採收過多的紅茶菌。在此過程早期，釀造液尙未完全熟成。如果倒出過多的紅茶菌，則添加甜茶後，便更會稀釋釀造液中殘留的微弱紅茶菌，因此無法充分發揮其強度來支持正在進行的發酵。

對於前幾批康普茶，我們建議採收的量不超過整體容器的三分之一（例如，從 10 公升的容器中採收約 3 公升的康普茶），亦卽留下約三分之二的量在釀造罐中。正當你享受第一批採收的瓶裝康普茶時，先不添加甜茶至釀造罐，就讓剩餘三分之二的釀造液自食其力地發酵，這將有助於

找到你的節奏

釀造康普茶是一個過程，若你願意也可以稱之爲與酵母跳一支舞的過程。首先，需要一些時間來習慣所有步驟並按正確的順序進行操作。幾個循環後，你將找到自己的節奏。我喜歡放點輕鬆的音樂、點蠟燭，然後進入康普茶的釀造氛圍。最重要的是玩得開心！

建立釀造液的「酸化能力」。每天繼續從飲料分配器龍頭品嚐味道，以便監測進度並學習如何辨別發酵階段。

當你的康普茶瓶裝供應再過幾天就要用罄時，請添加 4 公升的甜茶（也須根據容器大小以及從龍頭試喝了多少未決定），並等待 2 至 5 天，直到下一次採收，同樣持續品嚐直到你覺得口味符合要求。如同前述，僅取出三分之一的康普茶，並至少在前四個沖泡週期繼續這種模式。

如果容器中的紅茶菌變得過酸，以至於你擔心即使添加了甜茶仍酸到無法入口，這時建議倒出一些熟成的紅茶菌，放入紅茶菌溫床或用作他途。再加入整加侖的甜茶至釀造罐，並持續試味道直到準備就緒。

還有許多其他方法可以透過連續釀造法適應你自己的節奏，記得運用你的創造力。紅茶菌心胸寬大，除了飲用之外還有很多用途，所以一丁點兒都不會浪費！

步上軌道的連續釀造法

由於細菌和酵母長期以 CB 罐為家，發酵時間便縮短了。口味是王道，但是如何在滿足四面八方飢渴味蕾的生產需求和口味／酸味之間達到平衡，有時可能是個挑戰。當連續釀造法使用 3 到 5 個週期後，每次採收時最多可以倒出三分之二的液體，儘管在大多數情況下，我們仍建議倒出 50% 就好。

製作到一定的階段，你可能會決定建立第二個 CB 沖泡系統。我們建議保持 5 個沖泡系統同時運作，以便與朋友分享我們自釀的康普茶，並能在手邊備有足夠的康普茶醋以供料理之用。嘗試找出對你家的釀造最有效的方法。請根據需求運用搭配下列技術，並找出自己的釀造節奏。

喝一杯，添加一杯

在冰箱中保存一個甜茶容器可使此過程變得容易。當你倒出當天所需的康普茶量時，請立即將等量的甜茶加入沖泡罐（無需加熱）。如果你的家庭每天只喝幾杯，這可能是最好的選擇。

康普茶傳奇：

傳說中的「海寶茶」是 CB 法的始祖？

這個傳說由中國的自釀者直接傳給了漢娜，她將中文內容翻譯成英文。這是中國康普茶的起源故事。像大多數美好的傳說一樣，海寶茶開始於一千四百多年前，沿著離北京千里的渤海海岸邊的雜貨店。一名店小二沖洗蜂蜜罐時不經意將其中一些洗碗水落入附近的酒缸中。由於人類懶惰的天性，當他發現自己的錯誤時，只是用布蓋住酒缸以便隱藏那些液體。

在接下來的幾天裡，一種奇怪的香味開始在商店裡飄來飄去。每個人都很好奇來源在哪，但遍尋不著。最終是時候賣些酒了，店員提起布然後哭了出來，「那酸味從這裡來！」當人們趕過來看看時，他們看到橡膠狀乳白色薄膜密封的容器。他們對此大加讚賞，且產生了熱切的好奇心，並相信瓦罐裡生了寶藏。

那是仲夏，一年中最熱的日子，口渴的店員忍不住嘗試罐子裡的液體。店裡的每個人都喝了半勺，所有人都驚嘆於它的酸甜味。

回想意外溢出的蜂蜜水，店員便使用相同的技術製作另一批「酸甜醋」，幾經嘗試，依此類推。店主不僅喝釀造液，也吃了涼拌的乳白菌體，並且成爲當地被稱爲「長壽專家」的名人。逝世後，店主將神祕寶藏與世界共享，自那時起傳授給所有人使用。時至今日，渤海地區的家庭使用這種古老的技術發酵他們的長壽「醋」，生產人人心愛的「海寶」。

從龍頭飲用，適當添加

你可能更喜歡直接使用飲料分配器龍頭，讓你在需要時隨手喝。在這種情況下，最多要喝光三分之一的年輕釀造液，或二分之一至三分之二的成熟釀造液後，再添加甜茶到沖泡罐，通常會形成四到七天的週期。

裝瓶和一次添滿

對於忙碌的家庭來說，最受歡迎的選擇也許是將一部分康普茶裝瓶保存，並立即將甜茶加入沖泡罐中以保持穩定的供應。藉由這種方法，可以輕鬆確定有幾瓶康普茶可以滿足幾位飲用者的需求。如果你取出三分之一（對於年輕釀造液），則下一批可以在 2 到 5 天內準備就緒。如果你取出一半到三分之二（對於成熟釀造液），則下一批可能會在 4 到 7 天內準備就緒，或者視環境而定，也可能更快。

裝瓶和等待

如果你已倒出的康普茶量足夠喝一陣子，就暫時不去添加甜茶，只需將紅茶菌和液體靜置在釀造罐中，就可以減慢週期。只要確保容器保持至少三分之一滿並且讓發酵液的水平線高過紅茶菌，靜止的細菌和酵母將在需要時隨時準備好進行沖泡。就像在紅茶菌溫床上一樣，紅茶菌可以在成熟的康普茶中生活數週或數月而無需進食。

當你倒出的康普茶快喝完，這時便可以添加甜茶到沖泡罐，而下一批康普茶就會在幾天內準備就緒。如果已經有一段時間未添加了，請品嚐一下釀造

普茶何時熟成？

從技術上講，一旦沖泡液的 pH 值降至約 3.5 或更低，便會變成康普茶，這表明它已經成熟可飲，並足以保護自己受到有害病原體的侵犯。然而，只有口味才能真正告訴你釀造完成的時間點。幾天後，pH 值可能「正確」，但發酵液仍然太甜而無法食用，可能還需要 7 天、10 天、25 天或更長時間才成熟。頻繁地試味道，直至達到你喜歡的口味。

液，如果你擔心釀造液過酸而使得加入的甜茶立即變酸，請先倒出更多釀造罐裡成熟的康普茶以便取得更好的口味平衡。這種方法對那些飲用量不固定或只想隨興製作的人非常適用。

連續釀造法中紅茶菌的生長

每當紅茶菌受到干擾時，包括當你浸入容器中斟茶出來品嚐時，紅茶菌體就會停止增長，並開始形成新的紅茶菌層。在分批釀造法中，這種干擾主要發生在整批採收移出紅茶菌時。而採用連續釀造法的康普茶則是直接從龍頭流出液體採收，直到需要添加甜茶的時候，紅茶菌才會受到干擾。

通常在倒入甜茶時，新形成的紅茶菌上層至少會有小部分脫落，儘管它可能又會浮回頂部。當開始形成新層次時，紅茶菌可能只會在液體表面暴露於氧氣的地方形成。乍看之下，紅茶菌似乎隨時間變化不大，但是在連續釀造法過程中，隨著釀造液多次添加甜茶，培養體的層次可能像一堆薄餅狀物一樣融合在一起，或者可能形成一個非常厚的培養體。若要查看紅茶菌的厚度，請用大匙在一側邊緣輕輕將其壓下，使另一側抬高到液體上方。

最終，紅茶菌母將變得過於濃稠，以至於阻礙發酵的過程。在此之前，也會建議你最好做一點釀造液維護。

連續釀造守則

對於連續釀造法，「維護」涉及修剪紅茶菌、倒出康普茶、清潔沖泡罐，以及重新啓動連續沖泡。何時重置沖泡系統主要取決於味道：如果釀造液過快地變得太酸，或者康普茶似乎被酵母所淹沒，便很可能需要進行維護。平均而言，你每年只需要重置一次或兩次，儘管有些釀造者偏好能有更高的維護頻率，而有些自釀者則傾向經過數年才採取重置的手段。

儘管紅茶菌的大小乍看之下可能令人生畏，但整個維護的過程非常簡單，即使是初學者，從頭到尾僅需花費大約 30 分鐘或更短的時間。

移除和修剪紅茶菌

你需要使用鋸齒狀的刀片和剪刀、大碗（或邊緣有蠟的烤盤紙或塑膠包裝）來盛裝並固定紅茶菌。你可能還需要一些乾淨的廚房紙巾來瀝乾水分。開始之前，請遵循所有常規清潔常識。

主要取決於離上次維護過了多長時間，而你的紅茶菌可能已經很重且難以處理。用雙手將其從釀造罐中提起，將其保持在容器上方一會兒，以便使所有液體完全滴出，然後將其移至大碗或烤盤紙上。

爲了獲得最佳結果，請將紅茶菌縮小到容器直徑的四分之三左右，厚度不超過 1 公分，或者將同樣大小的紅茶菌解體成一片片再放回連續沖泡罐；形狀不會影響沖泡，而新的紅茶菌總是從頂部開始生長。

建議先拉開或切掉最舊的層次，這些層次位於紅茶菌的底部。由於長時間與茶中的單寧酸接觸，它們的顏色會變深，且可能更容易剝落甚至撕裂。接下來，修剪掉紅茶菌邊緣上的任何膠狀碎片，只保留健康的純白色或棕褐色紅茶菌。

接著使用鋸齒刀破壞菌體。你可以選擇將一隻手放在上面保持紅茶菌穩定，然後像對待麵包卷一樣對厚實的培養體水平切片。或像披薩一樣將其切成兩半或四等分。或者將紅茶菌最大的部分修剪掉。

完成後，將修剪後的紅茶菌放入碗中，然後將你想要保留的菌體切片放回紅茶菌溫床（請參閱第 135 頁），作爲備用、實驗、送禮和其他用途（請參閱第 4 部分）。

用鋸齒狀的刀子切開纖維時，用手大力壓著紅茶菌母將它們牢牢固定。

重新啟用發酵液

從釀造罐中取出 5 杯或更多康普茶，作爲新的 CB 法發酵液。使用的發酵液愈多，下一批發酵的速度就越快；我們通常使用半加侖或更多的發酵液。如果液體看起來渾濁，請使用濾網、篩子或紗布過濾，以便去除多餘的酵母。然後將發酵液倒入放有紅茶菌的罐子裡，並用毛巾覆蓋。

將釀造罐中剩餘的液體倒入瓶罐、紅茶菌溫床或其他用途的儲存容器中（請參閱第 17 章），或直接棄置倒入下水道。

清潔釀造罐和飲料分配器龍頭

現在，釀酒罐已經清空，你可以著手進行清潔了，如此一來將有助於清除多餘的酵母，並確保龍頭沒有阻塞。首先，轉開龍頭至流水狀態。使用熱水沖洗所有部件，以利清除其中可能生長的任何細碎紅茶菌。如有必要，請使用牙籤或類似工具。

用熱水沖洗沖泡用的瓶罐，然後用巴氏殺菌的醋或康普茶醋將容器強化。可以更換更牢固接合的龍頭，並測試是否洩漏。

最後，依照第 148 頁上的說明，將紅茶菌和發酵液添加到沖泡容器中，就能開始新一批連續沖泡。

清理龍頭

龍頭堵塞的情況雖然稀鬆平常，但卻令人沮喪。紅茶菌具有許多功能，其中之一是密封所有可能發生蒸發的潛在位置。然而，這就包括在龍頭內長出細碎的菌體堵塞。在定期維護期間，從釀造容器中取出龍頭後，很容易去除其中的紅茶菌堵塞。不過，對付那些頑固附著在釀造罐上的堵塞可能會比較棘手。要解決此問題，請嘗試以下方法：

使用重力。有時，你可以打開龍頭，讓重力自行完成工作。將碗或廣口瓶放在龍頭下方，再打開龍頭。等待五分鐘。如果沒有流出東西，請嘗試其他方法。

吹氣。如果龍頭組件內部有堵塞，吹入空氣或許可以將堵塞推開。快速吹氣，再離開嘴巴，這樣康普茶才不會流到你的臉上！

檢查內部。阻塞可能是由紅茶菌或酵母從龍頭往上長到容器內部所引起。如果容器中的液位低且紅茶菌厚實的時候，則特別有可能發生這種情況。洗淨雙手，伸入容器內部，將手指掃過龍頭流入處。

清掃。找到某種管道清潔器、牙籤、拉直的迴紋針等。（未使用的睫毛膏刷應能將堵塞物拉開，以便液體自由流過龍頭。）

如果這些選項都不起作用，則可能需要卸下龍頭並徒手進行清潔。排乾容器、拆下龍頭，將其置於熱水中，以便沖洗掉酵母和紅茶菌。使用牙籤或類似工具挑出剩餘的紅茶菌碎片。

靜置

無論你有意或無意都行，只要確保發酵液的液面蓋過菌體，隨時都可以進行釀造。如果液體的水位太低，只需添加甜茶補充即可。

當你決定恢復釀造活力時，如何進行便取決於紅茶菌的狀態和釀造罐內部的液體。如果釀造罐仍充滿了四分之三或更多的液體，則將其倒出至約半滿或稍少，倒入甜茶。然後看幾天後的味道如何。如果容器中剩餘的沖泡量很少，太酸或酵母味太多而無法製作出美味的康普茶，請按照重設發酵液的說明進行操作（第 166 頁）。

如果需要更長的休息時間（超過 6 個月），請考慮將紅茶菌存儲在溫床中，並在溫床中添加額外的甜茶以使它們持續存活更長的時間。

桶裝釀造

用木桶釀造康普茶可提供獨特的風味，同時也帶來獨特的挑戰。木材是一種古老的材料，仍在許多傳統的發酵和釀造過程中使用。木桶是唯一的「活」容器，因爲木桶是多孔的，可以爲穀物中的細菌和酵母提供安全的庇護所。使用木桶可能需要更多的耐心，但所產生的「橡木味」和柔滑的味道值得等待。

如何將木桶密封

每個木桶都是不同的，至少在開始時，它們都需要釀造者更多的留心，直到完全密封。我們避免使用帶有化學膠或密封劑的木桶，以免汙染啤酒。

連續釀造法的度假建議

當你離開家一陣子時，有幾種選擇來應對你的 CB 法。

如果 CB 容器已滿：

- 不要理會它。返回時將收穫一批康普茶醋，然後加入甜茶並準備在幾天內裝瓶。
- 將釀造罐中一部分的康普茶裝瓶，僅留其中二分之一到三分之一滿，接著在回家後添加甜茶，幾天後即可裝瓶。
- 將釀造罐中所有康普茶裝瓶，立即添加甜茶，回來後品嚐味道。

如果 CB 容器所剩不多：

- 使其保持原狀。返家時添加甜茶，幾天後即可準備裝瓶。
- 離開前添加甜茶，並使其發酵成康普茶或康普茶醋，主要取決於你離家多久。

沒有密封劑的木桶必須充分浸泡，以使其膨脹。隨著木材膨脹，木桶上的金屬條將其固定在一起，便形成緊密的密封。密封後，木材必須保持飽和以保持水分——首先，在桶中加入溫水。每桶每加侖容量請添加 1 片壓碎的去氯錠（用於消毒的偏亞硫酸氫鈉）（例如，10 公升的木桶加入 2 至 3 片，20 公升的木桶則加入 5 片）。接著，將木桶裝滿溫水。靜置 24 小時。在此階段，由於桶壁還沒有完全膨脹，一些水可能會繼續從桶壁中滲出；某些木炭的灰燼可能也會洩漏到外部，形成老化的木桶外觀。不用擔心密封失敗，木桶將持續密封過程大約一週。

24 小時後，將木桶倒空，並用乾淨的熱水沖洗 3 次，以清除所有消毒劑殘留和任何剩餘的焦炭痕跡。快速降低 pH 值很重要，因此最好立即開始釀造，每加侖最少使用 1 大塊紅茶菌（140 公克）和 1 杯發酵液。在此循環中，桶頂部的壁條可能會稍微移位，這是正常現象，隨著木材繼續完全浸透，一些滲漏也是正常。

處理滲漏的容器

由於木材的輕微移動，尤其隨著季節的變化更容易發生，有時將導致木桶發生少量滲漏的情況。發生這種情況時，木材通常會繼續膨脹，最終會停止滲漏。如果滲漏始終沒有消失，請在該區域塗抹桶蠟或蜂蠟以減少或消除滲漏情況。如果滲漏持續了 5 天或更久，或者木材在外部形成了一個大的濕斑水漬，則代表木桶可能存著在結構問題。只要不發黴，木桶就可以安全使用，並且可以經由膨脹自行修復。如果滲漏區域變大並開始洩漏液體，則可能需要維修或更換桶子。

處理發黴的木桶

由於木材的多孔特性以及黴菌孢子在木材本身中存在的可能性，黴菌在木桶比在其他容器中更常存在。建議從可靠的來源購買木桶雖然可以大大降低風險，但有時汙染也來自釀造環境。

如果木桶發黴，則將桶內的水完全瀝乾並用乾淨的軟毛刷擦洗內部，以去除酵母或其他顆粒，然後用熱水沖洗。將木桶裝滿一半熱水，在每加侖桶中加入 2 杯蒸餾醋和 1 片去氯錠，然後注滿更多熱水並浸泡 24 小時，以對桶體進行淨化。

浸泡完成後，用乾淨的熱水沖洗木桶 3 遍，除去所有痕跡，然後立即進行釀造。使用比平時更健康有活力的紅茶菌，每加侖甜茶至少加入 2 杯（夠的話更多也行）濃烈的發酵液作爲額外保險。

從木桶上去除紅茶菌

康普茶釀造過程中，來自紅茶菌的細菌和酵母菌會滯留在木材本身中。一些細小的細菌纖維束會直接進入木材的縫隙，與桶的側面形成緊密的連結。當液體透過龍頭排出時，紅茶菌可能會繼續附著在桶的側面，並被那些纖維束固定在某些位置，且可能無法再與下面的液體接觸，如果處於這樣的狀態，則可能會變乾。

> **一抹酒精的風味**
>
> 有些自釀者或許希望製作一種具有獨特風味和略高酒精含量的康普茶。使用葡萄酒或威士忌的釀酒桶，便有機會創造出混合酒味的康普茶。

這是正常現象，很容易解決。只需用手指或木勺輕輕將紅茶菌推到邊緣，直至脫落並落回與液體接觸的位置。一旦從木桶壁側鬆開，紅茶菌可能會漂浮或下沉（這是正常現象），並且新的一層將開始在頂部形成。

木桶不用時

若暫時不想使用木桶釀造，請留意一些準備措施。最好的選擇是，如果你打算不久之後就重新開始沖泡，則只需將紅茶菌和液體就地留在木桶中，接著倒入甜茶，使木桶保持至少四分之三滿。當你準備再次釀造時，只需排乾太酸的液體或將酒桶完全清空，便可開始釀造新的一批。

如果你想將暫時不用的木桶放到儲藏室，可以將其中裝滿水。若該桶已曾被用來沖泡康普茶，當你將其中的水倒出後，可能會發現紅茶菌遍布桶子頂部。這是因為細菌和酵母菌會滯留在木材中，而橡木中的單寧酸為它們提供了足夠的營養繼續生長。準備開始新的釀造時，只需從桶中取出所有東西並徹底清洗即可。

也可以將木桶乾燥存放，但是你可能需要重新調整板條和鐵環的位置，因為它們會在木材收縮時移動，並且如上所述，你需要浸泡木桶以達到密封效果。重新使用木桶時，除非桶中已裝有康普茶，否則最好從頭開始按照說明進行操作。

CHAPTER

瓶中奧妙

調節、過濾和調味你的茶

裝瓶也很有趣，因爲這時你可以添加口味並增加碳酸含量。這個階段也是康普茶自釀者最愛的，或甜或鹹的風味可能性無窮無盡——你可以添加水果、蔬菜、蘑菇、香草、根莖，或幾乎可以想像的其他任何東西。培根？爲什麼不可以！（請參閱第第 11 章）更好的是，調味料中存在的任何有益元素（營養素、礦物質、抗氧化劑等）都將被吸收到康普茶中，並分解成易於人體吸收的形式。

在瓶罐中調味康普茶

調味康普茶也許是最具創造力的階段，對於許多自釀者來說，這也是最有趣的階段。新鮮水果，生薑或新鮮香草是常見的選擇。當缺少優質水果時，使用乾果、果醬或果汁也能獲得出色的水果味，優質的香草和香料也值得推薦。調味料的創意選擇包括藥草湯、香草茶和糖漿。人們可以享受從甜到濃，再從辛辣到鹹各種風味體驗的靈活性，而康普茶可以爲每個人提供一種獨特風味！

請記住，許多調味劑——任何類型的糖——都會喚醒啤酒中潛伏的酵母，引起二次發酵，這將改變味道並最有可能促進碳酸化。嘗試不同數量的不同調味料，便能找到適合任何特定組合的平衡配方。（請參閱第 11 章，了解許多想法，以激發你的想像力並開始你的味覺冒險。）

如果你的康普茶酸度太高而無法飲用，請用大蒜或香料調味，就可製成用於醃製醃料、生菜沙拉調味料和烹飪的美味健康醋。

客製風味

「我們通常在釀造的康普茶仍然有點太甜而不適合我們的口味時就裝瓶，然後將其在室溫下保存 3 至 7 天或更長時間，之後才冷藏。對我們來說，如此一來可以產生最佳的風味和碳酸。在涼爽的月分，一般來說根本不需要冷藏瓶子。有些人可能會發現，將康普茶放入瓶中的時間較長後，他們會更喜歡這種口味。藉著平衡各種因素，爲你的味蕾找到最佳的釀造週期。

如何將康普茶裝瓶

裝瓶康普茶非常簡單，請依照如下步驟操作：

1. 如果要添加調味劑，請直接將其放入瓶中。
2. 小心地將發酵的康普茶倒入瓶中並蓋上瓶蓋。將瓶子幾乎裝滿，以便盡可能多地保存氣泡。如果你是從分批釀造法的容器中倒出，請使用漏斗；如果你使用的是連續沖泡的容器，則只需直接從龍頭採收康普茶，注滿瓶子即可，留意倒太多使氣泡溢出的問題。重複步驟直到將所有的康普茶裝瓶。
3. 如果你願意，可以將裝瓶後的康普茶在室溫下放置 1 到 4 天或更長時間來調整味道，並進一步加深碳酸化和獨特風味。當康普茶達到你想要的碳酸度和風味時，將它們移至冰箱。
4. 享受！

警告：內容物承受壓力！

有時，康普茶會變得具有高度碳酸性，以至於打開一瓶蓋後就像溫泉一樣噴發湧出！儘管有些娛樂性，但會弄得一地混亂，浪費了好喝的飲料。建議將室溫的瓶裝康普茶移至冰箱冷藏 30 分鐘，便會減緩酵母的作用，減少造成一地混亂的可能性。

對付氣泡的另一種方法，建議將瓶裝康普茶放在一個大碗中，並在碗上方套一個大塑膠袋，再打開瓶子，同時將袋子壓緊。隨後，便可以將濺入碗中的液體倒入玻璃杯中飲用。若要提前避免這些問題，裝瓶前應該少用一點調味料，或者在裝瓶前先過濾酵母。氣泡不只會造成不方便，在產生碳酸時也要小心過量，因爲壓力太大會導致瓶子爆炸。在室溫下保存瓶裝康普茶可行，但是如果擔心瓶內壓力過高，可以將它們放在盒子或保冷器中，以減少噴得一團亂或瓶身爆裂的風險。

在第二次發酵過程中讓瓶子減壓（緩慢旋開瓶蓋，讓二氧化碳逸出，再緊緊地重新封蓋）也可以減輕這種風險。如果瓶內壓力很高或擔心玻璃破裂，請在瓶子頂部用毛巾護住手指。瓶子頂部聚集的氣泡愈多，累積的瓶內壓力就越大；然而過度減壓便會導致氣泡量驟降，因此經驗豐富的自釀者將必須根據自己的最佳判斷，來確保特定條件下需要如何維護。

過濾和淨化

你可能有很多理由決定過濾或淨化康普茶。對於某些人來說，看到瓶中的酵母和細菌束便使飲料失去吸引力，而另一些人則希望減少碳酸化或酒精含量。過濾是從康普茶中去除多餘顆粒最常用的方法，但是如果你想要一種具有更高澄清度和更柔和風味的康普茶，那麼進行淨化可能是一個更好的選擇。另一方面，如果裝瓶時有過量的酵母在釀造過程中堆積，則進行過濾可能是明智的。請謹記在心，去除過多的酵母將會降低瓶裝康普茶的總體活性，可能完全消除碳酸並使味道乏善可陳。

許多人會飲用酵母，因爲它們是維生素 B 群的重要來源（啤酒酵母就是一個例子）。我們選擇不過濾康普茶以保持最大的飲料活性。但有時我們在裝瓶時，會跳過發酵容器底部的最後幾滴褐色殘渣，而在飲用時，會跳過瓶底的液體。

以下是一些減少康普茶中漂浮顆粒的方法。

物理過濾

儘管絕對不要使用紗布遮蓋釀造容器（它會讓果蠅有機會鑽進去），但紗布則可作爲出色的過濾器，尤其是與漏斗或濾網搭配使用時。或選擇帶有內置過濾器的漏斗。濾出多餘酵母可以作爲堆肥或用於製作康普茶酸麵團發酵劑（請參見第 302 頁）。

淨化

雖然我們可以用過濾器過濾掉可見的酵母，但是許多發酵產品的自釀者可能手頭上都備有澄清劑。顧名思義，澄清劑可以進一步精製或軟化任何澀味或苦味並改變康普茶的風味。此外，使用澄清劑還可以使康普茶獲得更高的澄清度，而僅憑過濾是無法達到這樣的狀態。

澄清劑通常用於淨化葡萄酒，可從溶液中去除沉澱物。就像許多澄清劑一樣，以明膠爲例，明膠會帶正電荷或負電荷，而溶液中懸浮的許多固體也會帶有正電荷或負電荷。當將澄清劑添加到溶液中時，正離子和負離子互相吸引並相互結合，導致顆粒品質增加進而沉澱到容器底部。其他澄清劑，例如膨潤土，則是經由吸收而不是吸引來起作用，「吸收」顆粒，然後沉澱在底部。

從血粉到魚鰾（魚糜）的各種各樣奇怪東西都被用作澄清劑，但在這裡我們僅討論幾個最常見的選擇。

膨潤土

由火山灰製成的膨潤土，藉由吸收和電荷作用產生澄清劑的功效。膨潤土具有很高的吸收性，能夠膨脹至其尺寸的 20 倍，並且帶有負電荷，該負電荷會吸引帶正電荷的顆粒物，並因重力將其沉到瓶底。其豐富的礦物質含量還可以使 pH 值稍高一些來降低發酵液的酸味。

要與康普茶一起使用時，首先將 1 大匙（約 15 毫升）的膨潤土加到 2 杯水中，並充分攪拌。讓混合物靜置一個小時，以使顆粒充分溶化。準備使用時，每加侖的康普茶要加 1 到 2 大匙膨潤土。（不要使用過多的澄清劑，因爲加太多會去除康普茶的釀造風味。）將康普茶在冰箱中放置幾天，便能完成淨化過程。然後使用紗布或細網過濾器過濾釀造液，以除去較大的顆粒。

明膠

明膠是從動物的組織和骨骼中所提取出來富含膠原蛋白的物質。明膠帶有正電荷，有助於減少單寧，降低啤酒的顏色和澀味。一點點的明膠就可以產生作用頗長的時間，所以從少量開始（每加侖 1 茶匙）。康普茶澄清後，通常可以在 48 小時後進行過濾，以便去除多餘的顆粒。

紅茶菌寶寶

即使沒有氧氣，康普茶也可以繼續繁殖。將釀造瓶存放在冰箱中會減慢新菌體的發展，但並不能完全防止新菌體的產生。這只是康普茶奇蹟的一部分——它總是成功地讓自己愈變愈多！這些新的年輕紅茶菌被非正式地稱爲 ooglies。如果願意，你可以將含有這些小塊紅茶菌的液體倒入濾網中，以過濾掉這些小團塊；也可以將這些殘渣直接倒入下水道或堆肥中。勇敢的「康普茶勇者」會吃掉紅茶菌寶寶。許多人認爲其菌體包含最濃縮形式的健康酸。建議的其中一種選項是像吃牡蠣一樣對待紅茶菌寶寶：張開嘴並一口吞下整隻，咕嚕！

CHAPTER 9

進階技巧

調味、釀造和碳酸化

掌握了基礎知識之後，你可以開始以各種有趣的方式拓展你的釀造體驗。嘗試在主要發酵階段添加調味料，而不是裝瓶時才調味；或者用除了茶之外的其他材料當甜茶基底；或者用果泥代替糖作為發酵；或者在瓶中加入糖或其他成分來增強碳含量——體驗無限的可能

最好將用於實驗的紅茶菌與其他紅茶菌分開放置在不同的溫床中，以防止交叉汙染。在連續幾次沖泡的過程中，請仔細觀察紅茶菌的增長情況，以確定你的實驗是否具有維持自身潛力的可能性。當紅茶菌生長緩慢或酵母過多時，便意味著這批發酵液的實驗無法成功。當然，或許你擁有足夠的紅茶菌可以盡情做實驗。在某些情況下，例如當你使用咖啡或含有高濃度精油的香草發酵康普茶時，會降低紅茶菌的使用壽命，你可以使用它們一到兩次，然後丟棄。

既然我們已經介紹了基本規則，那麼現在讓我們找到一些有趣的方法來打破規則吧！

康普茶傳說：

有康普茶博士嗎？

康普茶最流行的故事之一，僅次於秦始皇（第 124 頁）的傳說，也許是這種發酵液擁有如此怪異名字的由來。這是傳說中在西元 415 年治癒日本允恭天皇的韓國醫生康普（Kombu）的故事。經過歷史驗證，這件事與康普茶的關聯性微乎其微。當時的確有謚號允恭的日本天皇深受疾病之苦，而 8 世紀的日本史書《古事記》（Kojiki）則記載了一位來自新羅王國（韓國）受過醫學訓練的大使帶來每年的朝貢，然而上述內容沒有證據顯示有康普茶參與其中。日本的紀錄並沒有指出這位大使是傳說中的康普博士，而是將他稱爲「Komu-ha-chimu-kamu-ki-mu」。這個紀錄可能會帶來一線希望，因爲 Komu-ha 有點類似於康普茶的發音，但是《古事記》並未描述這位天皇如何被治癒，而任何其他日本歷史中都沒有提及康普茶。

在發酵容器中添加調味劑

許多自釀者在康普茶裝瓶時會添加調味劑，從而使發酵液帶有些微的風味或熱情。另一方面，無論是從一開始就將調味劑直接添加到發酵容器中，使它們在第一次發酵中產生作用，或之後裝瓶時作爲二次發酵作用，爲康普茶帶來更大的強度並賦予複雜的層次。兩個時機皆可爲康普茶帶來充滿風味和香氣的底蘊。

可以嘗試的流行香草包括羅勒、月桂葉、洋甘菊、丁香、薰衣草、迷迭香、玫瑰花瓣、鼠尾草和百里香。有些香草（例如薄荷和鼠尾草）中含有揮發油，可能會對康普茶菌體產生不利影響，因此我們僅在實驗中使用它們。當然，人們已經使用康普茶來發酵各種香草、花卉、莓果、水果和香料，其中許多方法都成功製作出美味的飲品。

嘗試你想要的任何調味劑，首先看看其效果如何，然後再視情況進行調整。在釀造觀測日誌（第 434 頁）中做筆記，以確定哪些調味劑可以定期摻入主要發酵中。遵循 10 代規則（第 176 頁），對調味劑的長期作用力做出最終抉擇。這就是康普茶的妙處之一：實驗！

經典提味材料

以下是一些經過實證的點子，可以從一開始就加強你的釀造液口味。在下一批釀造的第一階段發酵時，嘗試將添加這些材料。建議的使用量是用於 4 公升的釀造液。

肉桂釀造液

含肉桂的釀造液具有柔和的味道，賦予康普茶溫和的暖意。肉桂中的油使乙酸的口感變得柔和，亦同時補充了康普茶的天然蘋果味。我們喜歡用肉桂釀造溫熱的康普蘋果西打（第 271 頁）。

- 2 根肉桂棒、2 茶匙切碎肉桂皮或 1 茶匙肉桂粉。

薑的效用

薑會刺激碳酸化作用，而少量的洛神花則是紅茶菌的天然配搭，能提供淡淡甜味。這種釀造液可以在剛成熟時食用，以滿足孩子們對甜味的需要，也可以充分發酵以達到你的酸味樂趣！

- 1 大匙切碎生薑或乾薑
- 1 茶匙乾燥洛神花。

在第一次發酵階段調味

調味康普茶的一種常用方法是在第一次發酵開始之前，便在傳統的紅／綠茶混合物中添加香草、水果片或果汁，透過一個步驟緩緩注入風味。請記住，與在裝瓶時添加相比，在開始發酵的階段添加的調味劑將經過很長時間的發酵，因此可能會給康普茶帶來更濃烈的風味。不需要太多調味劑即可影響釀造風味（有關具體資訊，請參見第 11 章）。

1. 像往常一樣沖泡甜茶（見第 75 頁）後將之倒入釀造容器中。
2. 將水果、香草茶、果汁或其他的調味劑加入茶中。
3. 放入紅茶菌母。
4. 使用非常酸的康普茶作為發酵液。正常的比例是 4 公升甜茶：1 杯發酵液，但為了避免黴菌，這裡我們建議以 3 至 4 杯發酵液搭配 4 公升甜茶，額外的糖、酵母菌及其他調味劑中的成分可以使之更容易發酵。
5. 覆蓋住讓它照常發酵。5 天後再來檢查味道，可能很快就會變酸，特別是水果的糖分可以創造較強烈的風味。

像往常一樣蓋上蓋子並發酵。僅需五天，即可檢查釀造液的風味，因為它可能會更快變酸，尤其是當你加入果糖時，釀造液會更加濃郁。請記住，康普茶在瓶中會繼續發酵，將變得更濃或略帶酒精，因此當你發現口味不符合你的預期時，請冷藏你的康普茶。

在第二次發酵階段調味

在第一次發酵階段調味是一個很好的方法，而另一個選項則是將調味劑隨後添加到釀造容器中，以便在第二次發酵階段進行調味。使用此選項，不會汙染紅茶菌，因爲在添加調味劑之前已將紅茶菌移除。另外，由於調味劑在釀造液中存在的時間更少（使用這種方法的時間爲 1-4 天，而在第一次發酵階段調味則爲 7-14 天），並且由於釀造物已經在正常條件下發展並酸化，也沒有其他調味劑減慢作用速度，是故出現黴菌或其他問題的機會較少（實際上沒有機會）。當然，你也可以在裝瓶的康普茶中直接添加調味劑，然後在其中進行二次發酵，但是如果你計劃將瓶裝的康普茶保存幾週以上，則建議你在釀造容器中調味，然後在裝瓶前將調味劑過濾掉，因爲這些調味元素會隨著時間的流逝而變質，導致異味產生。而且若沒有花朵、樹皮、莓果或少量水果漂浮在瓶中，你的釀造液將看起來更清潔、更專業。最後一點，殘留在瓶中的調味劑經常會黏在容器底部，這對清潔是一個很大的挑戰。在釀造容器中加入調味劑則可以避免這種麻煩。

1. 照常發酵康普茶。
2. 移除紅茶菌並採收足夠的熟成康普茶以開始下一批釀造。
3. 添加調味劑。
4. 替換布蓋，讓釀造液發酵 1 到 4 天。與無味的康普茶一樣，發酵瓶中的碳酸化可能寥寥無幾，然而一旦將釀造液裝瓶幾天後，氣泡就會開始出現。
5. 過濾康普茶以便除去過量的酵母和調味劑，接著裝瓶。讓瓶子在室溫下放置 1 到 4 天或更久以利氣泡產生，或將瓶子移到冰箱以便保留現有的味道。

製作調味香草茶、煎藥和濃縮藥草糖漿

香草茶和煎藥都是藥草「茶」——香草茶是由葉和花製成的，煎藥是由根和木質部分製成的。濃縮藥草糖漿是用糖煮香草或藥草，通常是效用更強的濃縮成分加上糖製成的。

香草茶

香草和其他植物是人類最早的藥物。將植物浸泡在熱水中（香草茶也可視爲浸泡液）有助於提取植物的活性成分。幾乎任何類型的植物都可以使用，而且適合人體消化吸收。針對調味康普茶，一些受歡迎的香草包括洛神花、接骨木花、雷公根和薄荷均適分。香草浸泡的時間長，產生的味道就越強烈。根據所需的口味將其添加到康普茶中。將多餘的香草茶儲存在冰箱中（或喝完！），並在一週內使用完畢。

繁衍的十代規則

我們如何確定某種香草、香料或其他調味劑是否適用於第一次發酵階段？一個好的經驗法則是測試它是否能成功釀造十代的康普茶。如果連續 10 批加入該調味劑後，紅茶菌仍然能夠繁殖並表現出活力和健康，則該調味劑便可安全用於第一次發酵階段。

充滿活力的菌體呈現乳白色和稠密狀。體質弱的菌體容易被手指穿透。因爲沒有進行 DNA 分析，我們無法知道在使用其他基底釀造時，菌體經歷的變化和調整。我們建議總是將實驗的菌體儲存在單獨的紅茶菌溫床中，並至少保留一個單純以茶爲基底的傳統紅茶菌溫床，作爲備用。

煎藥

煎藥與香草茶相似，其營養成分是透過水萃取的，而煎煮時間和溫度在最大化其益處方面也扮演關鍵角色。煎藥通常是經由處理植物的纖維或木質部分（例如樹皮和根）進而釋放風味和營養。煎藥通常的比例是 1 茶匙植物粉末或 2 茶匙新鮮植物，加入 250 毫升的水。一開始先從少量的煎藥開始嘗試，找出可以產生所需風味的配方和比例，然後按比例放大或縮小容量。我們建議大約 62.5 毫升的煎藥加入 4 公升的康普茶。將多餘的煎藥存放在冰箱中。

濃縮藥草糖漿

糖漿是增稠的液體，可增加風味，而額外的糖含量則可確保充足的氣泡。糖漿不須太多，因爲過多的糖會產生反效果，並且可能會使康普茶變酸或產生大量的氣泡，以至於打開時瓶子裡一半的康普茶都冒泡了。用香草或藥草製成糖漿很容易，只需長時間浸泡調味劑便能產生更濃烈的風味；然後連同其與等量的糖（1 杯：1 杯）一起煮沸約 30 分鐘，直到濃縮成糖漿爲止。每 4 公升康普茶加 31.25 毫升糖漿。由於糖的天然保存特性，糖漿可保存較長時間。

沙士糖漿

沙士是一種傳統的藥用飲料，在 20 世紀初的蘇打水熱潮中嶄露頭角。沙士成分中的所有草本均具有很大的健康益處。事先準備好這種濃烈可口的糖漿，便可輕鬆調味康普茶。你可以根據口味偏好做調整，以下的配方足夠使大約 12 加侖的康普茶別具風味。

產量：3 杯

材料

- 2 公升水
- 1 杯黃樟木樹皮
- ½ 杯墨西哥菝葜樹皮
- ¼ 杯冬青乾葉
- 1 整個香草莢，切片
- 1 大匙檸檬皮或乾檸檬皮
- 1 大匙甘草根
- 3 杯糖

使用說明

將水與黃樟樹皮、墨西哥菝葜樹皮、冬青、香草莢、檸檬皮和甘草放在一個大鍋中煮沸，然後轉小火，蓋上鍋蓋燉煮 2 小時，接著將香草過濾掉。

過濾後將液體倒回鍋中煮沸。加入糖並用中火煮至液體減少至約 3 杯的容量。

放涼，然後存放在冰箱中。

沙士康普茶

要製作具有沙士風味的康普茶，請將 1 茶匙的沙士糖漿與 2 杯康普茶混合。

蓋緊蓋子，在陰暗溫暖的地方存放 1 至 3 天。每天檢查。如果看到氣泡，請旋轉蓋子以釋放碳酸壓力，然後立即重新擰緊。康普茶達到所需口味後，請移至冰箱。（有關製作沙士康普茶的另一種方法，請參閱第 243 頁。）

使用水果作為主要糖分

糖有多種形式，包括水果中的糖分或果糖。儘管我們已經提到過，當我們使用蔗糖釀造康普茶時會產生有營養價值的酸，但在某些發酵傳統中，我們確實直接使用水果來代替糖。因此，如果你想避免使用任何一種加工過的糖，或者只是想嘗試使用不同的發酵技術，則可以使用濃縮果汁代替糖來調製康普茶。

這種技術利用幾種不同的方式來處理水果。你可以切碎整顆水果，再將其直接添加到茶中（我們建議以 2 杯水果代替 1 杯糖作爲起點），你也可以使用果汁濃縮液。在任一種情況下，由於果糖的濃度會變化，因此很難提供準確的配方，但是通常情況下，大約 1 杯濃縮果汁便可提供支持發酵所需的糖。建議將沖泡的茶濃度提高 50%，以保持風味的平衡。

用這種方法可能會使紅茶菌的生長變弱，因此，一如既往，建議總是保有一批傳統（茶加糖）紅茶菌溫床以備用。與所有實驗一樣，請勿將上述方法中用過或生長的紅茶菌存放在傳統的紅茶菌溫床中。

巴氏殺菌法

巴氏殺菌可以殺死微生物，但它不會區別好菌壞菌，不僅殺死了不良成分，而且也殺死了康普茶發酵不可或缺的酵母和細菌。這樣做的好處是可以保持穩定的產出品質，讓瓶中沒有「臭味」，並且使口味更加一致，尤其是釀造時間一久，效果更顯著。

但是，對具有活性的產品進行巴氏殺菌，難道不會與發酵相牴觸？也許吧，但是當我們考慮到大多數啤酒和葡萄酒都是經過巴氏殺菌而不是野生的發酵時，這個作法就顯得不奇怪。也有許多人認爲，康普茶的健康酸能在巴氏殺菌法中完好無損。當然，對於愛好益生菌及讚賞其神奇功效的自釀者而言，極盡所能讓康普茶保持原始狀態就是不容妥協。

常用的巴氏殺菌法有兩種：化學法和加熱法。化學法巴氏殺菌法，是透過添加亞硫酸鹽以殺死微生物。而加熱巴氏殺菌法，則是將液體升至一定溫度，並在特定溫度下保持一段時間。

大多數自釀者放棄了巴氏殺菌技術，而是採用了讓康普茶在瓶中自由發展的野生發酵過程。然而，商業規模的營運方式可能以提供巴氏消毒的產品而自豪，或者在某些情況下，可能會在進行巴氏消毒後，添加實驗室培養的益生菌進而創造各種產品，以吸引不同的市場。這些「發酵」飲料的合法性始終取決於消費者，儘管品牌沒有義務在標籤上披露其產品是否經過巴氏消毒。

墨西哥鳳梨康普茶

有人聲稱，康普茶自 15 世紀以來一直在墨西哥發酵。墨西哥傳統的發酵飲料——鳳梨發酵飲「特帕切」（tepache）的配方，利用了鳳梨濃縮液中的天然糖代替了第一次發酵階段中的蔗糖。如果你要使用新鮮的鳳梨，則每杯糖應使用 2 杯切碎水果。

產量：4 公升

材料

1 公升特濃茶

1 罐（162.5 毫升）冷凍鳳梨濃縮汁，或新鮮鳳梨切丁 2 杯

3 公升水

1 個紅茶菌

1 杯發酵液

使用說明

- 將煮好的茶與鳳梨汁濃縮液合併，攪拌直至完全溶解。將水倒入釀造容器中。加入茶混合物。如果混合物是熱的，請冷卻至體溫。然後加入紅茶菌和發酵液。蓋好並放在一邊發酵。
- 這類釀造可能會發展迅速，因此請在 5 天後開始品嚐，以便在產生挑逗味蕾的風味前及時採收！

碳酸化技術與技巧

自釀者最普遍的問題之一是如何在康普茶中獲得更多的碳酸。氣泡很有趣，在玻璃杯的邊緣看到一杯冒泡的康普茶會帶來內心的興奮感。但是，康普茶是自然起泡，而不是含有二氧化碳——兩者之間的差異雖然微妙，但有鑑於此便可減輕你的期望。一些商業康普茶品牌會增加碳酸，因此你在商店購買的氣泡效果可能不會出現在自製瓶中。

什麼原因導致碳酸化？

碳酸化是將二氧化碳（CO2）溶解在液體中。只要將液體保持在某種形式的壓力下，CO2 就會留在瓶子裡。釋放壓力後，氣體也將釋放爲氣泡。與許多過程一樣，碳酸化有自然版本和人造版本。強制碳酸化是透過機械壓力下向液體添加 CO2。自然碳酸化則只需要發酵的魔力和密閉的容器即可。

既然康普茶在帶蓋的開放容器中發酵，需要空氣流通。那 CO2 要如何累積？奧妙就在紅茶菌！隨著新長的層次越過紅茶菌頂部，它便會形成不透氣的密封層，將氣體捕捉在其下方。通常，氣泡會在新層次的下方清晰可見。有孔的紅茶菌是由於 CO2 逸出而形成氣孔的結果。

促進碳酸化

當一些自釀者抱怨他們的康普茶不夠碳酸化時，這可能只是一個觀點差異。少量的氣泡其實可以持續一陣子，特別是如果你不去期待倒出像汽水一樣冒泡的康普茶。仔細觀察釀造液中的氣泡，你可能會發現康普茶本身已富含 CO_2。但是，如果你喜歡大量的嘶嘶聲，則可以使用以下方法來增加氣泡。

名詞解釋：冒泡

冒泡與發酵有著相同的拉丁語字根：fervere，意思是「沸騰」。當我們看到氣泡在瓶中舞動，的確就像沸騰的氣泡一樣顯而易見。就像好幾世代的前輩一樣，現代的釀造者知道，當看到頂部形成氣泡時，就表示發酵正在起作用。

讓釀造液二次發酵

無論是分批釀造法還是連續釀造法，進行二次發酵都會增加起泡性。第二次發酵階段通常也是添加調味劑的時間點，而許多調味劑也會導致碳酸化的程度增加。若要成功增加碳酸化，則要滿足兩個基本要求：瓶蓋要緊緊蓋好，內部要有酵母束（酵母消耗糖時會產生二氧化碳）。因此，藉由第二次發酵產生碳酸的最簡單方法便是添加酵母和糖，並保持蓋子緊閉！（有關更多詳細資訊，請參見第143頁。）

裝瓶前攪拌連續釀造法的釀造容器

在分批釀造法中，將完成的釀造液從發酵容器倒入瓶中的過程會攪動容器底部的酵母，因此酵母會被分配到各個瓶子中。然而，當使用連續釀造法時，因為你只需轉開龍頭便可汲取康普茶，便會將聚集在發酵容器底部的酵母留在原地。如此一來，在缺少酵母的瓶子裡，康普茶會變得味道弱化和碳酸不足。

解決此問題的簡單方法是將乾淨的大匙輕輕滑過紅茶菌到釀造容器底部，再快速攪拌以便攪動底部的酵母，隨後立即將康普茶倒入瓶子中。根據需要再次攪拌，以便對每個瓶子分配足夠的酵母。攪動酵母的另一個好處是，如此可以減少釀造容器中的酵母數量，進而更長時間保持平衡的風味，亦能拉長兩次清潔之間的間隔時間。

人為的氣泡通常較為均勻，緊貼在玻璃上，且往往不會互相交錯。它們比較快消散，在口中的刺激感也較強烈，因此口感難受許多。

天然的碳酸，即使會導致打開康普茶時爆出瓶外，氣泡卻較柔和，口感是微微的搔癢感而非燃燒感，樣子看起來像是大小、形狀不一，破裂速度也各不相同的肥皂泡。

將瓶子完全裝滿

大多數釀造啤酒和葡萄酒的人，會在在瓶子的頂部留下空間，以利在頂部形成泡沫。而藉由減少瓶中氧氣的含量，意味著保留更多的 CO_2 溶解在液體中，這對你來說意味著更多的氣泡。

讓瓶子遠離冰箱

一旦在瓶內留下很少空氣並將康普茶裝瓶後，請將瓶子放在陰暗溫暖的位置（23-26° C）。現階段你不須擔心是否通風，故將瓶子放在櫥櫃或任何其他封閉空間都可以。添加到瓶子中的調味劑愈多，就應該越密切地監控瓶內的變化；可能需要讓瓶內的康普茶適時地「打嗝」以防止爆裂事故發生（請參閱第 165 頁）。給他們 1 到 4 天的時間（在冬天或在涼爽的溫度下則須更長時間）以形成氣泡。

添加一點東西

增加瓶中碳酸的另一種簡單方法是爲氣泡添加一些額外的燃料。以下是常見的選項：

糖。常見的碳酸增強劑是發酵糖[7]，其實就是在你蓋上瓶子之前就已經添加的糖。這種糖會重新激發酵母的活性，產生二氧化碳。每 500 毫升瓶子加 ½ 茶匙糖。水果丁形式的糖也將增加碳酸化作用。（請參閱第 11 章）

生薑。無論是薑中的天然糖還是薑皮上的細菌，都會增加碳酸的含量。每 500 毫升瓶子加四分之一至一整茶匙切碎或磨碎的生薑，取決於所需的氣泡和風味。

顆粒發酵葡萄糖。如果康普茶沒有依照需求增加氣泡，可以嘗試加入顆粒發酵葡萄糖和蔗糖，以增加一致的碳酸化作用。顆粒發酵葡萄糖看起來像潤喉糖。如果你裝瓶時想要使用不含任何天然糖的調味劑，以免激發酵母再次作用，則推薦你使用它們。你可以在釀造用品店找到顆粒發酵葡萄糖。請遵循製造商的使用說明。

礦物質增強劑。當弱酸與鹼相互作用並生成二氧化碳時，就會產生冒泡現象。康普茶是天然酸性的。因此，當添加微量礦物質增強劑作爲基礎時，碳酸含量和礦物質含量都會增加，從而釀造出氣泡狀的啤酒。由於該化學反應利用了康普茶發酵產生的一些乙酸，因此也使酸味最小化。礦物質增強劑非常適合與太酸的康普茶一起使用。可以從自家製的商店購買。請遵循製造商的說明。

蛋殼。由於它們的鈣和微量礦物質含量很高，因此蛋殼不僅會增加氣泡並減少酸味，而且還能提高釀造液的營養價值。建議使用來自有機放山雞的蛋殼以便獲得最佳營養價值。

攪拌，不要搖晃！

液體運動會產生更多碳酸，因此就像裝瓶汽水或啤酒一樣，打開瓶裝的康普茶之前請勿搖晃，攜帶瓶裝康普茶參加野餐或派對時切勿搖晃，否則會產生如噴泉般的現象！

7 priming sugar，加入啤酒用的葡萄糖在使用前請徹底清潔蛋殼，將蛋殼在 200° F（95° C）烤箱中烘烤 10 分鐘使其脫水。你可能要粉碎蛋殼，因爲表面積越大，可以提取的鈣就愈多。然而，大片的蛋殼卻比較容易清理。如果你擔心沙門氏菌的潛力，那麼請放心，康普茶的低 pH 值會馬不停蹄地殺死這類型的病原細菌。

蛋殼會影響康普茶的味道，因此請從每 500 毫升的瓶中加入四分之一顆的蛋殼開始，再根據口味和氣泡增加或減少添加量。

碳酸鈣。如果沒有優質的蛋殼，則可使用碳酸鈣藥丸代替。將它們壓碎以便獲得最大的表面積，再根據製造商的說明將其添加到沖泡罐中。

降低酒精含量

以下方法可以減少經過適當發酵後的康普茶中天然存在的酒精含量，通常減少 1% 酒精含量或更少。

濾出酵母。酵母在厭氧環境中會產生乙醇和二氧化碳，因此從啤酒中去除酵母會大大減少酒精的產生。然而，酵母的功能諸如提供營養、風味和碳酸化作用，卻會因爲使用本技術而減少。

避免使用水果和其他含糖的調味料。建議使用香草、花卉、大多數綠茶混合物以及各種根莖類，能使你無需添加糖即可增添風味；失去了糖，酵母便失去了產生乙醇所需的燃料。除了根莖類，減糖的同時會減少一些碳酸化作用，亦即使用根狀莖類的調味，不須加糖仍會起泡。（請參閱第 11 章）

快速冷藏。將釀造液冷藏，直到準備好飲用爲止。寒冷的低溫會抑制酵母的活性，導致酒精含量降低，儘管同時也會減少碳酸化。飲用前請讓瓶子回到室溫狀態，便能重新激發酵母活性並引發一些氣泡。

在瓶中留出更多的頂隙。此方法與將瓶子加滿到頂部的普遍建議相反（請參見第 149 頁）。如果你打算在一兩週內飲用康普茶，則在瓶中保留更多的氧氣會更有利酵母呼吸而非發酵，這將減少酒精的產生，並且不會過多地減少碳酸化。向釀造液中添加氧氣（例如，在裝瓶時將氧氣從過濾器倒入瓶中）也會限制酒精含量。

延長第二階段發酵時間。若你打算將裝瓶的發酵液繼續熟成 1 個月或更久，請盡可能將瓶子裝滿。盡可能地去除氧氣，不僅可以保持大量的碳酸化作用，還可以爲發酵創造良好的環境，進而產生更多的酒精。如此一來，便能提供細菌更多時間將乙醇轉化爲健康的酸，即可自然而然降低酒精含量，並產生風味（康普茶會變得更不甜，甚至更酸），最終產生的康普茶更會產生賞心悅目的氣泡。

透過延長的熟成過程，我們建議在康普茶仍偏甜時就裝瓶——就像葡萄酒開始時是甜葡萄汁一樣，隨著時間的流逝逐漸形成較不甜的味道，如此一來，熟成的時間愈長，其風味也就愈柔順。如果等到釀造液的酸度恰到好處或略微偏酸時再裝瓶，則熟成後會產生太酸的味道，可能無法入口。

飲用時稀釋。用水或果汁將康普茶稀釋一半，不僅可以減少酒精含量，還可以降低 pH 值和酸度，使帶酸味的釀造液變得滑順，同時還能保持水分和排出毒素。

提高酒精濃度

儘管康普茶自然會產生大約 2% 的酒精含量（通常少得多），但可以透過一些方法增加至 3 至 14% 的酒精含量，例如添加其他酵母和傳統啤酒成分，便能增加其酒精含量並爲釀造液帶來更多風味。一些公司生產康普茶啤酒，試著在你當地的商店中找找看這些產品，或嘗試以下使酒精濃度更高的建議。

啤酒

混種康普茶啤酒具有典型的發酵口感，或在第二次發酵階段中加入啤酒酵母和啤酒花作爲調味料。每種方法都會產生不同的風味。啤酒酵母通常會產生 4% 至 9% 的酒精含量。

葡萄酒和香檳

葡萄酒和香檳的生產其實就是將葡萄汁與酵母和細菌結合（機制如同康普茶），發酵、裝瓶熟成、產生果味到不帶甜味。葡萄酒酵母將酒精含量提高到 9 至 16% 酒精含量，而香檳酵母則將酒精含量提高到 15 至 20% 酒精含量。使用年輕的康普茶。

使用康普茶製作啤酒、葡萄酒和香檳

要製造大約 4 公升的啤酒、葡萄酒或香檳，你需要的釀造容器至少要容納 1¼ 加侖，並且要有一個帶有氣閘的瓶蓋。

材料

2 茶匙的啤酒、葡萄酒或香檳酵母

1 杯溫水

1 杯糖

4 公升微甜（年輕）的發酵康普茶

1 大匙啤酒花（啤酒專用）

31.25 毫升伏特加酒

發酵

結合 2 茶匙溫水和糖，以激發酵母的活性。攪拌均勻；該混合物應形成泥漿狀。讓混合物靜置 30 分鐘至 1 小時，最多 2 天，直到起泡爲止。（將剩餘的酵母儲存在冰箱中。）

將活化的酵母混合物和康普茶添加到發酵容器中。如果你要釀造啤酒，請同時添加啤酒花。

蓋上帶有氣閘的蓋子，然後將內容物攪勻以利充分混合。將伏特加加到氣閘中，以防止氧氣進入釀造罐。

將容器放在溫暖陰暗的地方；理想的溫度範圍是 22-26°C。

啤酒：1 天後開始品嘗，以便確定啤酒花是否爲啤酒添加了足夠的風味。爲防止苦澀，請勿將其放置超過 2 天。蓋緊瓶蓋並繼續發酵 2 至 5 天。當啤酒具有你中意的苦味／甜味／酸味時，請將其倒入瓶中並蓋緊瓶蓋。讓其在陰涼處放置至少 1 週，以形成碳酸。瓶子放置的時間越長，味道就越不甜。

葡萄酒：3 至 5 天後，將葡萄酒倒入 750 毫升的瓶子中並蓋緊瓶蓋。讓我們在陰涼處放置至少 1 週，並長達一年。瓶子放置的時間越長，味道就越不甜。

香檳：30 到 45 天後，將香檳倒入 750 毫升的瓶子中並蓋緊瓶蓋，在涼爽陰暗的地方放置至少 3 個月，最多一年。發酵時間越長，味道越不甜。

與任何碳酸飲料一樣，瓶子破裂也是一個問題。請採取必要的預防措施（請參閱第 165 頁警告：內容物承受壓力！）。

CHAPTER 10

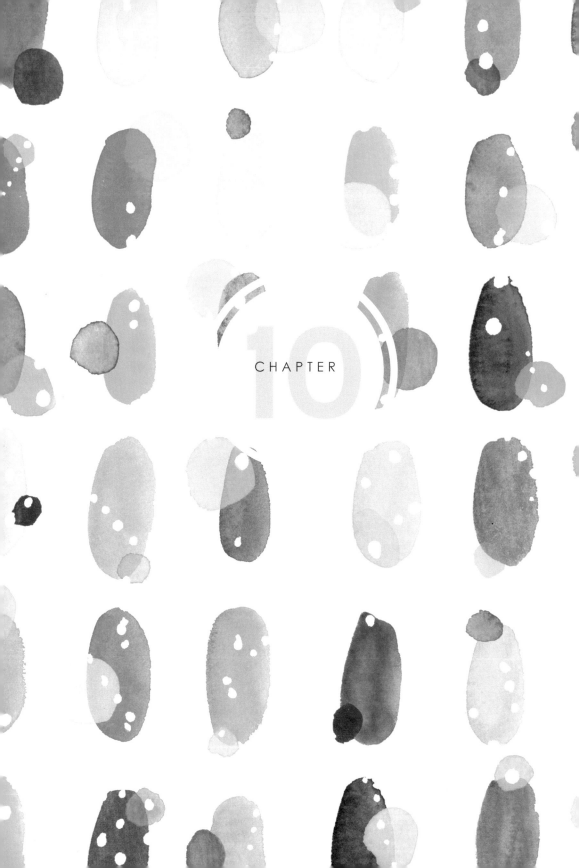

疑難解答

釀造康普茶是一種有趣而輕鬆的愛好，但有時可能會出現疑難雜症。康普茶是一種寬容的菌體，使我們得以輕鬆修正釀造失誤。以下是進行康普茶釀造過程中自我修正的方法。在這裡尋找問題的解答，按照以下提示修正下一個批的沖泡液，或者弄清楚如何調整使用連續釀造法的釀造液，你將很快回到正軌！

常見釀造錯誤以及如何修正

風味問題

紅茶菌的問題

碳酸化問題

重新平衡沖泡

處理異味

處理果蠅

處理模具

處理醋蛆

常見釀造錯誤以及如何修正

忘記添加糖？

修正方法：取出紅茶菌，加入糖，攪拌使其溶解。

貼心提醒：下次請記得，取出散茶或茶袋後，立即添加糖，利用熱茶充分溶解糖。

忘記為下一批的釀造保留發酵液嗎？

修正方法：將紅茶菌加到 2 至 4 杯甜茶中，照常發酵 7 至 10 天。再將紅茶菌與所有液體與新的紅茶菌一起發酵，就能開始生產 2 或 4 公升的沖泡液。如果你意識到忘了保留發酵液之前，已經在你的康普茶中添加了調味劑，請選擇內含最少量精油之調味劑（例如水果或生薑）的康普茶，然後將其中一些用作發酵液。

貼心提醒：下次請記得，在將康普茶裝瓶之前，從這批釀造液的頂部採收 2 杯發酵液，保留給下一批沖泡。

忘記給甜茶加水嗎？

修正方法：如果是在開始分批釀造後的 5 天內，請繼續加水，直到達到你應該添加的水量。如果從開始分批釀造開始已經過了 5 天或更長時間，請不要添加水，建議只需定期品嚐康普茶，直至達到所需的口味（發酵速度可能會比平時更快），然後開始下一批沖泡。

貼心提醒：下次請記得，在溶解糖後立即將所需水量加到甜茶中。

任憑釀造液放了幾個月不管，現在該怎麼做呢？

修正方法：檢查是否發黴，若發黴會在沖泡液的頂部生長並且呈現絨毛狀。如果沒有發黴，請使用其中的紅茶菌和部分液體開始新一批沖泡，並將其餘的酸味康普茶作為紅茶菌溫床（第 135 頁）、果蠅陷阱（第 207 頁）、用醋烹飪（第 14 章）或家庭使用（第 17 章）。

貼心提醒：下次請記得，只要紅茶菌保持濕潤，並且蓋好康普茶的瓶蓋，液體便不會完全蒸發，就可以無限期地分批發酵。

加熱器將康普茶加熱超過建議溫度範圍？

修正方法：將溫度降低到 24-29° C ，並監控沖泡過程。除非釀造液的溫度持續超過 42° C ，否則不會破壞其生物性。

貼心提醒：下次請記得，密切監控沖泡液，以利保持適當的溫度。

紅茶菌在溫床裡乾掉了——仍然有活性嗎？

修正方法：將紅茶菌加到 2 至 4 杯甜茶中，然後照常發酵 14 至 30 天。如果紅茶菌完全已乾燥，則在液體上撒幾大匙蒸餾（巴氏殺菌）醋，以防止發黴。

只要補充液體的過程中沒有發黴，就可以繼續使用紅茶菌和發酵液來開始 ½ 加侖或 4 公升的沖泡。

貼心提醒：下次請記得，始終讓紅茶菌保持水分；視情況需要添加甜茶以便保持溫床的活性。

誤將紅茶菌和發酵液冷藏了

修正方法：如果將紅茶菌和發酵液冷藏了兩週以下，請讓它們在室溫下放置至少一週，然後移至新鮮的玻璃容器中，加入 2 杯甜茶，蓋上蓋子，然後靜置五到七天。少量的甜茶將使紅茶菌有機會在冷藏後重新活化，並且不會讓紅茶菌暴露在過多的甜茶中，過多可能會導致發黴。一旦紅茶菌生長和酵母形成的現象開始出現在容器的頂部，便可嘗試正常沖泡。如果五到七天後紅茶菌活動不明顯，則表示培養物和發酵液已無法使用。

貼心提醒：下次請記得，始終將紅茶菌和紅茶菌溫床置於室溫陰暗的地方存放。

紅茶菌掉落地板

修正方法：最佳處理方式，建議使用紅茶菌溫床中的康普茶沖洗掉落的紅茶菌。次佳方法是使用蒸餾白醋沖洗。第三是使用過濾水沖洗。

貼心提醒：下次請記得，儘量不要手滑讓紅茶菌掉落！

康普茶口味問題

口味爲王！根據成分和環境的不同，康普茶的口味有甜、酸、苦、果味到辛辣味。大多數口味問題只需進行簡單的調整即可讓釀造液恢復正常。釀造是一門藝術，因此即使是老手也可能會嘗到接連的失敗。不用擔心，只需進行調整，然後再試一次！

過甜

如果釀造液的味道比你偏好的口味更甜，則很有可能是發酵不良、菌體狀況欠佳或操之過急的徵兆！

釀造週期太短

發酵時間愈短，殘留的糖就愈多。隨著釀造液不斷熟成，其口味會隨著時間的流逝而變酸。再讓它發酵一會兒，並且每天品嚐味道，直至達到所需的風味。

如果沖泡幾週後仍保持甜味、味道變弱或呈現水狀，則可能是細菌失去活性。這可能意味著紅茶菌較弱（請參閱第 196 頁）或溫度過低。排乾一些康普茶，然後加入新鮮的甜茶以利喚醒紅茶菌，同時請檢查溫度是否在適當的範圍內。

溫度過低

康普茶的建議溫度範圍是 24-29° C，而理想溫度是 26 至 27° C。在發酵開始的第 7 到 10 天，保持正確的溫度範圍是最重要的，然而若要達到最均勻平滑的風味，應該時時保持這種溫度，直到沖泡完成爲止。如果溫度範圍開始時過低，則在釀造過程後期加熱便可以幫助緩慢成熟的釀造液恢復活力。

使用 CB 法時太快採收過多釀造液

新手自釀者經常迫不及待要採收康普茶，然而在釀造的早期階段，耐心對於追求長期風味則至關重要。成功的連續釀造法仰賴發酵良好康普茶基底，若過度採收 CB 釀造罐裡的液體，便增加了破壞酵母和細菌平衡的可能性，導致釀造液變得更甜。收成康普茶時，建議留下約四分之三的釀造液在發酵罐裡，以使康普茶在新釀造週期的第四到第五週內達到成熟。

太酸

酸味是營養的一種信號，但的確很難下嚥。對於自釀新手來說，似乎很難達到恰到好處的酸度，但只要持之以恆，成功往往就在下一批沖泡等著你。

釀造週期過長

康普茶有時會很快從太甜變爲太酸，因此在沖泡時（每天甚至每天 2 次）定期品嚐是很重要的，尤其是當釀造趨近完成時。

溫度太高

如果長時間保持在高於 29° C 的溫度下，則康普茶釀造液可能會變得不平衡，進而導致酸味、苦味或其他異味。保持 24-29° C 的建議溫度範圍以獲得最佳結果。

誤從底部加熱釀造罐

特別是針對 CB 法（即連續釀造法），請記得從容器側面加熱康普茶，以防止酵母過度生長。當酵母度過其生命週期時，最終會沉到容器底部，故此處應保持較低溫度。如果加熱底部，酵母可能會繼續活躍，導致發酵過程失去平衡。如果你打算分批進行短時間的釀造，並在每批之間仔細清潔釀造容器，則可以從下面加熱。但是如果要釀造 8 天或更久，或者採用連續釀造法，請從側面加熱以獲得最佳效果。

太多的紅茶菌和／或太多的酵母

隨著 CB 釀造液的老化，頂部會形成大量紅茶菌，而底部附近會聚集大量酵母。兩者之間便是我們朝思暮想的康普茶。一旦菌體變得太大或酵母的數量變得太多，就難以維持康普茶的風味。這意味著該是時候清洗瓶罐，並開始製作新的釀造液了。（有關完整的說明，請參閱第 156 頁。）

燃料太多

在第一階段發酵中，最多減少三分之一的糖或減少三分之一的茶。減少酵母和細菌的燃料可減少酸度，然而同時也會減少酶、維生素和健康酸的含量。使用此方法時，紅茶菌的生長和風味也可能更單薄。

稀釋

立即加水可將 pH 值提高到更可飲用的範圍，大大減少過度發酵的康普茶甜味。果汁中充滿了果糖，即使只加入 30 或 60 毫升也可以降低酸味。在奶昔中添加酸的康普茶會調和酸味，同時保留健康酸的益處。

淨化

添加澄清劑（請參閱第 167 頁）會改變釀造液的 pH 值，並使酸度變甜。但是，請儘量不要過度使用澄清劑，過度淨化可能會使味道往錯誤的方向變化。

做醋

如果味道太酸而無法享用，或者你手頭上有太多酸酸的康普茶，則將它製作成康普茶醋（請參閱第 298 頁）。

味道薄弱

假設釀造液未達到所需的風味強度，第一個解決方法是建議你增加沖泡時間。然而，若是將康普茶再放置幾天後，卻仍無法改善味道的濃度或酸度，則還有其他一些潛在原因。

紅茶菌沒有活性或者快死了

將菌母丟棄到廚餘中，並使用新的菌母。

酵母不足

在下一批釀造使用紅茶菌溫床底部的酵母發酵液，僅此一批。

溫度太低

保持發酵溫度在 24-29° C。

茶不夠濃

增加甜茶中的茶葉量，或將茶浸泡更長的時間。

糖不夠

使用更多！如果需要，你可以添加比標準配方——每 4 公升 1 杯糖多 50% 的量。

發酵液太弱

請紅茶菌溫床中已經變酸的發酵液。

康普茶傳奇：

高加索茶

眾所周知，聚集在高加索山脈周圍有許多住有百歲老人聚落，但在其他地區也存在這個現象。傳說中，在俄羅斯一個叫做 Kargasok 的農村地區，居住著一群勤奮的人，他們的壽命常常超過 100 歲。在這裡，長者被視為社會和家庭中活躍且受敬重的成員。這些俄羅斯百歲老人的長壽現象，不僅歸因於他們的工作習慣，還歸因於他們對康普茶的飲用，康普茶是傳統的「酵母酵素茶」，是他們富含乳製品和蔬菜飲食的一部分。

紅茶菌的問題

紅茶菌是菌母，具有不同的形狀、顏色和紋理。有些會與你互動密切，而另一些可能會導致問題。以下是一些常見的紅茶菌問題以及解法。

紅茶菌成長不佳

每一批康普茶都應該要產生一個新的紅茶菌，但如果五天後生長緩慢或根本沒有生長，則可能暗示釀造液或釀造環境存在著某些問題。

溫度太低

康普茶的建議溫度範圍是 24-29° C，理想溫度是 26-27° C。在較低的溫度下沖泡的紅茶菌可能無法茁壯成長，結果可能是味道更平淡，更「混濁」的康普茶，而缺少美味可口康普茶的蘋果味和酸味。嘗試在沖泡容器側面使用加熱器，以利保持最佳溫度。

試圖讓釀造液在較低的溫度 18-21° C 中長時間發酵，仍可使其變酸，產生安全可飲用的飲料。然而嘗試在低於 18° C 的溫度下發酵可能會產生味道極弱的飲料，且很可能造成紅茶菌發黴，因爲細菌的生長會變得緩慢且變得無法自我保護。

紅茶菌或發酵液不足

如果開始釀造時沒有合適的比例，細菌可能難以快速繁殖，便無法生成合適的紅茶菌，特別是在第一批釀造中。請記得，只要留意不發黴，進行較長的發酵週期會讓紅茶菌充分生長，特別是當釀造液完全發酵，再添加更多的甜茶時。

細菌死亡或垂死

如果菌體完全死亡，黴菌就會生長。但是，如果細菌死亡或大減時，酵母還活著，釀造液將繼續發酵而不會形成新的紅茶菌，最後生產出不一定健康的酵母釀造液。造成菌體死亡的原因包括：將紅茶菌冷藏、將紅茶菌置於非常熱的液體

（42° C 或更高溫度下，停留一個小時或更久）、或將紅茶菌停留在溫床中 6 個月以上。如果細菌完全死亡，請重新開始培養。

酵母支配中

這與上述情況類似，因爲酵母進行的發酵十分明顯。不同之處在於，在這種情況下，我們仍看到了紅茶菌繁殖和細菌活力的一些跡象，因此我們可以透過減少酵母菌來處理這種情況，這將使細菌群恢復正常。造成短期酵母菌支配的可能原因包括：使用釀造容器底的發酵液、沒有沖洗就重複使用容器、或連續釀造過多的次數，導致酵母在容器底部過度生長。（請參閱第 202 頁的重新平衡釀造液。）

醋蛆存在

這種醋線蟲會蠶食紅茶菌生長的邊緣，導致最初前途大好的培養體隨著釀造液成熟而分解，最終留下薄薄的酵母網連接著紅茶菌與容器邊緣。（請參閱第 211 頁處理醋蛆）

紅茶菌爬出容器

有時，紅茶菌會爬到發酵容器的側面，在其自身與液體之間留下空氣間隙。通常，一種酵母菌和／或菌體的束帶會將紅茶菌連接到釀造液，使其保持水分和營養來源。當釀造液中累積二氧化碳的量多於能夠溶解在液體中的量，再加上紅茶菌生長狀態佳（無氣孔），進而能在被氣體推動時保持密封，就會發生這種奇怪的現象。

卡姆酵母（**Kahm yeast**）對人體無害，當我們從大多數發酵物中去除它時，剩餘發酵物仍可安全無虞的食用。值得注意的是，當紅茶菌中出現卡姆酵母，則暗示著該釀造液的發酵效果已經變差了。因此最好將該紅茶菌丟棄，並以紅茶菌溫床中的新鮮菌體展開新一批釀造。

向下推

只需將紅茶菌向下推，直至其鬆開。菌體不會因爲碰觸而受傷，因此請在必要時加大力氣。紅茶菌可能會下沉或漂浮，但無論如何，新增長的部分都將在釀造液的頂部發生。

碳酸化問題

首先可參考碳酸化祕訣和技巧（第 181 頁）中概述的方法。如果那些基本技術失敗，則可能需要這些更高級的技術。

釀造中氣泡不足

二氧化碳能夠透過氣孔或從紅茶菌的側面逸出，在第一階段發酵中也應該出現一些氣泡。通常可以看到它們在紅茶菌的底部往上冒泡。如果它們完全不存在，則可能出了問題。

使用釀造容器底部的發酵液

通常爲了保持釀造容器中細菌和酵母的健康平衡，採收發酵液時皆由容器頂部抽出。然而，只要提高康普茶裡的酵母數量，便能有效增加氣泡，這時候就可以由容器底部抽出發酵液，用它來增加氣泡。

從釀造容器的底部擷取 2 杯酵母發酵液。使用這個充滿酵母的發酵液像平常一樣沖泡康普茶。如果 2 杯發酵液超出你的需要，則在釀造容器中使用較少的水以容納多餘的液體。如果你需要 2 杯以上的發酵液，請額外使用一般的發酵液即可。

使用上述解法時，爲了獲得最佳效果，請將釀造容器放置在靠近熱源的地方（例如，加熱墊、爐子附近的暖點、放在低溫的慢燉鍋中）以保持酵母的活性。你應該會在 1、2 個釀造週期後，就能發現更多的碳酸化現象。碳酸化再次出現後，請停止從底部抽取發酵液，回到從頂部擷取發酵液的方式，以保持適當的平衡。

增加茶量

額外的咖啡因會刺激酵母，延長其活躍狀態，取代正常的休眠週期。添加 1 到 2 茶匙或一包茶袋的綠茶或紅茶到你的甜茶基底（用於分批釀造法），加滿你的發酵罐（用於連續釀造法），以便達到理想的效果。如果你使用的是香草的甜茶基底，則釀造液可能需要比一到兩個週期更久的時間才能更有活力。

升高溫度

保持 24-29° C 的發酵溫度範圍可爲釀造液的碳酸化創造合適的條件，理想溫度是在 26-27° C 之間。

裝瓶時氣泡不足

氣泡的嘶嘶聲——大多數人都受不了這種誘惑！這是古老的營養信號（酵母！），我們渴望在飲料中添加氣泡的原因顯而易見。有時碳酸化在釀造過程中無以爲繼，而產生了美味但未完全發展的康普茶。以下是一些增加氣泡的技巧。

攪拌釀造容器

使用 CB 法時，建議在裝瓶前，用一把長柄湯匙探到紅茶菌下方進行充分攪拌，以使酵母從釀造液的底部浮起。攪拌後立即倒出裝瓶，以便每個瓶子都分配到一些酵母；爲了使碳酸化更加平均，建議在整個裝瓶過程中時不時攪拌容器。

提高發酵溫度

在發酵過程中將溫度保持在 24-29° C 的溫度可爲碳酸化創造合適的條件，無論是針對釀造容器或裝瓶後的康普茶，而理想溫度則介於 26 至 27° C 之間。

提高瓶裝康普茶的溫度

如果酵母溫度太低，便會失去活性，導致極少或完全沒有碳酸化。即使你的康普茶在裝瓶前出現氣泡，經過在冰箱等冷藏庫中長時間放置後，也會使酵母失去作用。

如果你的瓶裝康普茶在冰箱裡，請將其取出放到室溫下，靜置15至30分鐘，直到瓶內頂部再次出現氣泡後，再開始飲用。另一個選項是，將瓶子存放在涼爽但不冷的地方（16-21° C），如果需要一杯冷飲，則建議將康普茶倒在冰塊上。將酵母保持在舒適的溫度下，才會產生更多的氣泡。

在略帶甜味時就裝瓶

在釀造液比你偏好的口味更甜時就裝瓶，如此一來會導致更多的氣泡。因爲繼續發酵的酵母可以繼續消耗糖並產生氣泡，而細菌則處於無氧的第二階段發酵狀態。

檢查瓶蓋

如果瓶中的碳酸含量不如預期的高，也可能是瓶蓋不夠牢固，致使二氧化碳消散。許多人發現，帶有彈簧蓋口的瓶子最適合存放碳酸飲料。

減緩加糖的速度

如果酵母暴露於過多的糖裡且無法有效處理糖分，酵母可能會變得遲鈍，導致發酵速度減慢，意味著碳酸化也會減緩。

根據一般標準，每加侖的康普茶加入1杯糖，若你加入的糖量超過一般標準，建議減少糖分便可改變緩慢的發酵過程。然而，如果酵母繼續表現不佳，則應在第一階段發酵的頭三天逐漸添加糖，而不是一開始就添加全部的糖，這樣可以防止問題再次發生。如此一來，酵母進食的能力便可以追上茶中葡萄糖的含量。通常到下一批釀造時，酵母的吸收能力已經恢復而不需再重複這些步驟。

以下數量的基準是每4公升釀造液中加1杯糖。依比例縮放以配合你的沖泡容量。

- 第 1 天：僅將 25% 的糖（¼ 杯）、沖泡的茶、紅茶菌和發酵液混合
- 第 2 天：再添加 25% 的糖（¼ 杯）
- 第 3 天：添加剩餘的 50% 糖量（½ 杯）

添加糖時無需攪拌釀造液，但請將糖均勻分佈在容器底部，以便加快酵母吸收速度。另外，加糖時請將紅茶菌移到旁邊，以免糖落在紅茶菌上面。

碳酸化過多

儘管大多數人會說氣泡永遠不嫌多，但是一旦他們見識到會將水果噴到天花板的氣泡水之後，可能就會改變心意。只要瓶子不爆炸，讓內容物繼續發酵，最終就可以減少氣泡的產生，儘管酸味將是問題。將康普茶瓶快速冰箱冷藏至少 30 分鐘到 24 小時，通常也能阻止氣泡氾濫。但是，如果開瓶飲用時，你仍然損失了過多康普茶，請嘗試以下列步驟來控制氣泡量，以讓更多康普茶進入你的胃裡，而不會噴得到處都是。

調味劑加太多

在一瓶康普茶中加一點調味劑就會很有效果。當酵母在第二階段發酵中恢復活力時，它們會排出大量的二氧化碳，酵母吃的糖愈多，氣泡就愈多。高糖調味劑（例如水果）和根莖（例如生薑）通常會產生大量氣泡，因此應少量使用。另外，也儘量少用果泥。

酵母過多

如果釀造液中帶有酵母，充滿大量酵母的瓶裝康普茶可能導致噴發或爆炸。如果這是常見問題，請考慮在裝瓶時過濾釀造液。

溫度過高

第二階段的發酵若溫度較高，尤其是高於 29° C 時，會產生活躍、不安、極度飢餓的酵母。一旦酵母開始食用調味劑，瓶內的氣壓就會增加。

醋蛆

將這些對人體無害的線蟲放入瓶中的副作用是，當牠們食用細菌後，得以讓酵母蓬勃發展，進而增加更多氣泡。如果瓶子因不明原因爆炸，請檢查釀造液是否含有醋蛆。（請參閱處理醋蛆，第 211 頁。）

重新平衡

人類作爲康普茶釀造過程的管理者，我們維持釀造液中的生態平衡。儘管細菌和酵母菌可以共生，但同時也在競爭。如果釀造液失去平衡，通常最好的選擇是重新開始釀造，無論是針對「問題」菌體重新釀造，或是從一個全新的菌體開始。

細菌過多

細菌過多的徵兆包括紅茶菌太厚、釀造液碳酸化程度低、缺乏風味或太慢變酸。以下的技巧可以平衡細菌與健康酵母菌的數量。

添加酵母發酵液

增加酵母的最快方法是使用釀造罐底部的發酵液，酵母通常會聚集在釀造罐底部。

使用更多茶

每次釀造使用更多的茶，如果使用混合茶，則增加紅茶的比例，如此也會刺激酵母，使其繁殖更穩定。

升高溫度

在 29° C 的溫度下釀造，尤其是在發酵過程的開始時，可最大程度增加酵母的生長，同時最大程度降低（但不破壞）細菌繁殖。

讓酵母飢餓

少加一點糖就可以使酵母更有效。這似乎是違反直覺的，因爲我們知道更多的糖可以爲酵母提供更多的燃料。然而，逐漸加入而不是一次倒入全部的糖，更可以使酵母有效消耗可用的糖而不被淹沒，如此一來反而使酵母更活躍，平衡更好。（請參見第 200 頁的「緩慢加糖」。）

酵母過多

苦苦掙扎的細菌會導致紅茶菌生長不佳，渾濁的液體充斥著多餘的酵母菌，並導致釀造出走味的酸味康普茶。以下的技巧可以最大大地減少酵母菌並重建細菌群。

過濾發酵液

如果從上一批釀造液的頂部抽取發酵液的正常程序無法讓酵母正常發揮，則過濾發酵液以便進一步降低酵母含量可能會有所幫助。乾淨的紗布或細篩子就足夠擔當過濾工具。

降低溫度

將釀造溫度保持在理想的範圍的低溫區（約 24° C）可使細菌受益，因爲酵母的活性會降低。

減少酵母的燃料

爲了降低嘌呤和咖啡因的含量——它們都會刺激酵母作用——建議將茶浸泡較短的時間或摻入較淡的茶例如白茶和綠茶，甚至是以香草取代茶類。

增加細菌的燃料

用葡萄糖代替 25% 的糖。葡萄糖的甜度較低，可爲細菌提供快速燃料，從而使釀造液更加均衡。粉末狀的右旋糖（即葡萄糖）通常來自玉米。

發酵液用罄

有時你突然發現自己發酵液用完了。也許你把釀造液的最後一滴都裝了瓶？不管怎樣，有幾種方法可以恢復發酵液並成功釀造新的一批。

使用瓶裝釀造液

如果你有一些康普茶裝在瓶子裡，請從最近裝瓶的瓶子中「偷走」一些。原味的康普茶最好，但如果沒有，請選擇果味或生薑味的康普茶。避免使用富含精油、咖啡、濃烈香料或使用已加入其他可能破壞菌體的調味劑的康普茶。

從容器底部過濾發酵液

如果你仍保有前一批容器底部殘留的發酵液殘渣，有鑑於它們可能充滿了濃郁混濁的酵母團，建議你可以嘗試過濾這些液體並將其用於下一批釀造。然而請記住，請依舊從下一批釀造液的頂部抽取發酵劑，避免再次使用充滿酵母的發酵劑。

建立自己的發酵液

如果你收到的紅茶菌沒有任何液體，或者由於某種原因失去了所有液體，那麼只要菌體沒有完全脫水，就仍有可能挽救它。將紅茶菌放入裝有 1 至 2 杯甜茶和一茶匙蒸餾白醋的玻璃容器中，接著用布蓋住，靜置 5 至 7 天。如果新的紅茶菌順利成長，則建議同時使用該紅茶菌和容器中的所有液體開始小批（僅 1 或 2 公升）釀造，以便逐漸增強發酵液的強度。

注意：我們不贊成如同某些管道所建議的那樣用醋代替發酵液。僅僅使用蒸餾醋不會幫助細菌和酵母繁殖，儘管這將有助於在早期階段防止發黴。而且，使用食用醋會使醋本身的細菌和酵母菌汙染康普茶菌體。假設紅茶菌較弱或根本沒有足夠的細菌和酵母繁殖，那麼醋就不會有幫助。如果紅茶菌不能自行生產 1 到 2 杯濃郁的發酵液，則應丟棄它，使用裝在濃郁發酵液的新紅茶菌。

處理異味

康普茶有一種可愛的香氣，既甜又酸。大多數人大部分時間甚至都沒有留意康普茶的氣味，但是如果釀造罐中散發出奇異的氣味，那麼也許是時候仔細檢查一下了。異味的原因通常與酵母有關：缺乏正確的營養或生長條件下，酵母可能會生病，進而導致各種異味。一旦恢復最佳釀造條件，這些問題就會迅速消失。其餘的狀況，建議僅需將釀造液靜置幾天後，即可使其自行修正。以下是可能造成酵母生病的一些原因。

丙酮的氣味

通常由乙酸乙酯（一種由乙酸和乙醇組成的有機化合物）產生類似於指甲油去光水的氣味。通常，這種氣味代表酵母生病或營養不良。以下是一些可能原因：

- 某些不同於容器底部酵母的不知名大型酵母菌株
- 溫度高於康普茶的建議範圍
- 使用具有與康普茶菌體競爭的蜂蜜（微生物群）
- 缺乏氧氣來啓動發酵作用

扔掉該有問題的紅茶菌，並從紅茶菌溫床取出新的紅茶菌進行釀造。

硫的氣味

雞蛋腐爛的氣味通常是硫化氫產生的副產品，據信某些暴露於極高溫度下的酵母會產生硫味。如果給予更多的發酵時間，氣味不一定能夠自我修正，但是如果可以適當調節溫度，則值得給酵母一次機會。

氣味也可能是由於水中（通常是井水）產生的含硫細菌引起的。在這種情況下，如果再給更多的發酵時間，氣味不會減少，反而會加劇。建議扔掉該批釀造，而對於以後新一批的釀造，請將水煮沸 10 分鐘後再使用、嘗試過濾或尋找其他水源。

嘔吐氣味（丁酸）

這種罕見的問題源於細菌過量產生丁酸（請參閱附錄 1）。（值得注意的是，在人的腸道中也發現了會產生丁酸的細菌，或許正因如此，這種酸與嘗到嘔吐的氣味類似。）儘管它的氣味令人不快，但這並非棘手的問題。幸運的是，通常可以藉由丟棄發臭的釀造液進行修正，並開始新一批釀造以使酸味達到平衡。

糖漿狀或具黏度的釀造液

這種情況很少見。在少數情況下，我們會使用加熱器以便保持適當的溫度範圍，以利釀造液在大約一週後使釀造正常化。如果釀造物持續呈現濃稠狀，則可能存在酵母平衡問題。如果在最佳釀造條件下無法自行修正，請丟棄並重新開始。

處理果蠅

果蠅也被稱爲醋蠅，牠們喜歡康普茶，而且因果蠅而汙染紅茶菌的現象並不少見。果蠅不會阻止發酵，也不會危害人類，但是這種小昆蟲顯然令人不快和討厭（其幼蟲看起來像糊掉的米粒）。

輕度蟲害

輕輕地從你的釀造液中清除遭受蟲害的菌體。儘量不要讓任何幼蟲掉入液體中。用過濾水沖洗培養體以除去卵和幼蟲。若有必要，將液體過濾以便除去可能掉落的果蠅、卵或幼蟲，再重新開始沖泡。

重度蟲害

將被感染的菌體倒入垃圾桶中，並倒出釀造罐中的茶水。擦洗容器以利除去所有殘留物。請用新的菌體重新開始釀造。如果你使用的是 CB 法，罐中多個層次的紅茶菌疊放在一起時，則可以將頂層與蟲卵一起丟棄，並保留較低層的菌體以便繼續進行釀造過程。

設果蠅陷阱

有許多的方法可製作果蠅陷阱，方法諸如使用紙做的圓錐體或裁切的塑膠瓶等物品來提高捕獲率。多年的實驗產生了一種簡單有效的方法：一小碟發酵的康普茶和一滴洗碗精。蒼蠅被茶吸引，而洗碗精則破壞了水的表面張力，使牠們掉入水中而無法逃脫。爲了獲得最佳效果，請在捕捉到幾隻果蠅後重新製作陷阱。

處理模具

黴菌雖然令人生畏和不悅，但實際上卻是自釀者的好朋友，因爲黴菌可以作爲一個易於辨識的指標，指出釀造環境或菌體中發生錯誤的地方。黴菌極少見且易於發現，並且變相成爲一種祝福，因爲黴菌讓我們知道該批康普茶不適合安全飲用，且應丟棄紅茶菌。它看起來就像在其他腐爛食品上發現的黴菌一樣：可以是藍色、黑色或白色。然而最重要的一點，釀造液中的黴菌乾燥且呈現毛絨狀，通常位於紅茶菌的頂部，從不出現在液體表面以下。

如果發黴，唯一的適當措施是整批丟棄——丟棄發黴的新增紅茶菌層、菌母（即使培養體中沒有黴菌）和所有液體。從你的紅茶菌溫床重新開始，以新鮮的菌體和發酵液再次製作。發生這種情況時，你會感到沮喪，在將菌種寶寶與菌母一起丟棄之前，請先確認你所看到的確實是發黴。

自釀新手經常將正常但看起來很奇怪的紅茶菌或酵母菌生長誤認爲黴菌。棕色酵母束會漂浮在液體中或嵌入紅茶菌中，進而在半透明的培養體中呈現黑點；茶葉有時也會殘留在液體並滯留在紅茶菌中，導致凸起或斑點；培養體生長不均勻，具有塊狀和皺紋，這些情況看起來可能不尋常，但其實菌母狀況良好。（要

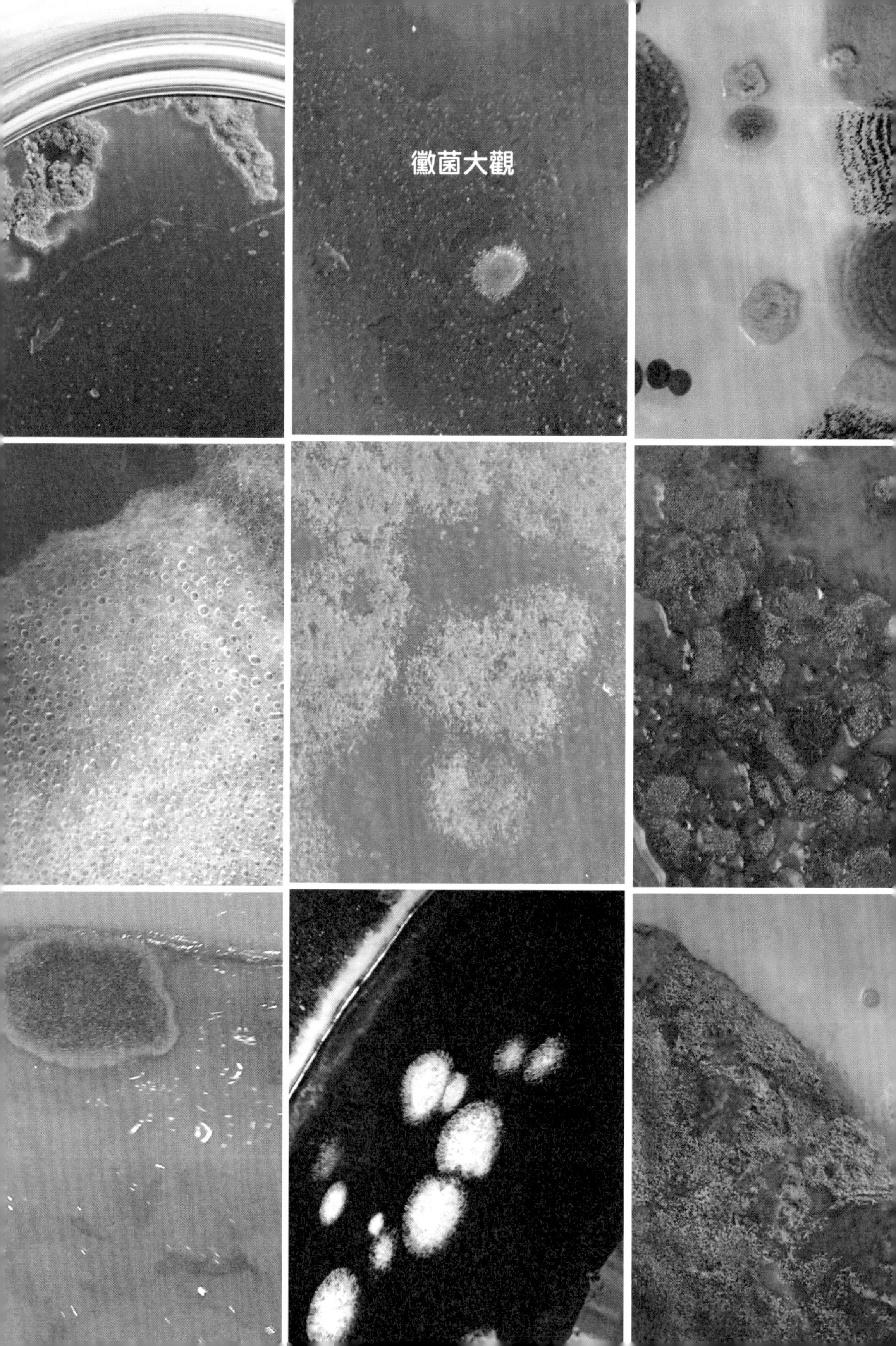
黴菌大觀

了解有關健康菌母成長的更多資訊，請參閱第 63 頁的健康紅茶菌圖示。）

黴菌產生的原因

人眼看不到黴菌孢子，它們可以休眠或在極端條件下生存。這就是爲什麼你不能簡單地用水或醋洗掉發黴的紅茶菌，這樣無法刪除潛在的罪魁禍首。以下是一些可能導致發黴的條件。

低溫

在低於 24-29° C 的最佳溫度範圍內進行釀造會導致細菌活動減緩，並妨礙釀造液酸化，酸度不夠便無法阻止黴菌發展。

菌體或發酵液不足

不足量的紅茶菌和發酵液是導致黴菌的最常見原因之一，尤其又是在低溫的狀態下。如果沒有足夠的菌體或發酵劑，釀造液酸化的速度可能無法趕上其他生物發現食物來源的速度。

釀造環境受汙染

有時可能是釀造場所周邊區域的因素導致發黴。例如一些開花的室內植物會釋放攜帶著天然酵母和黴菌孢子的花粉。建議將開花植物距釀造容器保持至少 3 英呎遠，最好是放置在另一個房間內以防止交叉汙染。（請注意，除了黴菌，香菸煙霧也是可以殺死菌體的另一種危害。）

汙染的成分

茶與任何農作物一樣，可能含有農藥或其他環境殘留物，進一步會對紅茶菌產生負面影響。另外，水源也有可能被汙染。甚或有些糖根本無法發酵。總之，如果發黴，建議沖泡新一批釀造液，遵照原始配方並使用最優質的食材以利消除可能的罪魁禍首。

過度潮濕

濕度會促進某些野生細菌和酵母菌的生長。其中一些細菌對康普茶菌體具有致病性，並可能導致黴菌。如果你在熱帶氣候下釀造，請使用風扇改善釀造設備周圍的氣流。

有問題的菌體

冷藏、冷凍或脫水的紅茶菌可能無法順利沖泡，並可能引起黴菌。

預防發黴

在最初的發酵 3 到 4 天，在康普茶裡很少會出現黴菌，因爲那時的細菌和酵母菌已經使釀造液充滿了菌體，足以阻止入侵者。因此，最重要的是，在最初幾天酵母和細菌攻城掠地的關鍵階段中，請務必讓釀造環境保持最佳狀態，以防止其他病原體入侵。發酵液是第一道防線，請將其倒在紅茶菌頂部，酸化釀造液的上半部，便足以防止發黴和其他汙染物。然而，你還可以採取其他步驟：

- 僅使用紅茶菌溫床或一些熟成康普茶中的成熟發酵液。年輕康普茶的酸性不足以提供足夠的保護。
- 使用更多的發酵液。百分之十（按體積計）是用於保護釀造液的最小量。因此，若發酵液的強度不如所需，請使用更多的量。在極端情況下，可以用 1 至 2 大匙蒸餾醋來增強發酵液。
- 在容器側面使用加熱墊。保持 24-29° C 的溫度範圍可以解決許多釀造問題。請記住，理想溫度是 26-27° C。
- 保持清潔的環境。將室內植物放在其他房間裡，並勿使釀造液接觸香菸煙霧。
- 改善氣流。打開存放的櫥櫃或將釀造罐移至工作檯面。使用棉或其他透氣材料製成的布套；避免使用聚酯纖維或其他合成纖維面料。

處理醋蛆

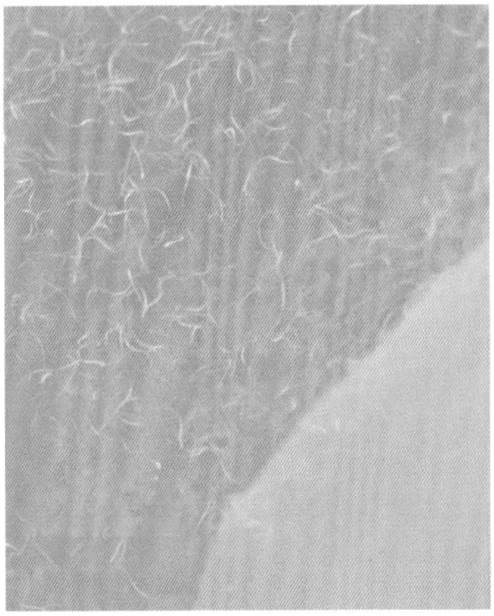

這類非寄生性線蟲（醋線蟲）享受康普茶的高度酸化環境。醋蛆很常對老瓶裝的未加工蘋果酒醋造成蟲害。儘管對人類無害，但醋蛆以康普茶菌母爲食並將其摧毀殆盡。醋蛆在製醋產業中被認爲是一種破壞，業者使用二氧化硫或巴氏殺菌法將其消除。想像一下一個毫無戒心的自釀者，聽從不良建議行事，在康普茶釀造液中添加了生蘋果酒醋來「幫助」它加速發酵。更糟糕的是，那個人可能會不經意間將受病蟲害汙染的紅茶菌送給其他同好。

醋蛆是絕不能將生醋與康普茶一起使用的主要原因。

醋蛆出現時，必須丟棄所有釀造物，並且必須將所有設備浸入漂白劑中才能再次使用。

醋蛆的跡象

- 新生的紅茶菌沒有完全成形。
- 白色粉狀殘留物（來自線蟲卵）出現在容器側面。
- 紅茶菌的外觀呈「死亡」狀態，並在釀造液中怪異地漂浮。
- 隨著細菌量大幅減少，酵母菌過度繁殖。
- 由於醋蛆消耗了乙酸，即使經過數週的釀造，釀造液仍然保持甜味。

檢查醋蛆

醋蛆極爲罕見，但是如果你懷疑牠們存在，可以經由以下方法檢查你的康普茶。

從釀造容器的頂部取出幾盎司的康普茶並放入透明的玻璃杯中。

2. 將容器保持在強光下。
3. 用手指擦拭液體的最邊緣，以除去任何碳酸氣泡。
4. 觀察彎月面（液體的頂部表面緊貼容器邊緣的位置）。酵母菌顆粒漂浮但不會自行移動。然而，醋蛆會獨立於液體的運動而移動。盡可能保持杯子靜止，以檢測醋蛆的任何運動。嚴重的蟲害立即顯而易見，但是剛剛開始的蟲害則可能需要更多的耐心才能發現。

擺脫醋蛆

1. 立即從受感染的該批釀造夜中丟棄所有紅茶菌、發酵液和康普茶。
2. 若你使用帶有龍頭的容器，請卸下龍頭，將其徹底清潔，再將其在 10% 的稀釋漂白劑溶液中浸泡 24 小時。用稀釋漂白劑或其他清潔劑擦洗容器本身，以清除可能存在於容器接縫中的所有醋蛆痕跡。徹底沖洗所有釀造容器後，風乾 24 小時。
3. 重新開始使用確認清潔的發酵液和紅茶菌。

康普茶傳奇：

成吉思汗的士兵

一些人聲稱成吉思汗和騎兵們的水壺中充滿了醋發酵飲料。蒙古人的游牧特性也意味著他們長期習慣食用牛奶、肉類和各種發酵食品。這種飲料可能是馬奶酒（母馬的發酵奶）、康普茶或其他一些古老的飲料。

對了，據說成吉思汗的軍隊也因發明了燒烤、漢堡（俄羅斯人稱之爲韃靼牛肉）和火鍋（中國菜的主食）而享有盛譽。正如紅茶菌瘋狂地繁殖一樣，成吉思汗也是如此——據稱約有 1600 萬人是他的後代。

測試工具和守則

無論你是在學習發酵的方法，還是想發展成爲熱切的業餘愛好者，試著開始測試釀造液是否符合各種參數，對你而言可能是有用且有趣的。當然，許多自釀者成功地進行了數年的批量生產而無需進行測試，但是隨著他們學到更多，許多人開始渴望更全面地了解自己的釀造液。

那些一次或多次批量生產的人，尤其是商用釀造業者，可以藉由測試工具來製定某些度量標準和指標。而其他業餘自釀者則是想深入了解自己的飲料。下面是一些可用於測試康普茶的主要工具，關於這些工具的功能以及局限性說明如下。

測試一致性

pH 值試紙和測量儀

可以檢查康普茶的 pH 值（如果發黴，則應檢查 pH 值），以確認釀造是否安全進行。最簡單的方法是使用石蕊試紙製成的 pH 試紙，當它與溶液中的酸（在這種情況下爲一滴康普茶）反應時，其顏色會改變。建議使用專門設計用於測量 0 至 6 範圍的 pH 的試紙；與使用寬範圍 pH 試紙相比，這產生了更高的準確性。對於想要更精確地追踪其 pH 值的人，pH 測量儀可以提供至少小數點後一位數的讀數。

雖然僅靠 pH 值不能表示發酵已經完成，但是我們可以將這些知識與其他因素（例如發酵週期的長短、一年中的季節、味道和白利糖度[8]）結合使用，以製定指標來持續生產具有我們偏好的康普茶。

例如，已發酵 7 天且 pH 值爲 3.2 的啤酒比經過 14 天發酵且 pH 值爲 2.8 的釀造液更符合你的偏好。建議經常品嚐和測試 pH 值並記錄讀數，如此一來便能

8 白利糖度（Degrees Brix，符號°Bx），（預估的糖度）為測量糖度的單位，定義為「在 20° C 情況下，每 100 克水溶液中溶解的蔗糖克數」。

對 pH 值及其提供的資訊有更深入的了解。

折射計／糖度計

折射計通常用於啤酒和葡萄酒行業，它可以讀取穿透溶液的光波變化（折射率）。爲了獲得白利糖度讀數，以便估計飲料中的糖或酒精含量，建議你在手動折射計上滴幾滴糖，再將其保持在光線下測量；或者在 LED 電子折射計中測試。產生白利糖度讀數後，可用於估算糖或酒精含量。

儘管康普茶業者可以使用該資訊來判斷正確的裝瓶時間（或者對需要監測糖分攝取量的人可能有用），但我們仍建議在使用折射計測量康普茶中酒精和糖時，其測量結果應再降低。這是因爲康普茶含有將乙醇轉化爲有機酸的細菌，並且由於存在的其他殘留物（如酵母和細菌纖維素）會使讀數偏高。

沒有昂貴的實驗室測試就不可能確定，但是康普茶的平均酒精估計值約爲兩倍（因此，請遵循製造商提供的公式，然後將最終結果除以 2）。糖估計偏高 25% 至 50%，當然，該設備無法提供有關蔗糖，果糖和葡萄糖百分比的任何資訊，所有這些資訊對人體的影響都大不相同。

儘管如此，折射計仍然是自釀者的好幫手，自釀者可以透過折射計讀數和其他測試工具與實驗室數據做出綜合判斷。折射計相對便宜，只需幾滴液體即可產生讀數，並且非常容易使用。

液體比重計

由注入欲測量液體的刻度量筒和一個顯示讀數的稱重球組成，比重計可測量溶液的比重（相對密度）。可以比較發酵前後的讀數，以估算有多少糖已轉化爲酒精。

然而與折射計一樣，由於康普茶是一種共生發酵物，因此該裝置無法正確反應細菌將乙醇轉化爲健康酸的量。此外，當處理非常少量的酒精（酒精含量低於 3%）時，要獲得準確的讀數非常困難，因爲繁殖的酵母、溶解的固體和其他微粒會增加密度。該方法的另一個潛在缺點是每次測量都需要爲量筒注入液體。

同樣，白利糖度的讀數往往比實際糖含量高 25% 至 50%。要獲得潛在酒精含量的大致數字，建議測量甜茶溶液的比重，發酵過程完成後再次測量。應使用你的測量工具所適用的公式再除以 2。

滴定酸度[9]

當與礦物質、糖和微量酒精平衡時，康普茶中的酸度呈現成爲其風味特徵中既突出又獨特的部分。對風味影響最大的是乙酸、葡萄糖酸、蘋果酸和酒石酸。

無論目標是更甜的、平衡的酸甜的或是更成熟的酸味釀造液，滴定酸度（當然還有味蕾！）爲康普茶業者提供了一種特殊指標，以評估其風味平衡。這種先進的技術很少被自釀者使用，然而對於自釀葡萄酒者則有測量滴定酸度的家用工具。

DNA 序列

DNA 序列可以深入了解釀造液，以幫助自釀者了解康普茶中驚人的微生物多樣性。過去 DNA 序列的技術成本較高，並且涉及在晶片上分離生物，並使用公式來猜測實際樣品中存在的生物數量。如今隨著測試技術的改善，DNA 測序的價格下降，並提供更爲精確的結果。這種測試方法可以識別樣本中的實際生物爲何，並對它們進行計數，直到可以確定它們的身分和存在百分比爲止。此類複雜的測試必須在實驗室完成。

酒精測試

微量酒精是每個發酵過程的正常副產品。在未調味的康普茶中，酒精含量通常在 0.2% 至 1.0% 之間，與未經巴氏消毒的果汁相似。在二次發酵階段，如果添加糖並蓋上瓶蓋，酒精含量可能會暫時升高，但是由於細菌會消耗乙醇，將其轉化爲酸，因此康普茶所產生的酒精量是自我限制的，並且永遠不會令人酒醉。特別是隨著時間的流逝，酒精含量會再次下降。

9 滴定酸度（Titratable Acidity，亦被稱為總酸度 Total Acidity））。

如上所述，可以使用液體比重計或折射計來估算釀造液的潛在酒精含量，然而爲了獲得更精確的讀數，則需要進行實驗室測試。

商業測試方法

銷售非酒精類康普茶的業者必須進行品質控程序，藉由進行測試以確保遵守聯邦標籤法。從最基本的比重計到非常昂貴的機器，只需按一下按鈕即可測試葡萄酒和釀造液樣品，這些所有類型的方法都可用於內部評估。但是這些方法都遇到了相同的問題——使用液體的密度來估算酒精的含量。那些有機酸以及持續透過乙醇生產有機酸的細菌，會使昂貴的設備失靈，亦即測量結果需要進行調整。此外，康普茶中的大量沉澱物也會使讀數不準確。

爲了進行準確且可重複的乙醇測試，必須使用非常複雜的實驗室設施。與康普茶緊密合作的分析化學家和其他專家已經證實，測試其酒精含量比測試發酵啤酒或葡萄酒要複雜得多。而且，由於康普茶中的酒精含量已經非常低，因此測試過程變得更加困難。

啤酒和葡萄酒科學家經過數百年的磨練，而康普茶科學家才剛剛起步。目前，最可行的方法需要測量液體和瓶蓋內之間的空間中存在的乙醇，這稱爲頂隙氣相色譜法，只能由實驗室來完成。氣相色譜法[10]（GC）則是用於檢測血液酒精含量並進行毒物學報告的方法，被認爲準確度爲正負 0.1%。

雖然因爲不需對外販售，自釀者無需擔心康普茶原本就低的酒精含量，但對於康普茶業者而言，康普茶的酒精含量範圍可以從 0.2 至 1.0%（而根據聯邦法律，酒精含量 0.5% 以上便被認爲是酒精飲料），如此一來業者幾乎沒有錯誤的餘地。因此從民間療法到跨國飲料產業，爲康普茶這個特殊挑戰制定適當的測量標準是重要而合理的一步。

10 Gas chromatography，又稱氣液色譜法氣相層析法。

PART THREE

康普茶調飲

CHAPTER 11

風味靈感

一般來說，康普茶已經具有討喜的風味，然而在釀造過程中，調味是其中最有趣和最具創意的部分之一。此外，康普茶還能從調味劑中萃取類黃酮和維生素，並將所有這些好物質傳遞給你。從溫和澀味到刺激味蕾、從甜味到鹹味、從柔順到野性，康普茶風味可以讓你的想像馳騁。以下的配方建議只是一個起點，請隨時實驗和嘗試各種不同風味。我們試驗了其中每一種口味，並且確保每種口味都能滿足你的味蕾！

在康普茶中使用調味劑可以產生很大的效果——通常，調味劑的量大約是瓶裝容量的百分之五或更少，會是很好的選擇。調味劑的表面積也大大影響了風味的強烈或微妙。調味劑愈細碎，總面積就愈大，如此一來就愈容易在發酵過程中分解。果泥、果汁、粉末狀的香草和香料是總面積最大的調味劑，因此應減少使用量或小心開瓶，因爲釀造液會產生很多碳酸。

我們喜歡盡可能使用新鮮的水果和新鮮的香草，將它們切塊或撕開，使植物中的酚類進入釀造液中。

風味按主要成分：水果、香草、超級食物[11]、開胃食物和藥用食物進行分組，並分別針對 500 毫升和 4 公升的量進行配方說明。配方中添加了各種配料，請按名稱檢索各種成分。這些配方主要是根據你的個人喜好進行調整——使用釀造觀測日誌（第 434 頁）記錄你和家人最喜歡的口味！

11 Superfood，對健康有益的食物。

水果

蘋果

百搭的蘋果是康普茶的絕佳夥伴。我們使用新鮮蘋果，連皮帶核切丁，以下提供更多配方選擇。 如果使用蘋果醬加糖，則添加新鮮水果用量的一半即可。 酌量使用果汁，以便產生令人愉悅的蘋果味同時又不致太酸。

蘋果西瓜

蘋果汁
　2 大匙／¼ 杯
西瓜，切碎
　2 大匙／¾ 杯

蘋果派

蘋果，切丁
　¼ 杯／1 杯
綜合香料茶（237 頁）
　½ 茶匙／1 大匙

潔淨大師

靈感取自檸檬楓糖辣椒水斷食法。
蘋果，切丁
　¼ 杯／1 杯
B 級楓糖漿
　2 茶匙／2 大匙
檸檬皮
　⅛ 茶匙／1 茶匙
辣椒
　1 小撮／¼ 茶匙

杏桃

我們偏好使用新鮮的杏桃，但使用杏桃汁或杏乾也很棒。這些產品若糖分愈高，則用量愈低，以便獲得所需的風味。
阿拉伯杏汁飲是埃及於齋戒月期間使用的傳統飲料，用以象徵禁食結束。

杏桃

使用下列任一種選項：
新鮮杏桃，切丁
　¼ 杯／1 杯
杏桃汁
　1 大匙／½ 杯
杏乾，切丁
　1 大匙／½ 杯

阿拉伯杏汁飲

杏乾，切丁
　1 大匙／½ 杯
蜂蜜
　1 茶匙／1 大匙

杏桃玫瑰

新鮮杏桃，切丁
　¼ 杯／1 杯
乾燥玫瑰花瓣
　1 大匙／¼ 杯

別出手太重

一點點調味就足以產生美味。只需一大匙水果或一小撮香草或許就綽綽有餘。請記住，調味劑愈細碎，產生的味道愈多；果汁可以提煉出最濃郁的風味，而水果切片則散發出更細膩的香氣。果醬、果凍和果汁都可以使用，但我們更偏愛使用新鮮水果。

以上配方用量適用於500毫升／4公升的康普茶

香蕉

香蕉使康普茶的甜度變得微妙，是一種可以識別但很難歸類的甜味。香蕉愈成熟，甜味和碳酸化便會增加。若使用乾的香蕉，效果將平淡無奇——請堅持使用新鮮的香蕉以獲得最佳風味。單獨使用香蕉、混合使用或與貓王特調混搭。

草莓香蕉

香蕉泥
　2 大匙／½ 杯
草莓醬
　1 大匙／¼ 杯

巧克力香蕉

香蕉泥
　2 大匙／½ 杯
生可可粉
　1 茶匙／1 大匙

貓王特調

香蕉泥
2 大匙／½ 杯
花生醬
1 茶匙／2 大匙

黑莓

黑莓含有豐富的維生素 C 和 K，可賦予康普茶絢麗的色彩和營養。嘗試用一些新鮮的鼠尾草使黑莓的酸味變得柔和。

聰明莓

黑莓，切四等份
　2 大匙／¾ 杯
新鮮鼠尾草，大致切碎
　1 葉／4 葉

綜合莓

黑莓，切四等份
　1 大匙／½ 杯
覆盆子，大致切碎
　2 茶匙／¼ 杯
草莓，切碎
　2 茶匙／¼ 杯

午夜之火

黑莓，切四等份
　2 大匙／¾ 杯子
新鮮生薑，切丁
　1 茶匙／1 大匙

血橙

血橙是康普茶的互補良伴。天生甜美，變異的美麗紫色果肉是無可挑剔的變異特色，讓他們在各地柑橘愛好者的心中佔有特殊的地位。這些最早在義大利發現的美味水果將增添異域風情。

血橙義大利蘇打

血橙汁
　1 大匙／¼ 杯
新鮮鼠尾草，大略切碎
　2 葉／4 葉
新鮮百里香
　1 枝／2 枝

搖滾卡斯巴

鮮橙汁
　1 大匙／¼ 杯
新鮮生薑，切丁
　½ 茶匙／1 茶匙
丁香，1 整枝
　¼ 茶匙／½ 茶匙

柑橘迷霧

鮮橙皮
　¼ 茶匙／1 茶匙
檸檬味
　¼ 茶匙／1 茶匙
葡萄柚皮
　¼ 茶匙／1 茶匙

果汁與果皮

一些柑橘類水果比其他柑橘類更容易享用，這取決於它們的酸味或苦味。許多配方都要求使用特定水果汁，請記得果汁會添加更多的糖，往往產生更濃的味道。如果使用果汁製成的風味太強，請嘗試在下一批釀造中僅使用果皮調味。精油所在的部位在果皮，可散發出的花香／柑橘味。僅使用果皮的有色部分，而不要使用很苦的白瓤。

以上配方用量適用於500毫升／4公升的康普茶

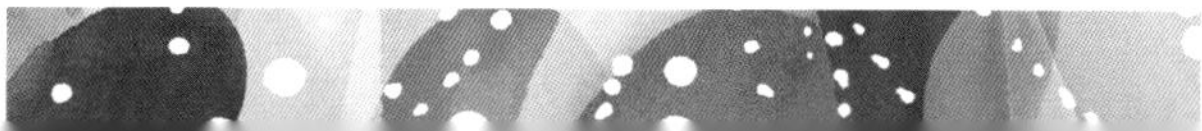

藍莓

小而強大——這種小巧的莓類因具有大量的抗氧化劑而聲名遠播，堪稱超級食品。藍莓爲康普茶帶來絕佳酸味與深紫色調。愛情藥水 99 的配方是漢娜最喜歡的口味：混搭的玫瑰和薰衣草花香使莓果風味完美平衡。

愛情藥水 99

藍莓，切成薄片
¼ 杯／1 杯
新鮮或乾燥的玫瑰花瓣
½ 茶匙／¼ 杯
新鮮或乾燥的薰衣草
⅛ 茶匙／⅛ 杯

神聖波利

藍莓，切半
2 大匙／¾ 杯
聖羅勒
⅛ 茶匙／½ 茶匙

藍蘋果

藍莓，切半
1 大匙／¼ 杯
蘋果，切小丁
⅛ 杯／¾ 杯

櫻桃

由於富含抗氧化劑與抗發炎劑，這種美味的小巧水果成爲絕佳的調味選擇。

賓櫻桃和馬拉斯奇諾櫻桃將提供更甜的味道，但也可以使用諸如黑櫻桃的酸櫻桃。加入少量糖平衡酸味，並促進碳酸化。

歡欣櫻桃

櫻桃，切半
1 大匙／½ 杯

櫻桃鮮奶油蘇打

櫻桃，切半
1 大匙／½ 杯
整條香草莢，刨切
¼ 條／¾ 條
蜂蜜
½ 茶匙／1 大匙

超級 C

櫻桃，切成薄片
1 茶匙／½ 杯
乾燥的甜味蔓越莓，切碎
1 茶匙／¼ 杯
玫瑰果乾
1 茶匙／1 大匙

蔓越莓

這種天然的抗菌水果富含纖維素、維生素 C 和 E，以及抗氧化劑。朝聖者從美洲原住民認識這種植物，之所以稱其爲蔓越莓（craneberry），因爲細小的粉紅色花朵看起來像沙丘鶴（crane）的嘴。

甘甜的乾燥蔓越莓是康普茶的最佳選擇，因爲其甜度可以平衡酸味。在柑橘香料蔓越莓中使用新鮮的蔓越莓，可帶來眞正的風味層次。

蔓越莓康普茶

甜味蔓越莓乾，切碎
2 茶匙／2 大匙

柑橘香料蔓越莓

蔓越莓乾，切碎
2 茶匙／2 大匙
新鮮橙汁
1 大匙／¼ 杯，
丁香粉
⅛ 茶匙／½ 茶匙

蔓越香蕉蘋果茶

蔓越莓乾，切碎
2 茶匙／2 大匙
香蕉泥
1 茶匙／1 大匙
蘋果，切丁
1 大匙／¼ 杯

使用冷凍水果

當季的水果味道最好，然而水果的生長期短，更別說我們對藍莓康普茶的渴望可能全年無休。別擔心——冷凍水果可以解救你！只需將其直接添加到康普茶中即可，如果先解凍，則很容易搗碎或切碎。

以上配方用量適用於500毫升／4公升的康普茶

椰棗

椰棗，其果實富含多種維生素，是與人類一樣古老的水果。根據阿拉伯傳說，上帝從地上塑造人類，再用剩餘的材料製成椰棗，置放於天堂的花園中。天然甜美的椰棗帶來令人讚嘆的碳酸和迷人的氣味。發酵更長的時間便能製成獨特的醋。

椰棗浪潮

椰棗，切碎
　1 大匙／¼ 杯

辣椰棗

椰棗，切碎
　1 大匙／¼ 杯
辣椒
　⅛ 茶匙／1 茶匙

土耳其咖啡

椰棗，切碎
　1 大匙／¼ 杯
沖煮咖啡
　1 大匙／½ 杯
小荳蔻，粉狀
　⅛ 茶匙／2 茶匙
丁香，粉狀
　⅛ 茶匙／2 茶匙

接骨木莓

幾個世紀以來，接骨木被稱為「鄉下人的藥箱」，因為它被用來治癒幾乎所有的疑難雜症！我們使用乾燥的接骨木莓，當然也可以使用接骨木糖漿。如果使用糖漿，則將糖漿用量減半，並去除其他糖分，因為糖漿足以製造氣泡。

黑美人

接骨木果乾
　½ 茶匙／1 大匙
糖
　¼ 茶匙／1 茶匙

冷戰者

接骨木莓乾
　½ 茶匙／1 大匙
新鮮生薑，切丁
　½ 茶匙／1 大匙
檸檬皮
　¼ 茶匙／1 茶匙

莓果薄荷

接骨木莓乾
　½ 茶匙／1 大匙
新鮮薄荷，切碎
　½ 茶匙／2 大匙
新鮮鼠尾草，切碎
　½ 茶匙／2 大匙

無花果

無花果是纖維、鐵和鈣的良好來源，是人類有史以來最早種植的食物之一。這些配方需要使用到無花果乾，因為果乾通常更容易取得。如果使用新鮮的無花果，則建議數量加倍以產生類似的味道。

辛味香無花果

乾無花果，切碎
　2 大匙／¼ 杯
黑胡椒
　⅛ 茶匙／¾ 茶匙
整條香草莢，切片
　¼ 豆／¾ 豆

無花果葉

乾無花果，切碎
　2 大匙／¼ 杯
新鮮羅勒，切碎
　½ 茶匙／1 大匙

無花果豬

乾無花果，切碎
　2 大匙／¼ 杯
培根，熟的碎培根
　1 大匙／4 大匙

以上配方用量適用於500毫升／4公升的康普茶

葡萄

葡萄在古代被認爲是一種藥物而非食品，葡萄不僅可以提高康普茶的營養價值，還可以增強激烈的冒泡效果，並產生帶有濃烈葡萄汽水味的潘趣酒。

康科德葡萄

康科德品種葡萄
2 大匙／½ 杯

地中海佳餚

紅葡萄，切片
2 大匙／½ 杯
無花果，切碎
1 大匙／¼ 杯
義大利香醋
½ 茶匙／1 大匙

思想家潘趣酒

紅葡萄，切片
2 大匙／½ 杯
綜合醒腦釀（第 236 頁）
¼ 茶匙／1 茶匙

葡萄柚

當你在已經夠酸的康普茶中添加超酸的葡萄柚時，會發生什麼事？令人驚訝的是，這些風味互補，形成了柑橘花香味。我們更喜歡偏寶紅色的葡萄柚，因爲它們具有天然甜味，可與香草搭配。過濾果肉以避免苦味。

紅寶石鼠尾草

寶石紅葡萄果汁
2 大匙／½ 杯
新鮮鼠尾草，切碎
½ 茶匙／2 茶匙

葡萄柚接骨木花

寶石紅葡萄果汁
2 大匙／⅓ 杯
乾燥的接骨木花
½ 茶匙／2 茶匙

紅寶石根潘趣酒

寶石紅葡萄果汁
2 大匙／½ 杯
新鮮生薑，切成小塊
⅛ 茶匙／1 茶匙
洛神花花花瓣
⅛ 茶匙／1 茶匙

芭樂

與柳橙相比，芭樂果實含有更多維生素 C，也是銅、維生素 B3（菸酸）和 B6 的良好來源。芭樂花蜜厚而甜。如果使用新鮮的芭樂果實，則將所需數量加倍。

純粹番石榴

番石榴汁
1 大匙／¼ 杯

熱帶風情

番石榴汁
2 茶匙／¼ 杯
鳳梨汁
1 茶匙／⅛ 杯
木瓜汁
1 茶匙／⅛ 杯

番石榴——堅果

番石榴汁
2 茶匙／¼ 杯
椰子水
1 大匙／½ 杯

保持原型

其他人可能更喜歡使用果汁、果泥、香精油或其他調味劑，但我們認爲使用水果和香草的原型可以使康普茶獲得最大的營養，雖然風味可能更細微不易察覺。嘗試不同的調味形態，以便找到最適合你的口味。

以上配方用量適用於500毫升／4公升的康普茶

愛情藥水99
粉紅檸檬水
金桔
搖滾卡斯巴
傳說的喜悅
超級C
接骨木莓
蘋果派

哈密瓜

哈密瓜的甜在康普茶中呈現出溫和的口味，水果本身富含葉酸、鉀和維生素及B6。

百里香哈密瓜

哈密瓜，切丁
2 大匙／¾ 杯
新鮮百里香
1 枝／2 枝

橘子哈密瓜

哈密瓜，切丁
2 大匙／¾ 杯
新鮮橘子汁
2 大匙／¼ 杯

西瓜哈密瓜

哈密瓜，切丁
1 大匙／¼ 杯
西瓜，切碎
1 大匙／¼ 杯
香瓜，切丁
1 大匙／¼ 杯

奇異果

奇異果富含維生素C和鉀，而奇異果康普茶則在風味和營養方面都令人驚艷。 請去除毛絨絨的果皮，但不要除去富含維生素A的種子。若使用奇異果乾，則使用配方所需數量的一半即可。

奇異果莓

奇異果，去皮切碎
2 大匙／¾ 杯
黑莓，切四等份
2 大匙／¾ 杯

毛毛桃子

奇異果，去皮切碎
2 大匙／¾ 杯
桃子，去皮切丁
2 大匙／½ 杯

綠色女神

奇異果，去皮切碎
2 大匙／¾ 杯
新鮮薄荷，約略切碎
1 茶匙／1 大匙
小荳蔻粉末
⅛ 茶匙／1 茶匙

金桔

金桔最初被認爲是柑橘家族的一部分，直到1915年才被重新歸類爲金桔屬。它們富含維生素C、纖維、鈣、鉀和鐵。就像大自然的「酸軟糖」一樣，金桔在橘子家族反其道而行，具有果肉酸而果皮甜的特徵。

金好運

金桔皮
1 外皮／3 外皮
乾百里香
½ 茶匙／2 茶匙

金桔柿子

金桔皮
1 外皮／3 外皮
柿子，切丁
2 茶匙／¼ 杯

金桔李子

金桔皮
1 外皮／3 外皮
李子，切丁
2 茶匙／¼ 杯

以上配方用量適用於500毫升／4公升的康普茶

檸檬

各種形式的檸檬可能是世界上最常用的水果香精。我們喜歡用檸檬汁和檸檬皮來做康普茶；白瓤極苦。要獲得更多檸檬味，請使用果汁。如果想散發出淡淡的柑橘味，使用果皮是最佳選擇。我們樂於將檸檬與其他香草混合使用，讓我們的味蕾嘗到獨特而微妙的風味。梅爾檸檬[12]的味道最甜，是我們在以下配方中推薦的種類。

檸檬羅勒

新鮮檸檬汁
　2大匙／¾杯
新鮮羅勒，切碎
　2茶匙／¼杯

檸檬活力飲

新鮮檸檬汁
　1大匙／¼杯
新鮮生薑，切丁
　½茶匙／2茶匙
檸檬皮
　¼茶匙／1茶匙

薰衣草檸檬水

檸檬皮
　½茶匙／2茶匙
乾燥薰衣草花
　¼茶匙／1茶匙

萊姆

萊姆是檸檬的表親，比檸檬更甜更綠。萊姆具有所有柑橘類水果的超強功效，運用層面從食物、飲料、美容到保健產品，應有盡有。果皮和果汁提供一陣陣柑橘味和淡淡花香味，可作爲異國風味或平凡成分的完美基底，萊姆配方堪稱最清爽的康普茶飲品。

椰子萊姆

鮮檸檬汁
　1茶匙／1大匙
椰子水
　4大匙／¼杯

莓果櫻桃萊姆

鮮檸檬汁
　1茶匙／1大匙
藍莓，切成薄片
　2茶匙／¼杯
櫻桃，切成小塊
　2茶匙／¼杯

萊姆汁

檸檬皮
　½茶匙／2茶匙
蜂蜜
　1茶匙／1大匙

荔枝

荔枝是中國南方的一種熱帶果樹，其富含的寡酚據說有抗氧化和抗流感的作用。荔枝結實的果肉具有葡萄般的質地，甚至更高的甜度，並爲康普茶注入了淡淡花香。在美國，只有在亞洲市場和某些農夫市集上才買得到新鮮荔枝。我們使用的荔枝罐頭通常包裝於甜糖漿中，剛好可用作爲康普茶的甜分來源，或用於製作果醋。

荔枝之戀

荔枝果實，切丁
　1大匙／¼杯
荔枝果汁
　1茶匙／1大匙

中國拳

荔枝果實，切丁
　1大匙／¼杯
香蕉，搗碎
　1茶匙／1大匙
鳳梨，切丁
　1茶匙／1大匙

荔枝玫瑰

荔枝果實，切丁
　1大匙／¼杯
玫瑰水
　1茶匙／⅛杯

12 Meyer Lemon，果皮較薄，介於檸檬和柳橙之間的酸度，嘗起來帶有柑橘般的香氣。

以上配方用量適用於500毫升／4公升的康普茶

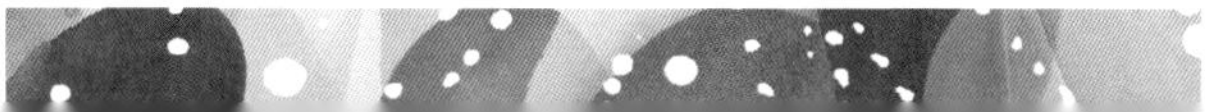

芒果

最好使用新鮮或冷凍芒果，以增加色彩和甜美的風味。芒果乾或果汁也可以替代，但僅需使用大約一半的量來平衡多餘的糖分。

佛陀的喜悅

芒果切丁
¾ 杯／ ¾ 杯

心火

芒果切丁
¼ 杯／ ¾ 杯
辣椒
2 撮／ ½ 茶匙

香料芒果

芒果切丁
¼ 杯／ ¾ 杯
整條香草莢，切片
¼ 莢／ 1 莢
肉桂皮薄片
1 茶匙／ 1 湯匙

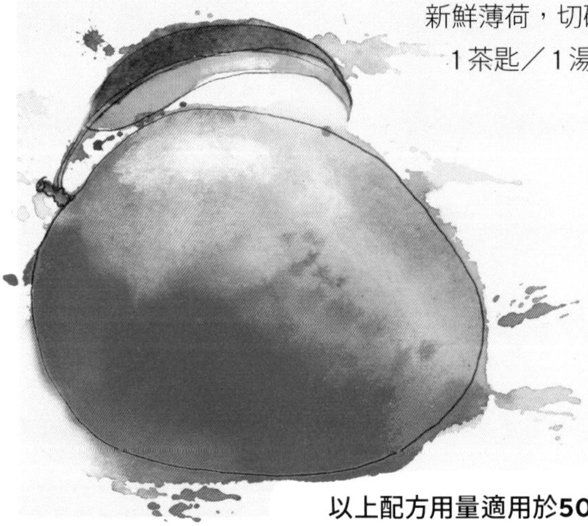

柳橙

鮮榨柳橙汁與康普茶可說是完美搭配，加一點橙皮可以帶來些微花香，在商店直接購買（無果肉）亦可。若使用新鮮水果，請切成小塊，並將所需數量加倍。

橙汁朱利斯

鮮橙汁
1 湯匙／ ¼ 杯
整條香草莢，切片
¼ 莢／ 1 莢

夢幻柳橙

鮮橙汁
1 湯匙／ ¼ 杯
整條香草莢，切片
¼ 莢／ 1 莢
蜂蜜
1 茶匙／ 1 湯匙

鮮搾薄荷

鮮橙汁
1 湯匙／ ¼ 杯
新鮮薄荷，切碎
1 茶匙／ 1 湯匙

木瓜

木瓜這種甜美芳香的新世界水果，含有大量的維生素 C 以及大量的類胡蘿蔔素、葉酸和膳食纖維。建議使用質地像奶油而非鬆軟的成熟木瓜。至於在亞洲食物中常使用的青木瓜則口味不夠濃郁，不建議在此配方中使用。如果沒有新鮮的木瓜，請使用冷凍木瓜或果乾。

香蕉木瓜

新鮮或冷凍木瓜，切丁
1 湯匙／ ½ 杯
香蕉，搗碎
2 茶匙／ ¼ 杯子
肉桂皮薄片
¼ 茶匙／ 1 湯匙

P3

新鮮或冷凍木瓜，切丁
1 湯匙／ ½ 杯
鳳梨汁
2 茶匙／ ⅛ 杯
辣椒
⅛ 茶匙／ ½ 茶匙

卜派木瓜

新鮮或冷凍木瓜，切丁
1 湯匙／ ½ 杯
菠菜，切碎
1 茶匙／ ⅛ 杯
生薑，切丁
¼ 茶匙／ 1 湯匙

以上配方用量適用於500毫升／4公升的康普茶

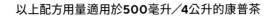

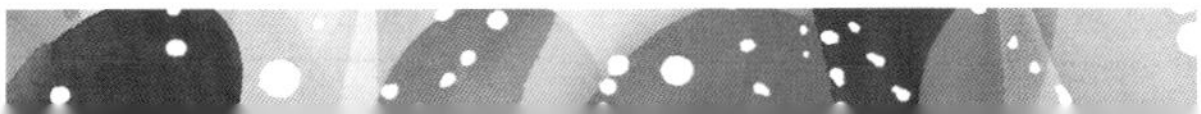

百香果

使用這種酸甜的水果可提高維生素A、維生素C和鐵的含量。用叉子刺穿新鮮的果肉讓果液流出，其種子可食用。商店購買的百香果汁容易凝結，因此應減少使用。

熱帶激情

百香果，切碎
　1大匙／½杯
芒果汁
　1茶匙／⅛杯
新鮮生薑，切丁
　¼茶匙／1大匙

百香果莓

百香果汁
　2茶匙／¼杯
覆盆子莓，輕輕搗碎
　1茶匙／⅛杯
橙皮
　¼茶匙／1大匙

V.P.

百香果汁
　2茶匙／¼杯
整條香草莢，切片
　¼豆／¾豆

桃子

桃子可鎮定胃酸並促進消化。當季時，我們喜歡使用新鮮去皮的桃子；非當季時則使用冷凍的桃子切片。使用罐裝桃子或果液時，請減量一半以避免過甜。

桃色渴望

桃子，去皮切丁
　2大匙／½杯
綜合香料茶（第237頁）
　¼茶匙／1茶匙

胭脂紅

桃子，去皮切丁
　2大匙／½杯
覆盆莓，輕輕搗碎
　1大匙／¼杯

桃子餡餅

桃子，去皮切丁
　2大匙／½杯
整條香草莢，切片
　½豆／1豆
肉桂
　1撮／1茶匙

梨

梨常用來治療噁心，並可促進消化系統健康。新鮮成熟的梨是最佳選擇，但如果使用罐頭、果乾或果液效果也很好，同樣的，請記得使用配方指示的一半份量即可。

梨

梨，切碎
　¼杯／¾杯

紫梨

梨，切碎
　¼杯／¾杯
紅色或紫色葡萄乾，切片
　2大匙／½杯櫻桃
梨，切碎
　¼杯／¾杯
櫻桃，切碎
　1大匙／¼杯

柿子

柿子富含兒茶素和維生素C，其成熟的果肉具有一種引人入勝的甜味。雖然柿子最常見的吃法是新鮮食用，但可以在網路或亞洲市場上找到乾柿子。建議從果皮挖取果肉，並將其添加到第二階段發酵的康普茶，便能注入令人愉悅的花香，令人聯想到花朵和李子。

柿子

柿子，切丁
　1大匙／½杯
蘋果，切丁
　1茶匙／⅛杯
肉桂
　⅛茶匙／½茶匙

柿子巧克力

柿子，切丁
　1大匙／½杯
生可可粉
　1茶匙／⅛杯

以上配方用量適用於500毫升／4公升的康普茶

柿餅

柿子，切丁
　1大匙／½杯
葡萄乾，切碎
　1茶匙／⅛杯
香草精
　¼茶匙／1茶匙

鳳梨

鳳梨蛋白酶是僅存於鳳梨中的一種酶，具有抗炎、抗凝血和抗癌的特性。天堂似的酸甜使熱帶風情的鳳梨在舌頭上散發光芒，其增添的甜味爲釀造液帶來最佳平衡。

無論是新鮮、罐頭或冷凍鳳梨效果都很好，使用鳳梨汁也很棒，但是要減量以避免過多的碳酸化；如果使用果肉，請先過濾。請自由與其他熱帶水果合併使用，然後讓你的舌頭來場海灘之旅！

鳳梨

新鮮的鳳梨，切碎
　¼杯／¾杯

香辣菠蘿

新鮮的鳳梨，切碎
　¼杯／¾杯
辣椒
　½撮／⅛茶匙

鳳梨薄荷

新鮮的鳳梨，切碎
　¼杯／¾杯
新鮮薄荷，切碎
　½茶匙／2茶匙

李子

李子幫助消化並減緩便祕，是膳食纖維的良好來源，富含維生素A、C和K，以及鉀、氟和鐵等礦物質。李子加深了康普茶的味道和自然酸味。（請參閱使用梅乾類的單獨條目，第233頁。）

香料李子

李子，切丁
　2大匙／¼杯
肉桂
　½茶匙／2茶匙
丁香，完整
　2瓣／½茶匙

李子酸辣醬

李子，切丁
　2大匙／¼杯
櫻桃，切成薄片
　1茶匙／⅛杯
新鮮生薑，切丁
　½茶匙／2茶匙

糖李花

李子，切丁
　2大匙／¼杯
乾燥薰衣草
　½茶匙／2茶匙
蜂蜜
　½茶匙／1大匙

石榴

這種古老的水果長期以來被視爲健康、生育和永生的象徵，石榴含有有益心臟的獨特化合物，具有比綠茶多三倍的抗氧化劑。

石榴汁比果肉理想，後者無法提供足夠的風味。石榴帶著天然的澀味，苦味則被康普茶的酸所中和，釀造出具有深紫色調的液體。

石榴可可

石榴汁
　1大匙／1杯
椰子水
　1大匙／¾杯子

石榴黃瓜酷涼飲

石榴汁
　1大匙／¾杯子
黃瓜，切丁
　2茶匙／⅔杯
新鮮薄荷，切碎
　½茶匙／1大匙

檸檬石榴普茶

石榴汁
　1大匙／¾杯子

以上配方用量適用於500毫升／4公升的康普茶

蜂蜜
　1茶匙／1大匙
檸檬皮
　¼茶匙／1茶匙

梅乾

梅乾就是乾梅子。梅乾的風味和糖分含量更高，因此調味時只需少量即可獲得濃郁的風味並增加淡紫色調。梅乾富含抗氧化劑和營養素。加水膨脹後的梅乾添加發酵康普茶酸麵包（第307頁）也很棒。

沙漠喜悅

切碎梅子
　2大匙／½杯
乾杏仁，切丁
　2茶匙／¼杯
椰棗，切丁
　1茶匙／⅛杯

梅子豬

切碎梅子
　2大匙／½杯
培根，煮熟並切碎
　1大匙／⅛杯
橙皮
　¼茶匙／1茶匙

梅子百里香

切碎梅子
　1大匙／¼杯
整片香草豆，切片
　¼豆／¾豆
乾百里香
　½茶匙／2茶匙

南瓜

南瓜是美國最受歡迎的農作物之一，可以製作特殊的節日佳釀，但其實南瓜一年四季都非常美味。我們樂於使用南瓜餡罐頭，但普通的南瓜罐頭也可以。將南瓜添加到康普茶中時，釀造結果可能會讓人聯想到微酸的南瓜啤酒。若是沖泡熱飲能使用南瓜提味，或將其與咖啡和香草冰淇淋混合，製成南瓜口味的康普冰茶！

南瓜派

罐裝南瓜派餡
　2大匙／½杯
肉桂
　¼茶匙／1茶匙
肉荳蔻，磨碎
　茶匙／½茶匙

南瓜田裡的豬

南瓜罐頭
　2大匙／½杯
培根，煮熟和碎
　1大匙／⅛杯
糖漿
　¼茶匙／1茶匙

南瓜鼠尾草

南瓜罐頭
　2大匙／½杯
蘋果，切丁
　1大匙／⅛杯
鼠尾草乾
　¼茶匙／1茶匙

葡萄乾

葡萄乾是第二階段發酵中的經典添加物，內含葡萄成分的濃縮量有助於產生碳酸。葡萄乾不僅具有甜味，而且可以平衡墨西哥辣椒的濃烈口味或胡蘿蔔的鹹味。

葡萄乾餅乾

切碎葡萄乾
　1大匙／¼杯
肉桂皮
　¼茶匙／1茶匙
香草精
　¼茶匙／1茶匙

葡萄乾地獄辣椒

切碎葡萄乾
　1大匙／¼杯
辣椒，切碎
　¼茶匙／1茶匙
橙皮
　¼茶匙／1茶匙

葡萄乾沙拉

切碎葡萄乾
　1大匙／¼杯

以上配方用量適用於500毫升／4公升的康普茶

胡蘿蔔汁
　1 茶匙／1 大匙
檸檬皮
　¼ 茶匙／1 茶匙

覆盆子

將覆盆子添加到釀造液中時，會產生令人愉悅的效果，並呈現華麗的光澤，但覆盆子會使釀造液偏酸，因此應謹慎使用，或同時使用能中和酸味的香草。我們使用新鮮或冷凍的覆盆子，用叉子輕輕搗碎或整顆放入攪拌器。不會出錯的粉紅色寶石色調伴隨其抗氧化的能力，既賞心悅目又增強營養。

覆盆子

覆盆子，輕微搗碎
　1 大匙／¾ 杯

覆盆薑

覆盆子，輕微搗碎
　1 大匙／¾ 杯
新鮮生薑，切丁
　1 茶匙／2 茶匙
新鮮檸檬汁
　1 茶匙／1 大匙

薄荷派對

覆盆子，輕微搗碎
　1 大匙／¾ 杯
乾燥洛神花
　½ 茶匙／1 茶匙
新鮮薄荷，稍微切碎
　½ 茶匙／2 茶匙

瘋狂羅勒

覆盆子，輕微搗碎
　1 大匙／¾ 杯
聖羅勒
　⅛ 茶匙／1 茶匙

大黃

大黃也被稱爲甜派植物[13]，維生素 K 含量極高。它的主要種植目的是藥用，直到 17 世紀糖變得便宜而普及後，大黃更普遍被使用在烹飪中。

大黃醬

大黃醬
　1 大匙／¼ 杯

大黃莓

大黃醬
　1 大匙／¼ 杯
草莓，切碎
　2 大匙／½ 杯

草莓

在北美 94% 的家庭都食用草莓，對許多不同的食譜有令人愉悅的貢獻。新鮮或冷凍的草莓皆可使用，草莓會使康普茶的酸變得柔和，同時使其呈現可愛的粉紅色。粉紅檸檬水配方讓亞歷克斯變成了康普茶信奉者——你也試試吧！

草莓

草莓，切碎
　2 大匙／½ 杯

粉紅檸檬水

草莓，切碎
　2 大匙／½ 杯
新鮮百里香
　1 小枝／2 小枝
新鮮檸檬汁
　1 茶匙／31.25 毫升

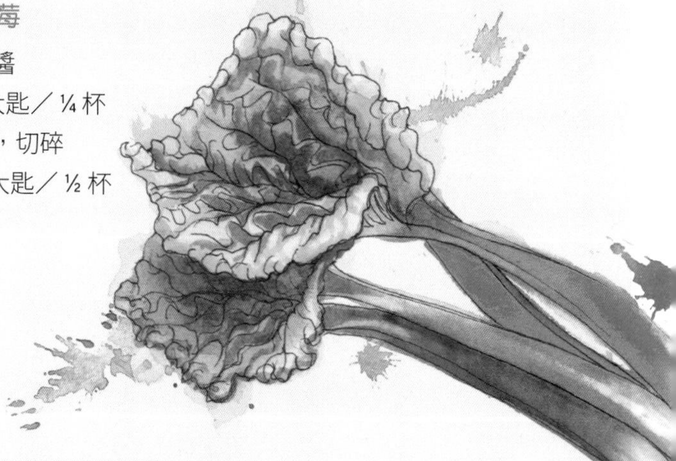

13 此別名起因於大黃多用於製作甜派或為其他食物帶來甜派的味道。

以上配方用量適用於500毫升／4公升的康普茶

綠草莓

草莓，切碎
　2 大匙／¾ 杯
葉綠素粉
　½ 茶匙／2 茶匙

草莓蘋果

草莓，切碎
　2 大匙／¾ 杯
蘋果，切丁
　2 大匙／½ 杯

羅望子

使用羅望子醬，可以從網路、亞洲和拉丁專賣店購買。羅望子酸甜、富含抗氧化劑的果肉具有熱帶風味，刺激你的味蕾。

羅望康普茶

羅望子醬
　2 茶匙／3 大匙

火焰羅望子

羅望子醬
　2 茶匙／3 大匙
辣椒粉
　1 撮／½ 茶匙

肉桂羅望子

羅望子醬
　2 茶匙／3 大匙
肉桂皮
　½ 茶匙／2 茶匙
辣椒粉
　1 撮／½ 茶匙

橘子

一點點濃烈的果汁就會增加許多風味，因此一開始要少量添加，太多會使康普茶酸得令人皺眉。也許你喜歡過酸的滋味，也許你是康普茶怪胎？（我們也是！）這種柑橘類與辛辣、甜味的組合效果絕佳。

橘子康普茶

新鮮橘子汁
　2 大匙／¼ 杯

香辣橘

新鮮橘子汁
　2 大匙／¼ 杯
辣椒粉
　½ 撮／¼ 茶匙

柑橘夢

新鮮橘子汁
　2 大匙／¼ 杯
椰子水
　2 大匙／¼ 杯

西瓜

加入西瓜可以濃縮風味和糖分，並將所需的糖量減少一半。西瓜能使康普茶具有淡綠色調，使人聯想到果皮的翠綠。添加一些洛神花，以增加糖果的風味和色澤，便能做出歡樂的康普茶。

西瓜

西瓜，切碎
　2 大匙／¾ 杯
乾燥洛神花
　½ 茶匙／1 茶匙

肉桂西瓜

西瓜，切碎
　2 大匙／¾ 杯
肉桂
　1 茶匙／1 大匙

香草西瓜

西瓜，切碎
　2 大匙／¾ 杯
整條香草豆莢，切片
　¼ 條／¾ 條

以上配方用量適用於500毫升／4公升的康普茶

香草

醒腦釀造液

銀杏和雷公根可促進血液流動——兩者結合的效用將直接加強你的腦力！此配方可以使康普茶具有令人振奮的藥草味道，也可以直接作爲藥草湯飲用。不想過濾藥草嗎？那就放在熱水中浸泡 15 分鐘，再用浸泡入味的熱水來調味。或者，當然可以使用紅茶菌溫床的額外紅茶菌來釀造一批醒腦康普茶。我們建議使用乾燥或新鮮的生薑，而不要使用粉末或加糖的材料。

綜合醒腦釀

8 大匙銀杏葉
8 大匙雷公根葉
2 大匙切碎生薑
1 大匙乾燥洛神花
將所有原料一起搖勻，並保存在密封的容器中。

純醒腦釀造液

綜合醒腦釀
½ 茶匙／1 大匙

玫瑰醒腦釀

綜合醒腦釀
½ 茶匙／1 大匙
乾燥玫瑰花瓣
1 茶匙／1 大匙

接骨木醒腦釀

綜合醒腦釀
½ 茶匙／1 大匙
乾燥接骨木莓
½ 茶匙／2 茶匙

牛蒡

具有大地氣息的牛蒡是許多傳統中藥配方的主要成分，類似它的表親朝鮮薊，牛蒡具有甜和苦的混合味道。作爲菊糖的良好來源，牛蒡含有益生元，可爲腸道中的細菌提供營養，並且可以與生薑和薑黃等其他藥草很好地搭配。加入一些水果以平衡泥土味。

牛蒡

乾燥牛蒡根
2 茶匙／1½ 大匙

牛蒡薑

乾燥牛蒡根
2 茶匙／1½ 大匙
生薑，切丁
¼ 茶匙／2 茶匙

藍色牛蒡

乾燥牛蒡根
2 茶匙／1½ 大匙
藍莓，對切
2 大匙／¼ 杯

金盞花

金盞花因其辛辣，胡椒味而被稱爲「窮人的番紅花」，有著像雛菊家族成員「萬壽菊」的花瓣，爲康普茶增加了蓬鬆感和金色調。一旦添加到釀造液中，金盞花茶可發揮有助治癒腸道潰瘍並緩解炎症的功效。將其與黃色或橙色水果（甚至薑黃）結合使用，即可做出香氣十足的金黃康普茶。

金色光芒

乾燥金盞花
1 茶匙／1 大匙
薑黃，研磨
½ 茶匙／2 茶匙

以上配方用量適用於500毫升／4公升的康普茶

金盞花黃瓜

乾燥金盞花
　1茶匙／1大匙
黃瓜，切丁
　2大匙／¼杯

早晨小清新

乾燥金盞花
　1茶匙／1大匙
柳丁皮
　¼茶匙／1茶匙
蜂蜜
　¼茶匙／1茶匙

香料茶

這個受歡迎的飲料起源於喜馬拉雅山地區。香料茶的配方在印度已經作爲草藥養生品流傳了五千年。傳統上用於製作香料茶的材料均具有增強免疫力和抗寒特性。

綜合香料茶

（產量：**2**大匙預磨粉，⅓杯手工研磨粉）

綜合香料茶通常包括薑、肉桂、荳蔻和丁香，但可以隨意打造自己的特殊混合物。這裡提供的配方僅僅是一個起點。無論你購買香料粉還是自己研磨，都應選擇最新鮮的材料。在爲康普茶調味時，請使用較少量的預磨香料，因爲與手工研磨產生的粗粉相比，預磨的細粉會賦予更強烈的風味。最佳準則是1茶匙的預磨粉＝1大匙的手工研磨粉。

多香果
　2茶匙／7顆果實
小荳蔻
　2茶匙／1大匙豆莢
肉桂
　2茶匙／1條肉桂枝，切開
丁香
　1茶匙／完整4顆
香菜
　1茶匙／1大匙種子
薑
　2茶匙／0.6公分，切丁
胡椒子
　½茶匙／1茶匙完整顆粒
八角
　1茶匙／完整3個

如果使用粉狀香料，請將它們在密封的容器中混合，蓋緊蓋子並搖勻。如果使用原始形狀的香料，請將它們全部放入研磨機中研磨直到呈細碎狀，接著再放到密封的容器中，便可在室溫下儲存最多一年。

香草茶

綜合香料茶，手工研磨
　1茶匙／1湯匙
整個香草莢，切片
　¼莢／¾莢

蜂蜜香料

綜合香料茶，手工研磨
　½茶匙／1湯匙
蜂蜜
　1茶匙／⅛杯

摩洛哥咖啡

綜合香料茶，手工研磨
　½茶匙／2茶匙
研磨咖啡
　1茶匙／1大匙

以上配方用量適用於500毫升／4公升的康普茶

洋甘菊

世界上最受歡迎的香草之一，其淡淡的泥土味略帶蘋果芬芳。洋甘菊通常被用作助眠劑或安撫神經與胃部，此外還具有抗炎和抗眞菌的特性。

夏季微風

乾燥洋甘菊花
　1 茶匙／1 大匙
乾燥薰衣草
　¼ 茶匙／1 茶匙

洋甘菊西瓜

乾燥洋甘菊花
　½ 茶匙／2 茶匙
西瓜，切碎
　2 大匙／½ 杯

洋甘菊葡萄柚

乾燥洋甘菊花
　½ 茶匙／2 茶匙
寶石紅葡萄果汁
　1 大匙／¾ 杯

肉桂

肉桂皮切片可以添加到第一階段發酵液中，以減少乙酸並使釀造滑順，但最好的加入時機是在第二階段發酵液中，這種香料可以與成熟的康普茶以及幾乎無限多種的材料很好地混合。例如與香草混合，則可以使人聯想起墨西哥傳統米製飲料歐洽塔[14]的奶油肉桂味。

肉桂

肉桂皮
　½ 茶匙／1 大匙

歐恰塔

肉桂皮
　½ 茶匙／1 大匙
整顆香草豆，切片
　¼ 豆／¾ 豆

肉桂香芒果

肉桂皮
　½ 茶匙／1 大匙
芒果切丁
　2 大匙／¾ 杯

丁香

丁香實際上是一種常青樹的未開花苞，具有獨特的味道和溫暖的松樹味，可以爲康普茶注入甜美而芳香的味道。有鑑於其辛辣的天然精油，故僅需少量丁香卽可捕捉其特有風味。作爲天然的防腐劑和壓力緩解劑，丁香還對牙齒有益，並有助於增強免疫系統。丁香粉非常有效，建議少量使用以斟酌其辛味強度。

新鮮呼吸

完整丁香
　3 顆／8 顆
新鮮薄荷，大略切碎
　1 茶匙／1 大匙
茴香籽
　⅛ 茶匙／½ 茶匙

丁香肉桂

完整丁香
　2 顆丁香／4 顆丁香
肉桂皮薄片
　¼ 茶匙／1 茶匙

深紅色丁香

完整丁香
　2 顆／4 顆
覆盆子，切碎
　1 大匙／¼ 杯
薑糖，切碎
　½ 茶匙／2 茶匙

接骨木花

接骨木花的花香精油是傳統的添加劑，可以使味蕾愉悅並使心靈平靜。接骨木的花朶預示著夏天的到來。它的乳白色花朶帶有天然酵母，有助於碳酸化作用，在整個歷史上一直是許多健康美味的飲料材料。

14 西班牙經典飲料歐恰塔 (horchata)，其原料包括扁桃、大米、大麥和油莎草的塊莖。

以上配方用量適用於500毫升／4公升的康普茶

鎮靜香蜂
夏季微風
瑪黛薄荷
普羅旺斯香草
薰衣草
沙士康普茶

陽光喜悅

乾燥接骨木花
　½ 茶匙／2 茶匙
新鮮檸檬汁
　1 大匙／3 大匙
糖，蜂蜜或其他甜味劑
　½ 茶匙／1 大匙

智慧長者

乾燥接骨木花
　½ 茶匙／2 大匙
接骨木果乾
　½ 茶匙／1 大匙
新鮮鼠尾草，切碎
　½ 茶匙／2 茶匙

野花

乾燥接骨木花
　½ 茶匙／2 大匙
乾燥玫瑰花瓣
　1 大匙／¼ 杯
乾燥洋甘菊花
　1 茶匙／1 大匙
乾燥薰衣草
　¼ 茶匙／1 茶匙

四賊醋

傳說古時候瘟疫降臨時，人們使用四賊醋浸泡全身，以防止自己患上這種可怕的疾病。切碎新鮮藥草可以讓揮發油含量更高，這些化合物賦予它們獨特的治癒特性，也可以使用乾藥草。

四賊醋 #1

薰衣草
　1 撮／¼ 茶匙
迷迭香
　2 撮／½ 茶匙
薄荷
　1 撮／¼ 茶匙
鼠尾草
　1 片／½ 茶匙
奧勒岡葉
　1 撮／¼ 茶匙
新鮮大蒜，切丁
　⅛ 茶匙／½ 茶匙

四賊醋 #2

丁香，磨碎
　⅛ 茶匙／½ 茶匙
肉桂皮
　⅛ 茶匙／½ 茶匙
大蒜，切丁
　⅛ 茶匙／½ 茶匙
肉荳蔻，磨碎
　⅛ 茶匙／½ 茶匙
乾燥薄荷
　1 撮／¼ 茶匙
乾燥薰衣草
　1 撮／¼ 茶匙
乾燥迷迭香
　¼ 茶匙／1 茶匙
乾燥鼠尾草
　⅛ 茶匙／½ 茶匙

普羅旺斯香草

這種流行的香料結合了法國南部的香草。美國版本經常添加薰衣草。普羅旺斯香草可以爲康普茶增添可愛的香氣和複雜感，並創造具層次的味道，鼓勵持續飲用。以下的配方使用乾香草，因爲通常更容易取得。使用新鮮香草可以爲釀造液注入精油，記得將所需用量加倍以達到乾香草的濃度。

普羅旺斯香草

迷迭香
　¼ 茶匙／1½ 茶匙
百里香
　⅛ 茶匙／1 茶匙
奧勒岡葉
　⅛ 茶匙／1 茶匙
羅勒
　⅛ 茶匙／1 茶匙
茴香籽
　1/16 茶匙／¼ 茶匙
龍蒿
　⅛ 茶匙／1 茶匙

其他選項：

薰衣草
　⅛ 茶匙／1 茶匙
香葉芹
　⅛ 茶匙／1 茶匙
碎月桂葉
　¼ 葉子／1 葉子

洛神花

洛神花具有深粉紅的色澤和濃郁的味道，作爲藥草在全

以上配方用量適用於500毫升／4公升的康普茶

世界廣爲使用。建議可以在第一次發酵階段加入洛神花，但請謹慎使用，直到你熟悉它的強度。

牙買加瘋狂

乾燥洛神花
1 茶匙／1 大匙

薑汁

乾燥洛神花
1 茶匙／1 大匙
新鮮生薑，切丁
½ 茶匙／2 大匙

洛神花檸檬水

乾燥洛神花
½ 茶匙／1 大匙
新鮮生薑，切丁
½ 茶匙／1 大匙
新鮮檸檬汁
⅛ 茶匙／½ 茶匙

杜松子

琴酒中的主要風味來源便是杜松子，酸味中帶有樹脂和松樹的氣味。乾的杜松子更容易取得，記得少量使用。使用杜松康普茶來製作不含酒精的雞尾酒。

只要杜松

乾杜松子
2 茶匙／1½ 大匙

杜松玫瑰

乾杜松子
2 茶匙／1½ 大匙
乾燥玫瑰花瓣
2 茶匙／1 大匙

香辣杜松

乾杜松子
2 茶匙／1½ 大匙
辣椒
½ 撮／1 撮

薰衣草

淡紫色的花朵散發著淡淡的薄荷味和美麗的花香氣息，爲康普茶的酸性注入了令人愉悅的鮮明對比。新鮮薰衣草的花和葉子散發出最濃郁的香氣，而乾燥的花瓣則散發出淡淡的香氣。

薰衣草

薰衣草花
½ 茶匙／1 大匙

愛之瓜

薰衣草花
½ 茶匙／1 大匙
西瓜，切碎
2 大匙／¾ 杯

薰衣草醒腦釀

薰衣草花
½ 茶匙／1 大匙
混合醒腦釀（第 236 頁）
½ 茶匙／1 大匙

檸檬香蜂草

這種口味溫和的植物與檸檬和薄荷的味道相同。作爲一種鎮靜香草，檸檬香蜂草協助人們減輕焦慮和增加注意力已有數千年的歷史。添加檸檬皮或橙汁彰顯出柑橘味，或添加薰衣草或薄荷加重香草味。

鎮靜香蜂

乾燥檸檬香蜂草
½ 茶匙／2 大匙
乾燥洋甘菊花
½ 茶匙／2 大匙
乾燥薰衣草
¼ 茶匙／1 大匙

薄荷桃檸檬水

桃子，去皮切丁
1 大匙／¼ 杯

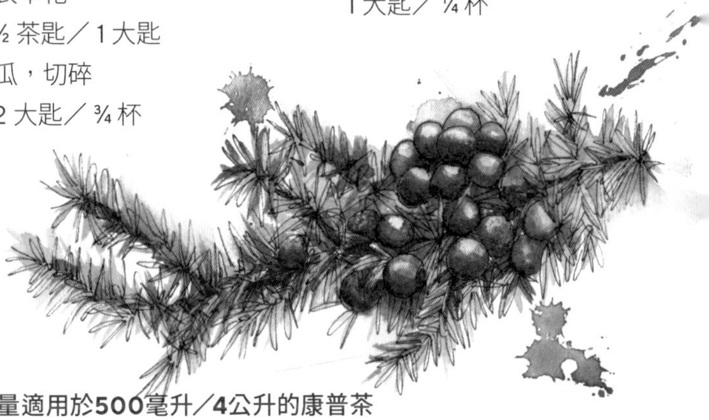

以上配方用量適用於500毫升／4公升的康普茶

乾燥檸檬香蜂草
½ 茶匙／2 大匙
乾燥薄荷
¼ 茶匙／1 大匙

薑露

甘露蜜
1 大匙／¼ 杯
乾燥檸檬香蜂草
½ 茶匙／2 大匙
薑，粉狀
¼ 茶匙／1 大匙

薄荷

薄荷富含抗氧化劑，含有天然的充血劑（薄荷醇），對減緩喉嚨痛、胃部不適和腸躁症有幫助，自西元 1500 年以來就被用於牙齒美白。薄荷屬有數百種可供選擇，但我們一般會使用最常見的胡椒薄荷和綠薄荷，爲康普茶增添涼爽的清新感。可以與其他香草混合使用，也可單獨入味（請參閱生命能量都夏，第 257 頁），或單獨使用薄荷茶。

馬黛薄荷

瑪黛茶
½ 茶匙／1 大匙
新鮮薄荷，大略切碎
½ 茶匙／2 茶匙

甜瓜酷涼飲

西瓜，切碎
2 大匙／¾ 杯
新鮮薄荷，切碎
1 茶匙／2 茶匙

蘋果薄荷

蘋果，切丁
2 大匙／¾ 杯
新鮮薄荷，切碎
1 茶匙／2 茶匙

沙士

天然發酵飲料例如生啤酒和薑汁，在我們的飲食文化中占有重要地位，這些飲料而後被汽水業者所採用。讓喜歡汽水的人品嚐康普茶製成的天然沙士，等於提供了清涼的健康養生品。與沙士的搭配選項似乎無窮無盡——嘗試找到理想的口味吧！

沙士綜合香料

（產量：**2** 大匙預磨粉，$^1/_3$ 杯手工研磨粉）

沙士在風味和歷史上都獨一無二。據說是應山繆·亞當斯（Samuel Adams）的要求發明，爲了讓他的孩子可以喝到氣泡飲料，最初的混合物是一種淡啤酒——一種低酒精發酵液（參見尼格斯酒，第 292 頁）。製作原料來自美洲印第安人部落常用的藥草黃樟木樹皮和墨西哥菝葜樹皮。可嘗試製作濃縮液（請參閱第 177 頁），或直接添加在康普茶中以增添風味。

無論你是購買香料粉還是自己研磨香料，建議都選擇最新鮮的。在爲康普茶調味時，請使用較少量的預磨香料，因爲與手工研磨產生的粗粉相比，細粉會賦予更強烈的味道。最佳經準則是 1 茶匙的預磨粉 = 1 大匙的手工研磨粉。

黃樟樹皮，切碎
2 茶匙／2 大匙
墨西哥菝葜樹皮，切碎
1 茶匙／1 大匙
冬青，乾燥
2 茶匙／2 大匙
香草粉，切碎
1 茶匙／1 豆莢

其他選項（混合搭配）：
多香果
1 茶匙／3 顆
白樺樹皮，切碎
2 茶匙／2 大匙
牛蒡根，切片
2 茶匙／2 大匙
肉桂棒，碎片
2 茶匙／1 支

以上配方用量適用於500毫升／4公升的康普茶

丁香
 1 茶匙／4 個
乾燥蒲公英根，切碎
 1 茶匙／1 大匙
薑，切碎
 2 茶匙／¼ 公分一塊
乾燥啤酒花
 ½ 茶匙／2 朵花，切碎
甘草根，切碎
 1 茶匙／2 茶匙
乾燥薄荷，壓碎
 1 茶匙／1 大匙
八角
 1 茶匙／3 整莢
野生櫻桃樹皮，切碎
 1 茶匙／1 大匙

如果使用香料粉，請將它們混合在密封的容器中，蓋緊蓋子並搖勻。如果使用整顆香料，請將它們全部放入香料研磨機中攪拌直到磨細，再移到密封的容器中。在室溫下可儲存最多一年。

沙士康普茶

綜合沙士香料，手磨
 ½ 茶匙／1 大匙
替代品：
混合沙士香料，預磨
 1 茶匙／¼ 杯

沙士薑普茶

綜合沙士香料，手磨
 ½ 茶匙／2 茶匙
生薑，切碎
 1 茶匙／1 大匙
糖蜜
 ¼ 茶匙／1 茶匙

櫻桃香草沙士啤酒

綜合沙士香料，手磨
 1 茶匙／⅛ 杯
櫻桃，對切
 2 茶匙／¼ 杯
整條香草莢，切片
 ¼ 莢／¾ 莢

玫瑰果

富含維生素 C 和 A 的玫瑰果，過去人們會定期給兒童服用其果醬和糖漿以預防感冒。這種有效的抗氧化劑強效產品最常以乾燥形式出售，加入一點至釀造液中即可迅速將其變酸。斟酌使用量，並可與其他富含抗氧化劑的莓果搭配，或與蜂蜜混合使用讓味道變柔和，可依偏好製成你專屬的現代長生不老藥。

催眠玫瑰果

玫瑰果乾
 1 茶匙／1 大匙

玫瑰枸杞

玫瑰果乾
 ¾ 茶匙／1 大匙
枸杞
 ¾ 茶匙／1 大匙

舒緩 C

玫瑰果乾
 ¾ 茶匙／1 大匙
檸檬皮
 ¼ 茶匙／1 茶匙
蜂蜜
 ¼ 茶匙／1 茶匙

以上配方用量適用於500毫升／4公升的康普茶

玫瑰花瓣

玫瑰花瓣富含誘人香氣，不同的品種氣息各不相同，從甜美、濃郁到辛辣都有。它們是種溫和的鎮靜劑、含有豐富天然維他命 C，可提振心情與抗憂鬱，既浪漫又富有異國情調，玫瑰替釀造液添加了少量的色彩與精緻的香調。我們喜歡用自家花園的乾燥花瓣，在中東地區、健康食品店以及網路上也很容易買到。

玫瑰花瓣

乾燥玫瑰花瓣
　1 大匙／ 2 大匙

能量花瓣

乾燥玫瑰花瓣
　1 大匙／ 2 大匙
葉綠素粉
　½ 茶匙／ 2 茶匙

玫瑰果露

乾燥玫瑰花瓣
　1 大匙／ 2 大匙
乾燥玫瑰果
　¼ 茶匙／ 1 茶匙
乾燥接骨木莓
　¼ 茶匙／ 1 茶匙

黃樟樹

黃樟樹是一種月桂樹，其根和樹皮自古以來就用作藥材，可以改善血液流動和消除阻塞現象。黃樟樹原產於北美，通常使用粉末狀或樹皮狀。樹中的活性化合物黃樟素可以爲康普茶增添明顯的沙士風味。我們享受黃樟樹皮帶給康普茶的獨特風味，並運用在我們的沙士康普茶配方中（請參閱第 243 頁）。

薩薩奇諾

釀造咖啡
　2 大匙／ ¼ 杯
黃樟粉
　1 茶匙／ 1 大匙

蔓越莓沙士

加糖蔓越莓汁
　1 大匙／ ⅛ 杯
櫻桃汁
　1 茶匙／ 1 大匙
黃樟粉
　1 茶匙／ 1 大匙

糖蜜沙士

黃樟樹皮，切碎
　1 茶匙／ 1 大匙
糖蜜
　¼ 茶匙／ 1 茶匙
香草粉
　⅛ 茶匙／ ½ 茶匙

聖約翰草

貫葉連翹又名聖約翰草，以殉道者命名，由來是花瓣在摩擦時會滲出淡紅色調。聖約翰草自古以來就廣受讚譽，可以治療包括傷口、頭痛、痛風、焦慮、憂鬱等各種疾病。這種乾燥的草本植物具有天然的泥土味，爲康普茶調味時若與其他香草或水果混合則可以掩蓋土味。

聖靈

聖約翰草
　¼ 茶匙／ 1 茶匙
聖羅勒
　¼ 茶匙／ 1 茶匙

靈性釀

聖約翰草
　¼ 茶匙／ 1 茶匙
乾燥金盞花
　¼ 茶匙／ 1 茶匙
乾燥玫瑰果
　⅛ 茶匙／ ½ 茶匙

以上配方用量適用於500毫升／4公升的康普茶

百里香

最初當我打算創造一種幽默的口味時，我在我的花園找靈感，結果「花園露水」的配方就誕生了。百里香有史以來已被添加在起司和酒類中，其辛辣的底蘊可以與其他藥草順利搭配，也可以添加爲水果類的主旋律。雖然我們更喜歡使用新鮮的百里香和其他藥草，但也可以使用乾燥的百里香，只需將數量減少一半卽可。

花園露水

百里香
¼ 茶匙／1 茶匙
奧勒岡葉
¼ 茶匙／1 茶匙
迷迭香
¼ 茶匙／1 茶匙
薰衣草
⅛ 茶匙／½ 茶匙

草藥檸檬水

百里香
½ 茶匙／1 大匙
新鮮檸檬汁
½ 茶匙／1 大匙
檸檬皮
¼茶匙／1 茶匙

BBT

百里香
½ 茶匙／1 大匙
新鮮羅勒，切碎
¼ 茶匙／1 茶匙
香蕉，搗碎
1 茶匙／⅛ 杯

香草莢

香草莢可抗發炎、減少噁心，且被認爲是壯陽藥。豆莢的油巧妙地緩和康普茶的酸味，同時爲釀造液增添了一絲甜味（還有大量的黑點點，就像眞正的香草冰淇淋一樣！）。我們更喜歡將整個豆莢切成薄片。也可使用香草粉末代替，如此可提供更高的甜度和較少的油，可用於更酸的第二階段發酵。

紅寶石豆莢

整個香草莢，切片
¼ 莢／1 莢
南非國寶茶
½ 茶匙／2 茶匙

香草威化餅

整個香草莢，切片
¼ 莢／1 莢
龍舌蘭糖漿
1 茶匙／2 大匙

香草汽水

整個香草莢，切片
¼ 莢／1 莢
蜂蜜
1 大匙／¼ 杯

以上配方用量適用於500毫升／4公升的康普茶

超級食物

蘆薈

蘆薈這種多肉植物具有外用治療局部燙傷和傷口的悠久歷史，內服的話則可以改善消化和減少炎症。許多保健食品店都可以買到蘆薈汁，但是其苦味（蘆薈這個名字來自阿拉伯語，意思是「發光的苦味物質」）通常需要與其他水果結合使用，以降低苦澀。

蘆薈老大

蘆薈汁
　1大匙／¼杯

綠色舒緩

蘆薈汁
　1大匙／¼杯
綠色力量（第250頁）
　½茶匙／2茶匙
蜂蜜
　1茶匙／1大匙

蘆薈石榴

蘆薈汁
　1大匙／¼杯
石榴汁
　1茶匙／1大匙

酪梨

很難找到有人不喜歡酪梨猶如奶油般濃郁的果肉。酪梨可以和多種口味完美搭配：酸、甜、鹹、辣皆宜。在康普茶中添加酪梨，可以使酸味柔和，並使整體味道更加濃郁。

酪梨

酪梨，搗碎
　2大匙／½杯

黑胡椒酪梨

酪梨，搗碎
　2大匙／½杯
黑胡椒
　1撮／1茶匙

酪梨醬康普茶

酪梨，搗碎
　2大匙／½杯
番茄，切丁
　1茶匙／1大匙
新鮮檸檬汁
　½茶匙／2茶匙
芫荽，稍微切碎
　¼茶匙／1茶匙

以上配方用量適用於500毫升／4公升的康普茶

蜂花粉

蜜蜂不僅可以製造出美味，營養豐富的蜂蜜，還可以產生花粉，這些花粉可以摻入釀造液中，讓它有健康的嗡嗡活力！花粉是由氨基酸、蛋白質和維生素 B 群製成的營養球，主要用來餵食幼蜂。這些濃密的花粉和蜜蜂分泌物可使康普茶冒出許多泡沫，並帶有讓人想起蜂蜜的辛味，但缺乏蜂蜜的甜味。建議對蜂蜜或花粉過敏的人在使用花粉時要非常謹慎。

超級嗡嗡

蜂花粉，輕輕碾碎
1 茶匙／1 大匙
生可可粉
2 茶匙／1½ 大匙
瑪卡粉
1 茶匙／1 大匙

柔和嗡嗡

蜂花粉，輕輕碾碎
1 茶匙／1 大匙
乾燥洋甘菊
½ 茶匙／2 茶匙
薰衣草，乾燥
¼ 茶匙／1 茶匙

嗡嗡

蜂花粉，輕輕碾碎
1 茶匙／1 大匙
新鮮橙汁
2 茶匙／¼ 杯
檸檬皮
¼ 茶匙／1 茶匙

可可

可可粉是烘焙可可豆的粉末形式。它含有可可鹼（一種類似咖啡因的生物鹼）、抗氧化劑和諸如色氨酸和 5-羥色胺之類的氨基酸。可可不含糖，味微苦，並具有巧克力般的基調，可與較甜的水果完美搭配，創造出有趣的「蘇打」新口味。我們喜歡庫斯科巧克力的麥芽風味，它使用的是蛋黃果，而蛋黃果是南美最受歡迎的果實，常以粉狀形式取得。

庫斯科巧克力

生可可粉
¼ 茶匙／1 茶匙
蛋黃果粉
¼ 茶匙／1 茶匙

可可能量

生可可粉
¼ 茶匙／1 茶匙
瑪卡粉
¼ 茶匙／1 茶匙

巧克力櫻桃

生可可粉
¼ 茶匙／1 茶匙
櫻桃果醬
1 茶匙／1 大匙

奇亞籽

原產於墨西哥的沙漠植物種子傳統上被用作能量來源，並富含各種 omega-3。製作以下配方中所使用的奇亞籽凝膠，請將一大匙奇亞籽種子與 ¼ 杯溫水混合在一個盤子中，並充分攪拌。靜置 20 至 30 分鐘，或直到形成濃稠的凝膠。立即使用凝膠或將其保存在冰箱中最多 1 週。種子不會像市面販售的那樣持續懸浮在康普茶中，最好在 3 天內食用完畢。

綠奇亞籽

奇亞籽凝膠
2 茶匙／¼ 杯
綠色力量（第 250 頁）
1 茶匙／1 大匙

櫻桃奇亞籽

奇亞籽凝膠
2 茶匙／¼ 杯
櫻桃，切碎或醃製
1 大匙／¼ 杯

葡萄奇亞籽

奇亞籽凝膠
2 茶匙／¼ 杯
葡萄汁
1 大匙／¼ 杯

以上配方用量適用於500毫升／4公升的康普茶

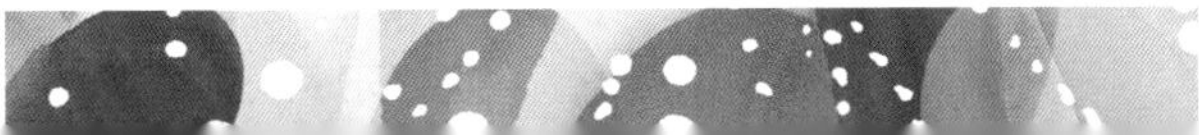

椰子水

椰子水在熱帶地區很受歡迎，具有補水和提神作用。它的鉀和鎂含量很高，使其成爲運動後補充礦物質的天然選擇。在使用前，尋找不含果肉的品牌或將其過濾。

椰子康普茶

椰子水
¼ 杯／1 杯

椰子香料茶

椰子水
¼ 杯／1 杯
綜合香料茶（第 237 頁）
¼ 茶匙／1 茶匙

肉桂椰子

椰子水
¼ 杯／1 杯
肉桂皮薄片
¼ 茶匙／1 茶匙

咖啡

在以茶爲基礎的飲料中添加咖啡似乎不是一個好主意，然而如此一來會產生一種複雜的風味，進而讓咖啡愛好者感到滿足。苦味將平衡康普茶的味道。較甜的元素（如香草或可可）可提供一種濃郁而微妙的香氣，令人愉悅和興奮。若要獲得完全不同的效果，請在第一階段發酵過程中使用咖啡釀造康普茶（請參閱第 268 頁的康普咖啡）。

咖啡康普茶

整條香草莢，切片
¼ 莢／1 莢
沖煮咖啡
⅛ 杯／⅓ 杯

摩卡

沖煮咖啡
⅛ 杯／⅓ 杯
生可可粉
¼ 茶匙／1½ 茶匙

土耳其軟糖

沖煮咖啡
⅛ 杯／⅓
小荳蔻，研磨
⅛ 茶匙／½ 茶匙
肉桂
⅛ 茶匙／½ 茶匙
丁香，研磨
⅛ 茶匙／½ 茶匙

枸杞

這些來自中國的果實最常見的是脫水形式。它的味道微妙，將這些營養豐富的果實（與長生不老概念頗有淵源）添加到你的茶中，誰也說不準你會享受幾生幾世的枸杞康普茶！

加油，枸杞

枸杞
½ 茶匙／2 茶匙

藏族佳餚

枸杞
½ 茶匙／2 茶匙
生薑，切丁
⅛ 茶匙／1 茶匙

大紅色

枸杞
½ 茶匙／2 茶匙
草莓，切碎
1 茶匙／¼ 杯

以上配方用量適用於500毫升／4公升的康普茶

椰子康普茶
瑪卡智利酒果
加油，枸杞
蘆薈老大
嗡嗡
可可能量

綠色力量

所有綠色食物都帶有營養價值，大多數與康普茶搭配使用時，可以製成令人滿意的鹼性飲料。使用任何你喜歡的「綠色」粉末或果汁。我們喜歡小麥草、大麥草、螺旋藻和小球藻。

綠色夢境

綠色粉末
　1 茶匙／1 大匙

綠西瓜

綠色果汁
　2 茶匙／2 大匙
西瓜，切碎
　2 大匙／¾ 杯

薄荷力量

綠色粉末
　1 茶匙／1 大匙
新鮮薄荷，切碎
　½ 茶匙／2 茶匙

瑪卡

這種植物的根莖是南美幾種超級食品之一，被秘魯人食用了多個世紀，他們以壯陽功能和增強能量的特性而倍受讚譽。瑪卡具有麥芽風味，讓人聯想到英式奶油硬糖。

充電康普茶

瑪卡粉
　1 茶匙／1 大匙
蜂花粉，輕輕碾碎
　1 茶匙／1 大匙
生可可粉
　2 茶匙／1½ 大匙

香蕉瑪卡

瑪卡粉
　1 茶匙／1 大匙
香蕉泥
　2 大匙／½ 杯

枸杞瑪卡

瑪卡粉
　1 茶匙／1 大匙
枸杞
　½ 茶匙／2 茶匙

智利酒果

常綠的智利酒果與黑莓的味道相似。研究表示，它們可能是一種有效的抗發炎藥，可以降低多種因炎症引發疾病的風險。

智利酒果

乾燥智利酒果或乾粉
　1 茶匙／4 顆
　4 茶匙／16 顆

薄荷智利酒果

乾燥智利酒果或乾粉
　1 茶匙／4 顆
　4 茶匙／16 顆
新鮮薄荷，粗碎
　1 茶匙／2 茶匙

瑪卡智利酒果

乾燥智利酒果或乾粉
　1 茶匙／4 顆
　4 茶匙／16 顆
瑪卡粉
　1 茶匙／1 大匙

以上配方用量適用於500毫升／4公升的康普茶

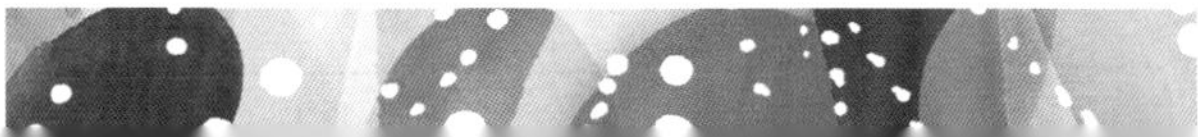

開胃菜

培根

培根眞棒，既美味又充滿樂趣。是的，你當然可以將培根添加到康普茶中。使用鹹味素食培根亦可。

楓糖漿培根汽水

培根，煮熟並絞碎
　½ 茶匙／1 大匙
蘋果醬
　¼ 茶匙／1 大匙

蘋果培根

培根，煮熟並絞碎
　½ 茶匙／1 大匙
乾燥百里香
　¼ 茶匙／1 茶匙
蘋果，切丁
　½ 茶匙／1 大匙

櫻桃培根

培根，煮熟並絞碎
　½ 茶匙／1 大匙
櫻桃，對切
　1 茶匙／⅛ 杯
柳丁皮
　⅛ 茶匙／½ 茶匙

甜菜

這種根類食物富含葉酸和錳，還含有大量糖分。如果添加過多的話，它的甜味和泥土味會很快壓過康普茶本身的味道。使用生甜菜，去皮切碎，還能增加絢麗的色彩。

甜菜不敗

新鮮甜菜，切碎
　1 大匙／¼ 杯

胡椒甜菜

新鮮甜菜，切碎
　1 大匙／¼ 杯
黑胡椒粉
　1 撮／⅛ 茶匙

甜菜通寧

新鮮甜菜，切碎
　1 大匙／¼ 杯
芹菜，切碎
　1 大匙／¼ 杯

以上配方用量適用於500毫升／4公升的康普茶

胡蘿蔔

雖然不是常見的調味選擇，但胡蘿蔔營養豐富，充滿層次的味道更能廣泛地與鹹味和甜味搭配。切絲的蘿蔔比蘿蔔汁帶有更多泥土味，但甜度卻不如蘿蔔汁；蘿蔔汁可以迅速將幾乎所有過酸的康普茶恢復正常，因此成爲新手自釀者的絕佳調味選擇。

火焰蘿蔔

胡蘿蔔汁
　1 大匙／¼ 杯
辣椒
　⅛ 茶匙／½ 茶匙

活力 C

胡蘿蔔汁
　1 大匙／¼ 杯
柳丁皮
　⅛ 茶匙／½ 茶匙
乾燥百里香
　¼ 茶匙／1 茶匙

胡蘿蔔派

胡蘿蔔汁
　1 大匙／¼ 杯
肉桂茶匙
　¼ 茶匙／1 茶匙
香草粉
　⅛ 茶匙／½ 茶匙

卡宴辣椒

卡宴辣椒（Cayenne）最常以粉末形式使用，它可以增加血流量並加快新陳代謝，同時能爲任何食譜提供明顯的火辣感。一小撮辣椒粉末就可以順利爲康普茶的調性添加辣味——添加到康普茶醋中更是完美。

火焰西瓜

卡宴辣椒
　½ 撮／¼ 茶匙
西瓜，切碎
　¼ 杯／¾ 杯

卡宴檸檬

卡宴辣椒
　½ 撮／¼ 茶匙
檸檬汁
　½ 茶匙／2 茶匙
檸檬皮
　⅛ 茶匙／½ 茶匙
黃瓜，切丁
　2 茶匙／¼ 杯

夏季熱火

卡宴辣椒
　½ 撮／¼ 茶匙
番茄，切丁
　2 茶匙／¼ 杯
新鮮羅勒，稍微切碎
　¼ 茶匙／2 茶匙

黃瓜

這個瓜類家族成員含有數量驚人的維生素 K，與合適的食材搭配時更顯其口味。我們將未削皮的小黃瓜與香草加入攪拌機充分混合，試圖捕捉夏日花園的精華。

英式庭園

黃瓜，切丁
　2 湯匙／¼ 杯
接骨木莓乾
　1 茶匙／1 大匙
新鮮薄荷，稍微切碎
　½ 茶匙／2 茶匙

庫克瑪麗

黃瓜切丁
　2 大匙／¼ 杯
迷迭香，乾燥
　⅛ 茶匙／¼ 茶匙
檸檬皮
　⅛ 茶匙／¼ 茶匙

涼瓜

黃瓜，切丁
　1 大匙／¼ 杯
白蘭瓜，切丁
　1 大匙／¼ 杯
乾燥薄荷，壓碎
　¼ 茶匙／1 茶匙

以上配方用量適用於**500**毫升／**4**公升的康普茶

楓糖漿
培根汽水
香辣番茄
酸蘑菇
甜菜不敗

大蒜

加這種調味料到康普茶中似乎令人驚訝，然而正確的用法會產生平衡的辣味和鹹味，並抵銷其他不相干的味道。建議使用新鮮的大蒜，以產出最佳風味。另外，大蒜愈老熟，香氣就愈強烈。

美味大蒜

大蒜，切丁
　½ 茶匙／2 茶匙
檸檬皮
　⅛ 茶匙／½ 茶匙

披薩康普茶

大蒜，切丁
　½ 茶匙／2 茶匙
新鮮番茄，切碎
　2 大匙／¼ 杯
乾燥奧勒岡葉
　⅛ 茶匙／¼ 茶匙

紫金通寧水

大蒜，切丁
　½ 茶匙／2 茶匙
甜菜，切丁
　1 大匙／¼ 杯
鮮檸檬汁
　½ 茶匙／1 大匙

墨西哥辣椒

辣味康普茶可以消除鼻竇堵塞，也非常適合製作混合飲料或與鹹味果汁混合。這些食譜只需要辣椒果肉，但是如果你想讓康普茶驚爲天人，或許可以在釀造液中加些辣椒籽。

黃瓜辣椒

墨西哥辣椒，切碎
　½ 茶匙／1 大匙
黃瓜，切丁
　2 大匙／¼ 杯

香辣番茄

墨西哥辣椒，切碎
　½ 茶匙／1 大匙
新鮮番茄，切碎
　2 大匙／¼ 杯
香菜，稍微切碎
　¼ 茶匙／1 茶匙

芒果莎莎

墨西哥辣椒，切碎
　½ 茶匙／1 大匙
芒果，切丁
　2 大匙／¼ 杯
新鮮檸檬汁
　¼ 茶匙／1 茶匙
檸檬皮
　⅛ 茶匙／½ 茶匙

蘑菇

豐盛濃郁的肉湯不見得適合每一餐，但我們眞心喜歡這種口味的康普茶，建議搭配一頓大餐飲用或作爲下午茶點心。蘑菇乾或鮮蘑菇可以相同比例使用。

菇菇

秀珍菇，切丁
　1 茶匙／2 茶匙
椎茸蘑菇，切丁
　1 茶匙／2 茶匙
乾燥薄荷
　¼ 茶匙／1 茶匙

香草蘑菇

任何種類的蘑菇，切丁
　1 大匙／¼ 杯
乾燥迷迭香
　⅛ 茶匙／½ 茶匙
乾燥百里香
　⅛ 茶匙／½ 茶匙

酸蘑菇

椎茸蘑菇，切丁
　1 大匙／¼ 杯
檸檬汁
　½ 茶匙／2 茶匙

以上配方用量適用於**500**毫升／**4**公升的康普茶

番茄

在酸的康普茶中添加像番茄這樣的酸性水果似乎畫蛇添足，但若搭配適當的香料組合將會令人十分愉悅，因爲如此一來會突顯番茄的天然甜味。別有風味的康普茶用途不僅限於飲料，更可以襯托油醋醬、在湯中增添風味，並爲其他鹹食增添活力。

康普莎莎醬

新鮮番茄，切碎
　2 大匙／¼ 杯
洋蔥，切碎
　⅛ 茶匙／½ 茶匙
墨西哥辣椒，切碎
　⅛ 茶匙／½ 茶匙
香菜，稍微切碎
　1 茶匙／1 大匙
大蒜，切丁
　1 撮／⅛ 茶匙
黑胡椒
　1 撮／⅛ 茶匙

希臘左巴康普茶

黃瓜，切丁
　2 大匙／¼ 杯
新鮮番茄，切碎
　2 湯匙／¼ 杯
乾燥奧勒岡葉
　1 茶匙／1 大匙

胡椒大人

新鮮番茄，切丁
　2 大匙／¼ 杯
黑胡椒
　⅛ 茶匙／½ 茶匙
墨西哥辣椒
　½ 大匙／1½ 大匙

以上配方用量適用於500毫升／4公升的康普茶

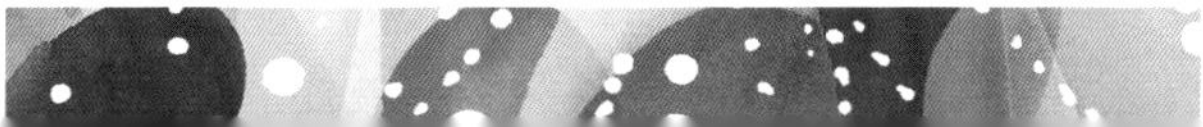

藥草

中醫和印度傳統醫學阿育吠陀

當歸

或稱「女人的人蔘」。其特性包括保暖、放鬆肌肉組織、平衡荷爾蒙和改善消化。當歸根可以打成粉末或切成薄片，但膠囊中的粉末形式最容易取得。當使用薄片形式時，請將份量增加25%。

神奇啤酒

乾燥當歸
　1茶匙／1大匙
杏桃乾，切丁
　1大匙／¼杯
乾燥薰衣草
　¼茶匙／1茶匙

天使與魔鬼

乾燥當歸
　1茶匙／1大匙
生薑，切丁
　1大匙／¼杯

梅子當歸

乾燥當歸
　1茶匙／1大匙
梅子，切丁
　2大匙／½杯

黃芪

黃芪是一種暖化劑，可支持免疫系統並抵抗疲勞。黃芪略帶甜味，可與苦味藥草搭配。黃芪有多種形式。我們發現膠囊使用和儲存起來最簡單。若直接使用黃芪根，每粒膠囊應以1茶匙黃芪根代替。

黃芪

黃芪
　1顆膠囊／4顆

藍色黃芪

黃芪
　1顆膠囊／4顆
藍莓，對切
　2大匙／¾杯

根莖嗡嗡力量

黃芪
　1顆膠囊／4顆
薑糖，切碎
　1茶匙／1大匙
蜂花粉，輕輕碾碎
　¼茶匙／1茶匙

阿育吠陀複方

阿育吠陀是古老的印度藥草療法，與中藥同時出現。這兩種系統具有許多共通點，主要是基於自然元素的概念，將患者視爲一個整體系統，而不是單獨關注病灶。

謹慎使用藥草

藥草在醫學實踐中已經使用了數千年，並且是許多現代藥物製劑的根源，因此應謹慎使用。請諮詢合格的專業人員，以利長期用作康普茶調味劑。建議謹慎飲用實驗性釀造液，並請特別注意飲用後的生理反應。你可能會發現喜歡的新口味，但是要成功運用藥草，謹慎行事是首要之務。

以上配方用量適用於500毫升／4公升的康普茶

都夏

阿育吠陀的都夏（dosha）代表著人體和心靈的能量。根據阿育吠陀的說法，一個人在平衡所有都夏時都能獲得最大的健康。三種都夏是風型 vata，火型 pitta 和水型 kapha。大多數人傾向於反映一個都夏的能量，而不是同時反映其他都夏的能量，儘管每個都夏的所有元素都存在著。有一些特定的食物、藥草和活動可以增強和平衡每一個都夏。

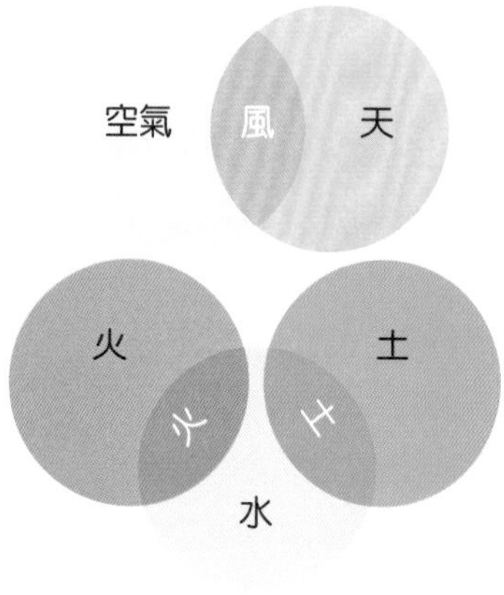

火型

這些藥草可以平衡火型都夏，此都夏透過消化、營養與體溫掌管代謝。火是火型都夏的主要元素，達到平衡即可獲得滿足感以及智慧。

小荳蔻，磨碎
⅛ 茶匙／½ 茶匙
乾燥洛神花
⅛ 茶匙／½ 茶匙
新鮮薄荷，稍微切碎
2 片葉子／6 片葉子
⅛ 茶匙／½ 茶匙
乾燥墨西哥菝契
⅛ 茶匙／½ 茶匙
聖羅勒
¼ 茶匙／¾ 茶匙
檸檬皮
1 茶匙／2 茶匙
桃子，剝皮切丁
½ 大匙／2 大匙

土型

這些藥草對土型都夏有助益，這個都夏掌管生長、增強免疫力以及替肌膚補水。水是此都夏的主要元素，一旦達到平衡，便會透過愛與原諒的行爲來展現。

整顆丁香
⅛ 茶匙／½ 茶匙
新鮮生薑，切丁
⅛ 茶匙／½ 茶匙
肉桂
⅛ 茶匙／½ 茶匙
乾燥薄荷
⅛ 茶匙／½ 茶匙
小荳蔻，磨碎
⅛ 茶匙／½ 茶匙
多香果，磨碎
1/16 茶匙／¼ 茶匙
橘子皮
1/16 茶匙／¼ 茶匙
黑胡椒
1/16 茶匙／¼ 茶匙

風型

這些藥草對風型都夏有助益，即控制運動、血液循環和呼吸。空氣是此都夏的主要元素，而平衡時則表現爲創造力和活力。

乾燥洋甘菊花
¼ 茶匙／1 茶匙
甘草根，切碎
⅛ 茶匙／¾ 茶匙
新鮮生薑，切丁
⅛ 茶匙／¾ 茶匙
茴香籽
⅛ 茶匙／¾ 茶匙
乾燥薄荷
½ 茶匙／1 茶匙
乾燥玫瑰花瓣
¼ 茶匙／1 茶匙
乾燥玫瑰果
⅛ 茶匙／¾ 茶匙
聖羅勒
⅛ 茶匙／¾ 茶匙
橙皮
⅛ 茶匙／1 茶匙

以上配方用量適用於500毫升／4公升的康普茶

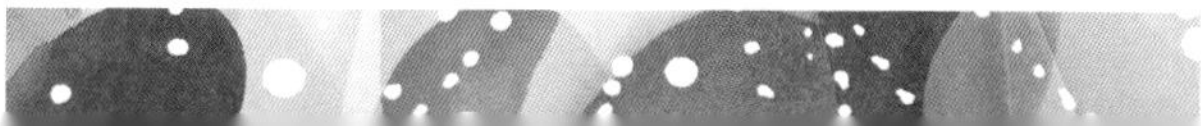

黑胡椒

黑胡椒具有暖化的特性，可用於治療咳嗽、感冒、消化不良、牙齦問題、聲音嘶啞、痢疾和消化不良。胡椒鹼是胡椒中的一種生物鹼，已顯示具有抗熱、消炎和緩解疼痛的功效。

櫻桃香料

櫻桃，切成薄片
1大匙／½杯
黑胡椒
½茶匙／2茶匙
肉桂皮
¼茶匙／1茶匙

天堂香氣

小荳蔻，研磨
⅛茶匙／½茶匙
整顆丁香，完整
3顆／10顆
新鮮生薑，切丁
¼茶匙／1茶匙
黑胡椒
½茶匙／2茶匙

胡椒莓果

草莓，切碎
1大匙／½杯
覆盆子，輕輕搗碎
1大匙／½杯
黑胡椒
½茶匙／2茶匙

薑

生薑在治療消化問題、增加血液循環和提供保暖方面有著悠久的歷史，在中醫和阿育吠陀中都享有很高的聲譽。它的辛辣甜味特別適合與康普茶搭配使用，並可以與其他多種調味劑結合運用，以便製成多種口味。新鮮、乾燥、磨碎或醃漬的生薑皆可以任何形式用作調味劑。有些配方指定了特定的類型，然而其實切碎新鮮生薑可以提供最大的風味，記得不需剝皮！

蘋果薑茶

蘋果，切丁
¼杯／1杯
新鮮生薑，切丁
¼茶匙／1茶匙

生薑嗡嗡

新鮮生薑，切丁
¼茶匙／2茶匙
蜂蜜
1茶匙／1大匙
蜂花粉，輕輕碾碎
⅛茶匙／1茶匙

玉龍

綠汁
2茶匙／2大匙
新鮮生薑，切丁
¼茶匙／2茶匙
辣椒
⅛茶匙／½茶匙

人蔘

人蔘的意思是「人的根」，肉質叉狀的根看起來像一個有兩條腿的人型輪廓。人蔘甜而微暖、帶有苦味，可作壯陽藥、健脾和通肺氣，可促進體液生成，並能鎮定神經系統。
人蔘有多種形式。我們發現膠囊是最簡單又最實惠的來源。如果使用乾人蔘根，則每膠囊替換1茶匙的量。

人蔘

人蔘膠囊
1粒／4粒

人蔘派

人蔘膠囊
1粒／4粒
蘋果，切丁
1大匙／½杯
肉桂皮
¼茶匙／1茶匙

薄荷蔘

人蔘膠囊
1粒／4粒
新鮮薄荷，稍微切碎
1茶匙／1大匙

以上配方用量適用於500毫升／4公升的康普茶

蘋果薑茶
圖爾西薄荷
免疫力增強飲
櫻桃香料茶

聖羅勒

聖羅勒在印度傳統中備受推崇，在印度它被認爲是圖爾西女神的化身，爲耕種羅勒的人們提供了神聖的保護。聖羅勒的莖通常會被乾燥處理，並在冥想中用作念珠。這種香草可以使你溫暖，並可促進體內的純度和亮度，同時減輕脹氣和消化不良，以及清潔呼吸道。最常見的是在茶袋中的乾燥型態。

聖瓜

聖羅勒
　2茶匙／1大匙
西瓜，切碎
　¼杯／¾杯

花神

聖羅勒
　2茶匙／1大匙
乾燥玫瑰花瓣
　1大匙／¾杯
茶花，乾燥
　1大匙／½杯

聖羅勒薄荷

聖羅勒
　2茶匙／1大匙
南非國寶茶
　¼茶匙／1茶匙
新鮮薄荷，切碎
　1茶匙／1大匙

甘草

甘草的天然甜味來自堅硬、富含纖維的根中的甘草甜素。茴香和小茴香等其他香草也有類似的味道，更易於使用。這種中性的甜味香草在中醫也有記載，可消除咽喉痛的紅熱、減輕疼痛、防止腿部或腹部痙攣，並且可作爲毒素的解毒劑。請注意，甘草會消耗體內的鉀，因此在定期食用甘草時應補充鉀的攝取。

甜美香料

甘草乾，切碎
　1茶匙／1大匙
肉桂皮
　¼茶匙／1茶匙

莓果甘草

甘草乾，切碎
　1茶匙／1大匙
覆盆子，切丁
　1大匙／¼杯
藍莓，切半
　1大匙／¼杯

柑橘甘草

甘草乾，切碎
　1茶匙／1大匙
新鮮的橘子汁
　1大匙／¼杯

五味子

五味子具有包含所有經典風味的特質（請參見下頁圖表）。它的特性是酸性溫和的，其用途包括治療腹瀉、清肺、補腎氣、平衡神經系統，並幫助性腺分泌。五味子可賦予康普茶許多風味和氣泡，證明了其強大的功能。五味子略帶酸味和苦味，最好與水果或其他更甜的藥草（香草、甘草、南非國寶茶）搭配以保持平衡。

五味子

五味子乾
　⅛茶匙／1茶匙

贊德拉長老

五味子乾
　⅛茶匙／1茶匙
接骨木果乾
　1茶匙／1大匙

免疫力增強飲

五味子乾
　⅛茶匙／1茶匙
接骨木莓乾
　1茶匙／1大匙
新鮮生薑，切丁
　¼茶匙／1茶匙
肉桂皮
　¼茶匙／1茶匙

以上配方用量適用於500毫升／4公升的康普茶

薑黃

薑黃，在印度有時被稱爲金色女神，可以局部外用，也可以內服，在印度阿育吠陀傳統醫學中具有平衡和治癒的特性，尤其在緩和呼吸系統疾病、癒合傷口和皮膚病等方面具有很高的評價。此外，薑黃作爲一種天然防腐劑，可添加於化妝品中，亦能製成有效的驅蟲劑。

薑黃最著名的是其中薑黃素的存在，這種橘色根莖類使康普茶更添魅力。薑黃以粉末形式普及使用，但我們偏好使用健康食品店中的新鮮薑黃。建議在配方中使用超過25%的薑黃根莖（切丁）。薑黃康普茶配方具有新鮮的柳橙香氣，加上根莖類的風味，可以挑動你的味蕾。

橙色爆炸

薑黃粉
½茶匙／1½茶匙
新鮮橙汁
1大匙／¼杯
肉桂皮薄片
½茶匙／2茶匙

舒緩日出

薑黃粉
½茶匙／1½茶匙
乾燥洋甘菊花
1茶匙／1大匙
新鮮萊姆汁
1茶匙／1大匙
生薑，切丁
½茶匙／1大匙

正義根莖

薑黃粉
¼茶匙／1茶匙
生薑，切丁
½茶匙／2茶匙

五種味道、器官和元素

味道	器官	元素
甜	胃和消化系統	土
苦	心臟與心血管系統	火
酸	肝臟和神經系統	木
鹹	腎臟和內分泌系統	水
辣	肺臟、淋巴和免疫系統	金

以上配方用量適用於500毫升／4公升的康普茶

CHAPTER 12

冰沙、蘇打水和汽水

隨著消費者意識逐漸抬頭，了解普通軟性飲料中的人造香料、甜味劑和色素有害人體，蘇打汽水的時代漸漸衰落。但是我們仍然喜歡白開水的閃亮替代品，那麼現在我們該喝什麼呢？答案很明確：人們正重新探索發酵飲料。畢竟，沙士和薑汁啤酒通常是從真正的根莖、香草和香料中發酵而來的，它們能提供正宗的風味和營養。重新探索發酵技術的妙處在於，如此一來還能啟發我們使用自己獨特的配方發明新飲料。

這一系列飲料提供了一個有趣的基礎，使你富有創造力並挑動你的味蕾。接下來的配方增添了真正食物的營養，而且是在大多數商店貨架上完全找不到的獨特口味。

你可以藉由一杯振奮精神的康普茶飲品來增強早晨的活力。某些咖啡飲料和冰沙確實偏向甜點，但是，嘿，我們無法抵擋冰淇淋的誘惑！當你在康普茶中添加冷凍甜品時，請無需感到內疚。

冰沙、奶昔和「康啡」飲品

水果康普茶冰沙（產量：2 份）

冰沙是許多外出旅行家庭的必備品。冰沙快速又容易製作，並且富營養，幾乎可以當作一餐。現在，你也以在冰沙中加入康普茶能量。在下面每個項目中至少挑選一個材料，混合在一起，打開攪拌器，美味飲品就上桌囉！

水果

香蕉、櫻桃、草莓、芒果、鳳梨、桃子、覆盆子

康普茶

無味、生薑味、充電康普茶（第 250 頁）或發揮你的想像力

催化劑

瑪卡粉、蛋白質粉、可可粉、綠色粉末（葉綠素、藍藻、小麥草）、蜂花粉、堅果醬、果汁

冰塊

在攪拌機中混合 2 杯水果、250 毫升的康普茶和 1 至 2 大匙的催化劑。加入 1 至 2 杯冰塊並充分混合，必要時添加更多康普茶以便達到滑順的口感。多出的冰沙可以在冰箱中保存長達 24 小時。

康普茶克菲爾冰沙（產量：2 份）

康普茶和克菲爾的益生菌二重奏。這種飲料口感柔滑、呈乳脂狀，並富含營養。此外，你還可以混合搭配水果，創造出無數的口味組合。

1½ 杯冷凍或新鮮混合莓果

⅔ 杯超級 C 康普茶（第 224 頁），並依需要增加

⅓ 杯石榴汁

3 大匙克菲爾乳酪（請參閱第 315 頁）或希臘優格

冰塊

在攪拌機中將莓果、康普茶、果汁和克菲爾乳酪混合在一起。如果使用的是新鮮莓果，請加入 1 到 2 杯冰塊；如果使用的是冷凍莓果，則不需加冰塊。混合均勻，必要時添加更多的康普茶，以便獲得滑順的口感。多出的冰沙可以在冰箱中保存長達 24 小時。

急凍！

康普茶做成冰塊可以將成分保存在內。只需將你最喜歡的康普茶倒入冰盤中並冷凍。然後，每當你需要增添風味或增進健康時，就可以將幾個康普茶冰塊扔進飲料或冰沙中。

康普茶克菲爾冰沙

康普茶羽衣甘藍冰沙 （產量：2份）

這種營養豐富的組合甚至比大力水手卜派的菠菜密技更好！康普茶和橙汁的酸度中和羽衣甘藍的強烈風味，而香蕉則有良好的口感，莓果則增添了一絲甜味。

1個中等尺寸香蕉
1整個柳橙，去皮去籽
1杯水果（鳳梨、草莓、櫻桃、藍莓、桃子、芒果）
1杯菠菜或甜菜
3片羽衣甘藍大莖，去莖
1杯「綠色夢境康普茶」（第250頁），以及更多所需的冰塊

將香蕉、柳橙、水果、菠菜、羽衣甘藍和康普茶放入攪拌機中。首先加入1到2杯冰塊充分混合，必要時添加更多的康普茶，以獲得光滑的質地。額外的冰沙可以在冰箱中保存長達24小時。

康普茶堅果冰沙 （產量：2份）

堅果中的高脂肪含量爲這種涼爽的非乳製食品增添了奶油味。水果味的康普茶可以與腰果搭配得很好，也可以搭配巴西堅果、杏仁或榛果一起品嚐。浸泡堅果可以使堅果軟化並分解植酸，植酸是一種阻礙蛋白質消化吸收的抗營養物質。

½杯生堅果
1杯蔓越莓康普茶（第224頁），並依需要增加
2茶匙楓糖漿（如果有B級更好）
2杯冰塊

將堅果在水中浸泡約2個小時。排乾水分並沖洗乾淨。將浸泡過的堅果與康普茶、楓糖漿和冰塊一起放入攪拌機中。慢慢混合，根據需要添加更多的康普茶，以獲得滑順的口感。

鳳梨可樂達奶昔 （產量：1份）

讓你的味蕾漂浮在香草和椰子水中放鬆，在這氣泡中，鳳梨和康普茶的甜味會滿足你對異國情調的渴望。

1杯香草冰淇淋
¼杯椰子萊姆康普茶（第229頁）
2大匙鳳梨汁
½杯冰塊
1大匙椰子片
新鮮鳳梨片，用於裝飾

將冰淇淋倒入攪拌機中，倒入康普茶和鳳梨汁。最後加冰塊和椰子片。混合至滑順，並配上鳳梨片作爲裝飾。

康普茶羽衣甘藍冰沙

漂浮沙士康普茶 （產量：1 份）

讓康普茶把這款經典的夏季涼飲變得更健康。冰淇淋將平衡沙士康普茶的藥味及濃郁風味。混合搭配冰淇淋和康普茶，就能輕鬆發明其他有趣的飄浮飲料。

2 勺冰淇淋，雪酪或冷凍優格
1½-2 杯沙士康普茶（第 178 或 243 頁）

將冰淇淋置入一個高腳玻璃杯中。將足夠的沙士康普茶慢慢倒入冰淇淋中填滿玻璃杯。可能會起泡沫，但是當將可以邊喝邊添加更多的康普茶。一起喝會更有趣！

漂浮巧克力櫻桃康普茶 （產量：1 份）

苦澀、酸和甜，完美融合成這杯罪惡甜點。省略咖啡可使強度柔和。

2 勺冰淇淋，雪酪或冷凍優格
¼ 杯義式濃縮咖啡或深色烘焙咖啡
¼ 杯巧克力櫻桃康普茶（第 247 頁）
用鮮奶油、巧克力粉和櫻桃裝飾

將冰淇淋置入一個高腳玻璃杯中。將咖啡和康普茶倒在冰淇淋上。在上面放一勺奶油，再撒上巧克力和櫻桃。

漂浮香料茶拿鐵 （產量：1 份）

辛辣而甜蜜的相遇，無與倫比的奶油滋味！依需要增加更多香料茶來調料。

2 勺冰淇淋，雪酪或冷凍優格
¼ 杯冷香料茶
¼ 杯香料康普茶（第 237 頁）

將冰淇淋倒入一個高腳玻璃杯中，再倒入香料茶和康普茶。

康普咖啡 （產量：4 公升）

咖啡豆雖然刺鼻，酸味卻很柔滑，進而產生巧克力味和令人驚訝的甜味。要獲得更濃的風味，請將研磨咖啡增加至 ½ 杯。我們可以單獨享受康普咖啡，也可用它製作出更健康的拿鐵咖啡和摩卡咖啡。

4 公升水
⅓ 杯研磨咖啡
1 杯糖
1 個紅茶菌
1 杯發酵液

1. 將 1 公升的水煮至接近沸騰，再從火上移開。將熱水倒在裝在大耐熱碗中的咖啡上，浸泡 5 至 7 分鐘。並將糖攪拌進熱咖啡中直至溶解。

漂浮沙士康普茶

2. 將剩餘的 3 公升水倒入釀造容器中。加入甜咖啡並用手測試溫度。當達到體溫時，添加紅茶菌和發酵液，再照常蓋好並放置一旁。

3. 5 天後開始品嚐咖啡。咖啡容易將乙酸融化，因此它的味道可能不像普通康普茶那麼酸。

4. 沖泡完成後，取出紅茶菌。如果你打算沖泡另一批康普茶咖啡，則將 1 杯液體作爲發酵劑。如果沒有，請將紅茶菌作爲廚餘丟棄，或將其存儲在單獨的紅茶菌溫床中。

5. 將康普茶咖啡倒入瓶中。我們建議你添加可可、香草豆和櫻桃等互補口味的調味料。在室溫下放置 1 至 4 天，直到達到所需的風味和碳酸化程度。

冰康普拿鐵 （產量：1 份）

爲早晨加入充沛活力。在家製作這款美味咖啡還能幫你省錢。

1 杯康普咖啡

¼ 杯克菲爾乳酪或一般優格

1 茶匙蜂蜜，或自行調整

½ 杯冰塊

將康普咖啡、克菲爾乳酪、蜂蜜和冰塊放在攪拌機中混合，直至液體具有希臘咖啡的奶泡質地。

摩卡咖啡

將 2 茶匙巧克力糖漿添加到你的冰康普茶拿鐵中令口感更豐富。撒上肉桂可讓飲料更美味健康。

康普茶能量飲　（產量：1 公升）

提神和運動飲料的主要問題是它們含有化學物質和糖。製作自己的運動飲料，可以真正補充身體能量並減少乳酸堆積。

3 ½ 杯綜合莓康普茶（第 223 頁）
½ 杯蘋果汁（最好是有機果汁）
¼ 茶匙鹽（最好是喜馬拉雅粉紅鹽或凱爾特海鹽）

將康普茶、果汁和鹽放入罐中，輕輕搖勻。存放在冰箱中最多 1 個月。

帕爾默康普茶　（產量：2 公升）

高爾夫巨匠阿諾德．帕爾默（Arnold Palmer）曾經在家享受檸檬水和冰茶的組合。1960 年，他在美國網球公開賽的酒吧裡點了一杯，附近的一位女士也點了一杯與帕爾默相同的飲料，隨後即因此而命名。將水果味冰茶和檸檬活力飲一起調合。

6 杯冰茶
2 杯檸檬活力飲康普茶（第 229 頁）
⅓ 杯糖（可用可不用）
冰塊
用於裝飾的薄荷小枝

將茶和康普茶混合在一個罐中。攪拌糖直至完全溶解。用冰塊裝滿杯子，將冰茶混合物倒在冰上，並飾以一小撮薄荷。

熱康普蘋果西打　（產量：2 公升）

當你感到空氣的涼意，請加熱一杯康普茶蘋果西打。芬芳的香料具有使身體變暖的特性，即使喝完仍暖意未消。可以將材料包在綿布或可重複使用的茶袋中。

調製香料

3 根肉桂棒，折成碎片
1 大匙多香果
1 大匙丁香
2 片新鮮生薑，1.3 公分厚
1 個柳橙的皮或脫水的橙皮，依需要切碎

調製蘋果西打

1 公升蘋果西打
1 杯蘋果，切丁
½ 杯蔓越莓乾
1 包香料
1 公升肉桂康普茶（第 238 頁）
用於裝飾的肉桂棒

將蘋果西打、蘋果、蔓越莓和香料混合在鍋中。煮滾後以小火燉煮 20 分鐘。從火上移開，冷卻 5 分鐘。取出香料包。

熱康普蘋果西打

將康普茶倒入仍有餘溫的蘋果西打中。盛入杯子，並用肉桂棒裝飾。

奇亞康普茶（產量：¼杯凝膠，足夠數份）

波霸紅茶或珍珠茶這種亞洲美食，透過加入木薯或芋頭做成的軟Q球來增加口感。加到康普茶中的奇亞籽具有類似的質地。奇亞籽原產於墨西哥，來自沙漠薄荷植物，自瑪雅和阿茲提克時代就開始種植。英文中，奇亞籽的Chia來自納瓦特語（Nahuatl），意思是「油膩的」，事實上，奇亞籽富含omega-3脂肪酸以及鈣和抗氧化劑。奇亞籽因其提供的能量而備受讚譽，尤其在跑者中很受歡迎，據稱在傳統裡它被戰士和朝聖者使用，以便在長途旅行中保持體力。

1大匙奇亞籽
¼杯溫水
1杯康普茶

將奇亞籽和溫水混合在一個盤中並充分攪拌。靜置20至30分鐘，或直到形成濃稠的凝膠。立即飲用或在冰箱中保存至多1週。

如果要單份食用，請將康普茶與1茶匙奇亞籽凝膠在玻璃杯中混合，即可享用！建議幾天內將奇亞籽康普茶食用完畢，以便獲得最佳風味。如果使用奇亞籽凝膠進行第二階段發酵，則不同於商店購買的產品，奇亞籽在液體中可能不會保持懸浮。食用前請攪拌均勻，以利種子平均分布。

如果將奇亞籽康普茶儲存一段時間，則奇亞籽將吸收康普茶的甜味，飲料將較無層次或趣味。在這種情況下，建議添加一大匙或兩大匙果汁，或¼茶匙的糖以增強風味。

捲髮特調（產量：1份）

美國一位受歡迎的捲髮小明星渴望用水果的活力取代成年人的老式調酒，便點了屬於她自己的有趣飲料。那位好萊塢調酒師用薑汁汽水和酒漬櫻桃調製了美味的調味飲料，適合孩子的經典無酒精雞尾酒自此誕生。而康普茶在此也增添了些許火花。

冰塊
1杯薑味康普茶或檸檬味康普茶（第229頁）
¼杯氣泡水或礦泉水
2大匙石榴汁康普茶糖漿（第288頁）
裝飾用的櫻桃和柳橙片

在高腳杯中裝滿冰。加入康普茶、氣泡水和果醋，然後攪拌，放入櫻桃，在邊緣裝飾一片柳橙。

香醇康普莫希托 （產量：1 份）

這款清爽香醇的康普莫希托（Mojito）無酒精雞尾酒足以緩解你的口渴。這是午間增強能量的完美選擇，聽起來像杯雞尾酒，但不會爲老闆帶來麻煩。

冰塊
2 片新鮮薄荷葉
2 大匙單糖漿[15]（第 288 頁）
⅛ 茶匙萊姆皮
¾ 杯放入萊姆的椰子康普茶（第 248 頁）

將冰塊放入一個岩杯[16]。在另一個玻璃杯中，將薄荷、單糖漿和萊姆皮混合，過濾到岩杯中，再加滿康普茶。

青蘋果氣泡飲 （產量：1 份）

這款清爽口感的清涼飲品可爲你帶來滿滿的綠色活力。

冰塊
2 片新鮮羅勒葉
2 片新鮮薄荷葉
¼ 杯蘋果汁
¾ 杯蘋果薄荷康普茶（第 242 頁）
澳洲青蘋[17]切片和一小撮新鮮薄荷，用於裝飾。

在岩杯中裝滿冰。在另一個玻璃杯中，將羅勒和薄荷與蘋果汁混在一起，再過濾倒入岩杯中，並加入康普茶。用蘋果片和薄荷小樹枝裝飾。

熱帶燃燒 （產量：1 份）

羅望子和鳳梨有酸甜滋味，辣椒則從內部緩慢釋放火辣味道。

燃燒吧，寶貝！

冰塊
½ 杯火焰羅望子火康普茶（第 235 頁）
½ 杯鳳梨汁
用於裝飾的酒漬櫻桃和鳳梨片

在岩杯中裝滿冰。加入康普茶和果汁。用酒漬櫻桃和鳳梨片裝飾。

草莓麗特 （產量：2 份）

你和這款討喜的瑪格麗特雞尾酒之間不會有任何阻礙，草莓麗特充滿了濃郁的風味，可以在一天中的任何時間、一週中的任何一天暢飲。

15 單糖漿，simple syrup，主要成分為蔗糖（每 100 毫升含蔗糖 85 克），作為賦形劑和調味劑。
16 Rocks glass，厚的平底杯，通常是加冰塊喝烈酒的容器。
17 Granny Smith apple，1868 年在澳洲由一位史密斯老奶奶無意間種植並命名。

海鹽和糖，在玻璃杯緣塗抹薄薄一層
1 杯粉紅檸檬水康普茶（第 234 頁）
½ 杯檸檬萊姆果醋（第 281 頁）
1 杯冷凍草莓
1 杯冰塊
2 片萊姆

將海鹽和糖以 50：50 的比例，在岩杯玻璃杯緣塗抹薄薄一層。

將康普茶、果醋、草莓和冰放入攪拌機中，攪拌直至泥狀，依需要添加更多康普茶以達到所需的口感。

將飲料倒入玻璃杯中，並用萊姆片裝飾。

週二夜桑格利亞　（產量：1 公升）

如果承受不了平日飲酒，請嘗試這款無酒精版本，避免在星期三抱怨宿醉。早上製作，晚餐時即可飲用。

2 杯香料李子康普茶（第 232 頁）
¾ 杯橙汁
1 杯切半的紅葡萄
1 顆紅李，切成薄片
1 杯氣泡水
裝飾用的柳橙片

康普茶、橙汁、葡萄和李子片放入一夸脫的罐中。蓋上蓋子，在檯上靜置一晚（8-12 小時）。第二天可能就會起泡，如果你想要更多的碳酸化作用，可以靜置更長的時間。當氣泡和味道符合你的偏好，便可加入氣泡水，輕輕攪拌，然後倒入飾有橙片的岩杯中。

青蘋果氣泡飲

香醇康普茶莫希托

製作和使用果醋

果醋是用醋醃製而成的水果糖漿，自古以來就爲人類帶來了新鮮和愉悅感。果醋是保存當季水果的一種方法，果醋中的維生素 C 含量很高，因此可用於防止航海船隻上的壞血病。果醋在美國的禁酒運動中大受歡迎，這在 19 世紀和 20 世紀的家政手冊中發現的許多食譜中可茲證明。

由於「從農場到酒吧」的概念，雞尾酒越來越受歡迎激發了這些美味，並帶動非酒精糖漿健康風潮的復興。每當你渴望來一杯時，無論是添加到雞尾酒中，還是僅加入一杯普通的水，果醋都會產生濃烈，清爽的風味。使用康普茶代替醋可增加另一層風味和益處。無論是自製氣泡水還是雞尾酒，這些易於製作的糖漿必定會成爲家庭的最愛。

果醋基本配方

果醋的標準比例是：水果 1 份、糖 1 份、醋 1 份。但是，由於康普茶醋的酸性比傳統醋低，因此康普茶果醋的比例爲：水果 1 份、糖 1 份、康普茶 2 份。任何類型的新鮮水果都可以 —— 嘗試莓果、桃子、李子、大黃、杏桃、蘋果、瓜果、櫻桃，隨你挑！

康普茶醋（第 298 頁）越酸越好，但也可以加入無調味的康普茶，令其繼續發酵，甚至在冰箱裡也可以繼續發酵。建議可以嘗試香料茶（第 237 頁），普羅旺斯香草（第 240 頁），阿育吠陀香草（第 256 頁）。使用香草和香料可增添飲料的深度和濃度。

下一頁介紹的冷釀或熱釀方法各有優缺點。我們更偏好果醋冷釀法來保留水果和調味料的最大健康價值。但是，如果今晚就要舉行聚會，則可以使用熱釀來加速進行批量生產。

名詞解釋：果醋

果醋（Shrub）一詞來自阿拉伯語 sharāb，意為「酒」（或任何飲料），而 shariba 則意指「喝酒」。其他具有相同字根的詞包括 sherbet，（不是指雪酪或雪寶這種冷凍甜點，而是一種用於製作發泡飲料的粉末和糖漿（syrup）。在最古老的定義中，果醋專門指由柑橘汁、糖、蘭姆酒或其他酒製成的飲料。在十八世紀中期，果醋的含義延伸到了醋／糖／果醋調酒等如今已再度流行的飲料。

甜菜檸檬果醋

無論採用冷或熱哪種方法，長時間不放置的糖都會在發酵瓶底再次結晶。如果發生這種情況，請搖勻以便將糖完全溶解在液體中。隨著時間的流逝，醋和水果中的酸會溶解所有的糖晶體。

建議時常檢查果醋的口味。由於其口味較爲柔和，經常品嚐才能掌握到隨著時間變化的風味。果醋在冰箱最多可保存 2 個月。

冷釀

1 杯切碎水果，必要時去核
1 杯糖
2 杯康普茶醋

將水果和糖混合在一個碗裡，輕輕攪拌。蓋好蓋子並在室溫下放置至少幾個小時，最多 24 小時。偶爾攪拌以便使糖重新均勻分散在水果上。

糖會從水果中淬出液體，形成甜糖漿。經由篩子或紗布將糖漿過濾到 500 毫升的容器中，加壓以從攪拌物中盡可能釋放出更多的果汁。將碗中殘留的糖分刮入糖漿中。加入康普茶醋，充分攪拌以便溶解殘留的糖。

若存放在冰箱中，果醋最多可保存 2 個月或更久一點。使用前先搖勻。

熱釀

1 杯水
1 杯糖
1 杯切碎水果，必要時去核
2 杯康普茶醋

將水和糖放入平底鍋加熱。攪拌直到糖溶解。

將切碎水果放入鍋中煮沸，接著降低熱度，小火煮 8 至 15 分鐘，直到果汁融入糖漿中。當水果看起來呈現糊狀的時候，表示它的果汁已經耗盡。將鍋子從火源移開並完全放涼。

用篩子或紗布過濾糖漿，接著加壓以便從用過的水果中盡可能釋放出更多的果汁。將糖漿倒入一個 500 毫升的玻璃瓶中，加入康普茶醋。若存放在冰箱中，果醋最多可保存 2 個月或更久一點。

如何享受果醋

你只需在 187.5 至 250 毫升的氣泡礦泉水中添加 62.5 至 125 毫升的果醋糖漿，即可創造許多健康的自製氣泡飲。有些人可能會喜歡更濃烈的口味，而另一些人則希望搭配中庸口味的產品，因此根據個人口味進行特製很容易。至於風味組合的可能性，請盡情發揮你的想像力！

果醋還增加了雞尾酒的深度和複雜性，但添加時請逐漸增量使用，直到符合你要的口味爲止。當你使用其他酸性添加物（例如柑橘汁）時，酌量的技巧尤其重要。在下一章中，將詳細說明製作雞尾酒的流程。

謹慎選擇水果

製作果醋時，不建議使用二次發酵殘留的水果，因爲你想要水果的全部風味，而第二階段發酵的水果已經流失了很多風味。然而，使用過熟或有瑕疵的水果不僅可以節省金錢，而且可以挽救它們成爲廚餘的命運。通常，在菜市場可以用折扣價購買瑕疵水果——只要開口問！

果醋調味建議

果醋可以呈現單種水果、多種水果、水果與藥草或香料的風味。使用新鮮水果或冷凍水果皆可。以下是一些可以激發想像力的建議組合。

蘋果肉桂

1 杯蘋果，切丁
1 茶匙肉桂粉

甜菜和檸檬

1 杯甜菜，切碎
2 茶匙檸檬皮

黑莓和覆盆子

½ 杯黑莓
½ 杯覆盆子

黃瓜西瓜

½ 杯黃瓜，切碎
½ 杯西瓜，搗碎

接骨木薑

1 杯接骨木莓乾或新鮮接骨木莓果
1 大匙生薑，切丁

生薑

1 杯生薑，切片或切碎

薰衣草檸檬

1 大匙乾燥薰衣草
1 茶匙檸檬皮
1 杯檸檬汁

檸檬萊姆

1 杯檸檬和萊姆，切片

混合莓果和薰衣草

1 杯莓果，切丁
1 大匙新鮮薰衣草

香料桃子

1 杯桃子，切片
1 茶匙香料茶，手磨（第 237 頁）

李子香料

1 杯李子，切片
½ 茶匙肉桂粉
¼ 茶匙丁香粉
⅛ 茶匙多香果粉

草莓和大黃

新鮮草莓和大黃，切丁

CHAPTER 13

康普茶雞尾酒

儘管酒精在現代社會中經常受到譴責，但酒精具有重要的文化、社會、歷史、營養、醫學甚至進化的地位。人們渴望喝酒是正常的，因為它與我們的身心健康息息相關。本章將慶祝人類對酒的渴望。

康普茶可保有注入其中的任何口味和優點，成為完美的攪拌器。康普茶直接或與果醋混合，或作為雞尾酒，可注入更複雜的風味，調製令人滿意的飲料。康普茶的酒精含量很低，幾乎不可能讓你微醺。不過，康普雞尾酒是將康普茶的優點與少量額外的酒精混合以放鬆的好方法。許多人發現，喝康普茶可以平息他們對濃度更高的酒精飲料的渴望，這在一定程度上要歸功於康普茶的特性。

康普茶作為完美雞尾酒混合液的另一個原因是，它提供了一種內建的宿醉療法，就像我們常說的，是一種「以毒攻毒」。這是由於維生素 B 群可防止噁心並穩定情緒。而葡萄醣醛酸亦有助於代謝酒精的肝臟排出有毒分子。

此雞尾酒系列配方包含許多具有康普茶風味的美國經典飲品。讓我們舉杯敬酒，享受大自然賜予的禮物之治療功效，並一起享受具有意識的均衡消費帶來的放鬆和平靜。正如人們在俄羅斯所說的：「Za zdarov'e ！」（祝你健康）。

啤酒飲料

名詞解釋：香迪啤酒

香啤酒是一位德國酒保發明調配而成。在炙熱的夏天，由於啤酒供應量有限，因此他將檸檬汁加入啤酒中。在一年中的任何時刻盡情享受康普茶香迪啤酒吧！

康普茶香迪酒[18]

125 毫升薑味康普茶
125 毫升啤酒（最好是淡啤酒，例如小麥啤酒或拉格啤酒[19]）
將康普茶和啤酒放入冰鎮過的玻璃杯中。

香料切拉達[20]

鹽，抹在玻璃杯緣
187.5 毫升潔淨大師[21]康普茶（第 222 頁）
125 毫升啤酒
62.5 毫升番茄蛤蜊汁（可用可不用）
用於裝飾的萊姆角

將鹽抹在冰鎮過的玻璃杯緣。加入康普茶、啤酒和番茄蛤蜊汁（若有使用），並用萊姆切片裝飾。

紅鬍子

187.5 毫升康普莎莎醬（第 255 頁）或其他以番茄爲基底的康普茶
125 毫升啤酒（最好是淡啤酒，例如小麥啤酒或拉格啤酒）
62.5 毫升番茄汁或蔬菜汁
鹽
用於裝飾的萊姆角

將康普茶、啤酒和番茄汁倒入冰鎮過的玻璃杯中，加一點鹽調味。用萊姆角裝飾。

波本威士忌飲料

波本威士忌

62.5 毫升波本威士忌
125 毫升薑味康普茶或檸檬味康普茶（第 229 頁）
1 片新鮮生薑
用於裝飾的萊姆角

將波本威士忌和康普茶倒入裝滿冰的玻璃杯中，輕輕攪拌。透過壓蒜器將薑汁擠入玻璃杯中，並用檸檬角裝飾。

18 香迪啤酒，Shandy 為啤酒與其他軟性無酒精飲料的混合飲品，通常是汽水或者果汁。
19 拉格啤酒，lager，又稱窖藏啤酒，是一種利用低溫熟成技術製作的啤酒，酵母味較淡。
20 切拉達，Chelada 是一種調酒，源自 Michelada（米切拉達），後者是一種墨西哥雞尾酒、由啤酒、檸檬汁、鹽和辣醬調和而成。
21 檸檬楓糖辣椒水斷食法。

潮流飲

2 個橙片
3 顆酒漬櫻桃
2dash 苦精
冰塊
62.5 毫升波本威士忌
125 毫升歡欣櫻桃（第 224 頁）或橙色爆炸（第 261 頁）

在岩杯中混合一個橙片、兩個櫻桃和苦精。拿出柳橙切片，留下櫻桃，然後在玻璃杯中塞滿冰塊。加入波本威士忌，並加滿康普茶充分攪拌。用剩下的橙片和櫻桃裝飾。

傑克康普茶

冰塊
93.75 毫升傑克丹尼[22]威士忌
93.75 毫升香草汽水康普茶（第 245 頁）

在岩杯中裝滿冰，倒入傑克丹尼威士忌和康普茶攪拌。

康普茶香迪啤酒

22 Jack Daniel's 知名威士忌品牌。

搖滾波本

冰塊
62.5 毫升波本威士忌
187.5 毫升搖滾卡斯巴康普茶（第 223 頁）
用於裝飾的血橙片

在玻璃杯中倒入冰塊，添加波本威士忌，加滿康普茶。裝飾一片血橙。

桃子香料波本果醋

冰塊
62.5 毫升波本威士忌
31.25 毫升櫻桃利口酒
31.25 毫升香料桃子康普茶果醋（第 281 頁）
187.5 毫升氣泡水

在高球杯[23]中倒入冰，添加波本威士忌、櫻桃利口酒和果醋，再加滿氣泡水。

康普茶酸酒

冰塊
93.75 毫升無味、檸檬活力飲（第 229 頁）或歡欣櫻桃（第 224 頁）康普茶
1½ 盎司波本威士忌
1½ 盎司酸櫻桃汁
氣泡水

在岩杯中裝滿冰。加入康普茶、波本威士忌和櫻桃汁，再加入氣泡水並攪拌。

石榴之吻

石榴籽（種子）
125 毫升檸檬康普茶（第 229 頁）
62.5 毫升威士忌冰塊

你可以購買一包石榴籽，但如果要使用整個石榴，建議切成薄片，然後輕輕地取出石榴籽。將石榴籽放入玻璃杯中，加入檸檬康普茶和威士忌。最後加入一些冰塊。

搖滾波本

23 高球杯：一種寬型玻璃杯，一般用來盛裝高球雞尾酒。

琴酒類飲料

薄荷氣泡

琴酒 156.25 毫升
125 毫升蘋果薄荷康普茶（第 242 頁）
47 毫升單糖漿（第 288 頁）
1 個蛋清
氣泡水
用於裝飾的橙皮和薄荷小枝

將琴酒、康普茶、單糖漿和蛋清倒入搖搖杯內劇烈搖晃。放入高球杯中，在杯中加氣泡水，再點綴橙皮和薄荷作爲裝飾。搖動後蛋清會起泡沫，形成一層美麗的裝飾。

波克丁尼

冰塊
93.75 毫升楓糖漿培根汽水[24]康普茶（第 251 頁）
62.5 毫升琴酒
31.25 毫升氣泡水

裝滿一杯的冰塊。將康普茶、琴酒和氣泡水放入搖搖杯中，充分搖勻，然後倒在冰上。

薰衣草柯林斯

冰塊
62.5 毫升琴酒
31.25 毫升薰衣草檸檬康普茶果醋（第 281 頁）
93.75 毫升氣泡水
用於裝飾的薰衣草小枝

裝滿一杯的冰塊。將琴酒和果醋倒在冰上，加入氣泡水，然後輕輕攪拌。用薰衣草裝飾。

戴克利[25]

156.25 毫升蘭姆酒
78 盎司酸味綜合康普茶果醋（第 288 頁）
47 毫升單糖漿（第 288 頁）
冰塊

將蘭姆酒、果醋混合和單糖漿在加冰的搖搖杯中混合。搖勻，然後放入馬丁尼杯中[25]。如果你喜歡黑蘭姆酒，請減少使用單糖漿以獲得均衡的風味。

---
24 戴克利，Dakiri，據說是海明威最愛的調酒口味。
25 就是俗稱的雞尾酒杯。

基礎酒吧常識

在酒吧中準備基本口味的康普茶果醋，可以隨時調出美味的雞尾酒。市面上的類似產品通常充滿人造防腐劑和色素，而帶有令人反胃的味道。以下配方都是用真正的原料和康普茶製成的，因此它們確實使雞尾酒風味鮮明。

單糖漿（產量：1 杯）

顧名思義，製作這種糖漿很簡單。調味的單糖漿就是沒有醋的果醋！只需按照第 277 頁的果醋指示，使用 1 杯水代替 2 杯醋即可。

1 杯糖
1 杯水

將糖和水混合在鍋子用中火煮。攪拌直至糖完全溶解。冷卻並保存在冰箱裡的罐子中冷藏，最多可保存 3 個月。

酸味綜合康普茶果醋（產量：2 杯）

酸味綜合爲雞尾酒增加風味、酸度和平衡，並產生了獨具一格的飲料類型，稱爲「酸味飲品」。

1 杯糖
1 杯康普茶、康普茶醋、柑橘迷霧（第 223 頁）或其他柑橘味的康普茶
½ 杯鮮榨檸檬汁
½ 杯鮮榨萊姆汁
½ 茶匙檸檬皮
½ 茶匙萊姆皮

將糖倒入容量一夸脫的瓶罐中，接著再倒入康普茶、檸檬汁和萊姆汁。搖動瓶罐以溶解糖，儘管此時糖還無法完全溶解。然後添加果皮。存放在冰箱中，其中的酸味混合物最多可保存 3 個月。每天搖一搖，直到所有糖都溶解。

紅石榴糖漿康普茶果醋（產量：2 杯）

這種甜蜜的糖漿爲「捲髮特調」（第 273 頁）之類的產品帶來美麗的色彩和濃郁的風味。在任何口味的康普茶或蘇打水中加入一兩滴，即可迅速製成美味的飲料。

1 杯糖
1 杯不加糖的石榴汁
1 杯未調味的康普茶、康普茶醋或檸檬康普茶（第 229 頁）

將糖和石榴汁混合在鍋中用中火煮，攪拌直至所有糖溶解。從火上移開。冷卻後，將糖水果汁倒入容量一夸脫的罐中，接著再添滿康普茶。存放在冰箱中冷藏，最多可保存 3 個月。

蘭姆酒

R'n R

冰塊
125 毫升沙士康普茶（第 177 或 243 頁）
62.5 毫升黑蘭姆酒

在岩杯中裝滿冰。將沙士康普茶倒入蘭姆酒杯中。

康普吉托

2 片新鮮的薄荷葉
31.25 毫升單糖漿（第 288 頁）
⅛ 茶匙萊姆皮
62.5 毫升的蘭姆酒
冰塊
187.5 毫升椰子萊姆康普茶（第 229 頁）

將薄荷葉，單糖漿和萊姆皮倒入一杯中。加入蘭姆酒，攪拌，然後加冰過濾到高球杯中。然後加滿康普茶。

龍舌蘭酒

經典麗塔康普茶

糖或鹽，塗抹薄薄一層在玻璃杯緣
47 毫升龍舌蘭酒
31.25 毫升薰衣草檸檬康普茶果醋（第 281 頁）
31.25 毫升白橙皮酒
15.6 毫升鮮榨檸檬汁
冰塊
萊姆片，用於裝飾

將砂糖或鹽撒在岩石玻璃上。將龍舌蘭酒，果醋，白橙皮酒和萊姆汁在加冰的搖搖杯中混合。搖晃並倒入以糖／鹽鑲邊的杯中，並用一片萊姆裝飾。

我的藍麗塔

5 顆藍莓
冰塊
47 毫升龍舌蘭酒
31.25 毫升神聖波利康普茶（第 224 頁）
31.25 毫升白橙皮酒
15.6 毫升鮮榨檸檬汁萊姆片，用於裝飾

將藍莓混入搖搖杯底部。加入少量冰塊；然後倒入龍舌蘭酒、康普茶、白橙皮酒和萊姆汁。搖晃並過濾到裝滿冰的岩杯中。用萊姆片裝飾。

芒果麗塔

162.5 毫升深色龍舌蘭酒
250 毫升鮮榨橙汁
1 杯芒果切丁（冷凍或新鮮）
2 杯冰
250 毫升佛陀的喜悅康普茶（第 230 頁）
糖，塗抹薄薄一層在玻璃杯緣
裝飾的柳橙片

這使整瓶可以共享。將龍舌蘭酒、柳橙汁、芒果和冰倒入攪拌機中，攪拌至黏稠，拌入康普茶，倒入以糖飾緣的岩石玻璃杯中，並用柳橙切片裝飾。

伏特加

基本康普茶雞尾酒

1 份康普茶，任何口味
1 份氣泡水
1 份伏特加冰塊

將康普茶、氣泡水和伏特加酒倒入裝著冰塊的岩杯中。建議將不同口味的伏特加酒與互補口味的康普茶結合使用，並以此爲基礎創造屬於你的百變康普茶。

轉開螺絲

187.5 毫升鮮榨橙汁
125 毫升的血橙義大利蘇打（第 223 頁）或夢幻柳橙（第 230 頁）
93.75 毫升伏特加酒

將果汁、康普茶和伏特加酒放在高球杯中。或者用香檳代替伏特加來製作可愛的含羞草雞尾酒。

柯夢波

93.75 毫升蔓越莓康普茶（第 224 頁）
31.25 毫升伏特加酒
現擠新鮮檸檬汁
冰塊
62.5 毫升氣泡水
檸檬皮長條切段，用於裝飾

將康普茶、伏特加、檸檬汁和冰塊放入搖搖杯。輕輕搖晃，然後放入馬丁尼杯中。用氣泡水結束並點綴檸檬皮長段。

像騾子般健康

93.75 毫升檸檬活力飲康普茶（第 229 頁）
93.75 毫升氣泡水
62.5 毫升伏特加酒
31.25 毫升生薑康普茶果醋（第 281 頁）
冰塊
萊姆切片，用於裝飾

將康普茶、氣泡水、伏特加酒和果醋倒在高球杯中的冰塊上。充分攪拌並用一片萊姆裝飾。

甜菜宇宙

93.75 毫升甜菜檸檬康普茶果醋（第 281 頁）
93.75 毫升氣泡水
62.5 毫升伏特加酒

冰塊

檸檬三角切片，用於裝飾

將果醋，氣泡水和伏特加酒放入裝有冰塊的高球杯中。用檸檬三角切片做裝飾。

血腥康普茶

62.5 毫升番茄汁

62.5 毫升香辣番茄康普茶（第 254 頁）

47 毫升伏特加酒

15.6 毫升鮮榨檸檬汁

冰塊

伍斯特調味醬

芹菜鹽

現磨黑胡椒

辣醬

辣根（可用可不用）

攪拌用的芹菜莖

檸檬角，泡菜和橄欖，可作裝飾

將番茄汁、康普茶、伏特加酒和檸檬汁放入裝有冰的高球杯中。加入伍斯特郡調味醬、芹菜鹽、黑胡椒、辣醬和辣根（若有使用）調味，然後使用芹菜桿攪拌。配上檸檬角、鹹菜和橄欖，添加鹹味佳餚。

烈酒會殺死康普茶中的好東西嗎？

酒精可以清潔傷口，但這是否也殺死了康普茶雞尾酒中的所有好東西？絕對不會！首先，我們很快地混合並飲用（加快腳步，很好喝！）。即使酒精的殺菌力夠強，也不可能這麼快就殺死釀造液中大量的細菌和酵母。同樣重要的是，健康的酸、酶和其他物質仍然完好無損，可協助肝臟發揮功能，並減輕酒精的負面影響，進而更有可能避免宿醉。乾杯！

葡萄酒和香檳飲料

夏之風

93.75 毫升香檳
93.75 毫升夏季微風康普茶（第 238 頁）
62.5 毫升接骨木花利口酒
用於裝飾的草莓
用於裝飾的接骨木花花瓣

在香檳杯中混合香檳、康普茶和接骨木花利口酒。裝飾新鮮的草莓和／或接骨木花瓣。

氣泡康普茶

500 毫升夏季微風康普茶（第 238 頁）或薑汁康普茶（第 241 頁）
500 毫升氣泡酒
250 毫升氣泡水
用於裝飾的柳橙和檸檬切片

將紅茶菌、氣泡酒和氣泡水靜置後，再放入涼水壺或碗中混合。最後加入柳橙片和檸檬片，使其漂浮在液體上面。

葡萄酒康普茶

1 瓶（750 毫升）果味紅酒
500 毫升冷戰者康普茶（第 225 頁）
187.5 毫升鳳梨汁
2 杯切碎水果（混合桃子、檸檬、萊姆、柳橙、櫻桃和／或草莓）

將葡萄酒、康普茶、鳳梨汁和水果混合在一個大水壺中。在冰箱冷藏過夜以達到最佳風味。

尼格斯酒——維多利亞兒童派對酒

在維多利亞時代，孩子們時不時偶爾喝一小口酒的狀況並不罕見。舉個例子，尼格斯酒（Negus）是一種芬芳的葡萄酒，在兒童生日聚會等特殊場合很受歡迎，並且也被當作送給聖誕報佳音者的禮物。這種配方我們有加入檸檬味康普茶的版本。當然，你必須自行斟酌是否將這種飲料與兒童分享或僅保留給成人享用！

產量：6 杯

1 公升水
2 杯波特酒
½ 杯糖
62.5 毫升檸檬活力飲（第 229 頁）
½ 茶匙磨碎的檸檬皮
¼ 茶匙研磨肉荳蔻

將水倒入鍋中煮沸。在冷水壺中，將波特酒、糖、康普茶、檸檬皮和肉荳蔻混合在一起。當水沸騰時，從火上移開，倒在剛才加糖的酒上。攪拌至充分溫熱，然後盛入杯子。

夏之風

PART FOUR

康普茶廚房

CHAPTER 14

食品儲藏室

眞實告白：我這輩子最怕下廚。當然，我能將一片解凍的雞胸肉放進鍋裡，並加入一罐義大利麵醬，但這是基礎生存之道。我對烹飪的抵制源於恐懼：對未知的恐懼、對尷尬的恐懼、對失敗的恐懼。如果照食譜做出來的成果不佳，我就再也不會嘗試。我不喜歡待在廚房裡。

但是，在我發現康普茶之後，我與那杯神奇釀造液的關係緩解了這些恐懼、建立我的信心，並激發了一種超越釀造罐的渴望。我接受了名廚茱莉亞．查爾德（Julia Child）的建議，開始「學習如何烹飪、嘗試新食譜、從錯誤中學習、無所畏懼，以及最重要的是，享受其中樂趣。」

在使康普茶成爲我們日常生活的一部分之後，我們發現它可以用於改善許多食譜，特別是以美味醇厚的康普茶醋形式存在時，它像康普茶本身一樣容易製作。我們使用康普茶醋來烹製健康的骨湯，再將其與從連續釀造法容器中採收的酵母相結合，製成可口的酵母發酵劑。我們喜歡將這三樣作爲美味和營養餐點的基礎。

康普茶醋

康普茶醋的製作方法很簡單：只需將一批康普茶進行比平時發酵更長的時間即可，時間爲 4 至 10 週。隨著細菌和酵母消耗糖和其他營養物質，康普茶的酸味將逐漸增加。這意味著康普茶愈老，風味愈強，乙酸濃度愈高。當味道很酸時，你的康普茶便成爲康普茶醋。保存幾瓶康普茶醋，以供方便烹飪和一般家庭使用（請參閱第 17 章）。

儘管甜茶基底也會影響康普茶醋的風味，但相較於其他種類的醋，它一般來說嘗起來更溫和。

我們最喜歡的康普茶醋是在橡木桶中釀造的。橡木具有烤麵包和醇厚的香氣，可以平衡酸味，並且當與醋汁和醃泡汁搭配使用時，還可以營造出另一種風味層次。（請參閱第 158 頁木桶釀造的資訊。）

製作方法

首先，使用 4 公升至少熟成四星期的康普茶，這時期的康普茶大約有百分之一的酸度。爲了增加到百分之二的酸度，請在隔兩星期在每 500 毫升的康普茶中添加 2 茶匙的糖，爲期六週（共三輪）。可以根據需要添加更多回合。可以立即使用，或用香草調味並靜置發酵最多六個月，具體時間取決於你偏好的酸味強度。容器中可能會長出紅茶菌，你可以忽略或將其移除。

由於具有相對溫和的乙酸特

性，因此康普茶醋比其他醋的酸度更低。當你用它下廚時，如果你喜歡醋的味道，則可以增加康普茶醋的量，或補充另一種較酸的醋，例如義大利香醋或蘋果醋。

名詞解釋：**醋**

醋（Vinegar）由法語單字 vin（葡萄酒）和 aigre（酸或苦味）結合而成；醋實際上是變酸的葡萄酒。「吃醋」一詞的意思是嫉妒——也許是因為嫉妒的人臉上表情好像剛喝了一大杯醋！

將康普茶醋進行巴氏殺菌

由於其低 pH 值，康普茶醋本身就是一種天然防腐劑，並且可以無限期保存。但是，除非經過巴氏消毒，否則它會隨著時間的流逝持續變酸和成熟，而即使存放冰箱中，康普茶也會繼續變酸。對於調味品和醬料等未經加熱的食譜，由於持續發酵，康普茶醋會隨著時間的流逝而產生異味。針對這些食譜，你可能必須對醋進行巴氏殺菌，以利有效殺死酵母和細菌，進而停止發酵。

製作調味醋

在康普茶醋中加入新鮮的香草和香料會產生千變萬化的風味和營養成分。不要吝惜在自己喜歡的食譜中添加幾大匙的調味醋，這麼做可以增加風味和營養。以下是一些口味建議——請盡情混合搭配以開發屬於自己的招牌調味醋！

- 味覺系：大蒜、洋蔥、青蔥、紅蔥頭、檸檬皮
- 藥草系：百里香、奧勒岡葉、薄荷、檸檬香蜂草、羅勒
- 花系列：薰衣草、洋甘菊、玫瑰、接骨木花、洛神花

製作調味醋再簡單不過了。只需將 1 至 2 湯匙切碎新鮮香草和香料（若是乾燥材料，則 1 至 2 茶匙）加入 1 公升的康普茶醋中。密封瓶子，讓混合物在陰涼處浸泡 2 至 3 週。濾出調味材料，接著在室溫下保存。醋可以無限期保存。如果瓶中形成了紅茶菌，可取出堆肥或餵雞。

儘管益生菌遭到巴氏殺菌法殺死，但該液體仍保留了營養價值，包括健康的酸，且不會影響風味。殺菌後的康普茶醋仍然是一種極好的防腐劑，可以使未經加熱的食譜更具風味。巴氏殺菌的康普茶醋可以作爲蒸餾醋的一種更健康、低酸的替代品，如今這些醋大多是用基因改造玉米製成的。

對醋進行巴氏殺菌的方法有兩種：加熱法和化學法。要在爐子上進行巴氏消毒，請將康普茶醋加熱到63°C，並在該溫度下保持30分鐘。要進行化學巴氏消毒，請每加侖醋加入1片去氯錠，壓碎並攪拌使其溶解。蓋好容器，靜置12至24小時，然後裝瓶。

美味大骨湯

我們將自製大骨湯作爲許多菜餚的基礎，因爲它富含營養和風味，是膠原蛋白（結締組織中發現的蛋白質）的極佳來源，也是礦物質和氨基酸的良好來源。此外，大骨湯有助於保持骨骼和關節健康、皮膚美麗柔軟，並對免疫系統有益。大骨湯也可以舒緩並維持腸壁健康，並刺激消化酸的分泌，如此對消化系統的健康特別有助益。

在鍋中加入康普茶醋可作爲溶劑，從蔬菜和骨頭中提取營養成分。康普茶有助於釋放膠質的濃稠特性，而濃稠度則是優質骨湯的特色之一。

當你製作湯和米飯，或將鍋中的剩飯重新加熱時，可以用這種高湯替代水。加上鈉含量低，具有中性風味，可以根據配方和個人口味進行調整。

康普茶骨湯　（產量：7 公升）

這是我們製作的骨湯基本配方。有時，我們切碎 2 杯蔬菜碎屑（切碎胡蘿蔔皮、芹菜末端、洋蔥末端、綠花椰莖和其他保存在冰箱中的碎屑），代替胡蘿蔔和芹菜切丁。當然，你可以使用任何你喜歡的蔬菜和香草，甚至完全不使用。

狗糧骨頭湯

我們給家裡的狗狗悉尼喝康普茶骨湯中剩下的殘渣和骨頭。由於煮沸時間長，再加上康普茶的酸度，即使是對於我們的吉娃娃和梗犬的小型混種狗，湯裡的骨頭也十分柔軟且容易咀嚼。

如果你不喜歡吃葷，只需省略骨頭，然後添加味噌、海藻和大量的蔬菜殘渣即可獲得風味和更多營養。

材料

- 1-2 大匙油脂：奶油、椰子油或豬油
- 2-6 瓣大蒜，去皮並輕輕壓碎
- 1 個洋蔥，切丁
- 2 小枝新鮮百里香或 1 茶匙乾燥百里香
- 2 小枝新鮮奧勒岡葉或 1 茶匙乾奧勒岡葉
- 2 枝新鮮馬鬱蘭或 1 茶匙乾馬鬱蘭
- 2 片月桂葉
- 2-3 根芹菜，切碎
- 2 根胡蘿蔔，切碎
- 1-3 杯康普茶醋（第 298 頁）
- 2 大匙海鹽
- ¼ 杯味噌醬或 1（5 公分長）片乾海藻（可用可不用）
- 3-5 磅雞頭和腳；或 4-6 磅牛肘和骨髓；或 4-6 磅豬骨和豬腳；或 3-5 磅魚頭和魚骨
- 8 公升水

作法

在大鍋中用中火融化 1 大匙油脂。加入大蒜和洋蔥，炒至半透明，持續 3 至 5 分鐘。

如果鍋底看起來乾燥，則再加一大匙油脂。然後將百里香、奧勒岡葉、馬鬱蘭、月桂葉、芹菜和胡蘿蔔加入鍋中，攪拌至油亮，再炒幾分鐘。接著加入康普茶醋、鹽、味噌或海藻和骨頭。之後加水入鍋。

燒開，然後蓋上蓋子並用小火煮 24 至 48 小時。前者足以製造出營養豐富的肉湯，但我更喜歡燉煮 48 小時，因爲如此可以最大程度地從成分中萃取營養。

當你發現骨湯表面上形成泡沫時，請輕輕將其清除，注意不要去除健康的脂肪。掀開鍋蓋時，湯汁應具有令人愉悅的香氣。

從火上移開並濾出固體。

將肉湯倒入容器中冷卻。將肉湯保存在冰箱中至多 1 週，或者將其無限期保存在冷凍庫中。

酸麵團發酵劑

食用前先浸泡穀物是一種傳統作法，不僅可以從穀物中去除營養抑制劑（例如植酸），而且還可以使野生酵母菌加入混合物中，這樣在烘烤麵團時自然會膨發。舊金山酵母盛名遠播，這得益於獨特的酵母菌株，它在當地氣候中茁壯成長。手工麵包師傅承襲了這種美味的傳統，有些麵包師也製作康普茶酸麵團！康普茶酵母產生的麵包口感更細緻、發酵較弱且帶有更豐富的味道。

從頭開始發酵酵母是一種有趣的方法，可以利用康普茶釀造過程中產生的多餘酵母來製作美味、有益健康的麵包。（有關收集酵母的說明，請參見第155頁。）連續釀造法容器的一輪清洗操作可能還無法產生所需的所有酵母。每次清潔容器時，請盡可能多地採收剩餘酵母，將其存儲在冰箱的容器中，容器內應有足夠的康普茶液體用來覆蓋所有酵母菌。

或者，可以將酵母脫水和粉末化以備不時之需。只需將酵母放在脫水盤上，然後調整爲最低溫度，即 35 至 43° C，直到完全乾燥。將乾酵母放入咖啡研磨機中進行粉碎，再將其存放在陰涼乾燥的密閉容器中（冷藏即可）。你也可以使用風乾法，將酵母散布在蓋有茶巾的餅乾紙上進行風乾，如此可以使空氣流通，且同時可以防止蟲子侵入酵母。

製造發酵劑

此過程約製作 3 杯發酵劑。你需要以下材料：

2 杯通用麵粉

1 杯糖

¼-1 杯康普茶酵母

1-2 杯常溫康普茶或康普茶醋

將麵粉、糖、酵母和康普茶混合在一個中等大小的無抗電性碗中，攪拌以形成塊狀混合物。用抹布蓋住碗，並用橡皮筋固定。將其置於室溫下，每天攪拌一次，直到混合物中形成小氣泡，這大約需要 3 到 7 天。

餵食發酵劑

發酵劑起泡後可立即用於烘烤，但此時效力仍較弱。花幾天時間餵食發酵劑可以確保最好的風味和不斷增長的發酵能量。

爲了餵食和存放發酵劑，你需要一個無抗電性的容器，大小至少 3 公升，並能放入冰箱冷藏室的尺寸。將 1 杯麵粉和 1 杯康普茶或康普茶醋添加到發酵劑中，攪拌至完全混合。

用布覆蓋容器，並用橡皮筋固定，接著在室溫下放置一天。在接下來的兩天裡，每天都要再次餵食發酵劑。在第三天結束時，發酵劑將變得很強壯，可以烤一堆麵包！

使用和存放發酵劑

這樣的量看似很多，但大多數食譜會使用 1 到 2 杯的發酵劑。每次取出一些發酵劑時，請添入等量的麵粉和康普茶或康普茶醋以代替取出的發酵劑，以便保持供應無虞。例如，如果取出 2 杯發酵劑做麵包，則將 1 杯麵粉和 1 杯康普茶混合後倒入容器中。

在兩次使用之間，將儲存發酵劑的容器旋緊存放在冰箱冷藏。由於酵母對溫度敏感，因此在使用前請將配方所需的發酵劑用量靜置至室溫，因爲室溫時發酵劑將發揮最佳作用。

如果定期（至少每週或每兩週）使用一次康普茶酸麵團發酵劑，酵母將會保持活躍，每次採收一些發酵劑後補充的麵粉和康普茶，都能讓酵母快樂地消化這些麵粉，並歡迎他們在康普茶中的酵母同胞。

發酵劑最多可以放置四到六個月的時間；即使略微停滯，它也將保持生存。但是如果超過 6 個月沒有使用並補充發酵劑，則需要重新啓動才能再次使用。建議保留其中 3 杯，並丟棄其餘發酵劑，接著重複餵養過程以恢復其強度。而那些希望從康普茶酸麵團中提煉出更多香氣的人，或許會希望添加少量的商業酵母以加速這一過程。

康普茶酸麵團肉桂捲（產量：9 卷）

克菲爾點綴

這些美味的早餐（或任何時間！）零食都是從烤箱新鮮出爐而來的，是最佳選擇。

麵團

1¾ 杯未漂白的通用麵粉

2 大匙糖

¼ 茶匙鹽

1 杯近期內有餵養過的康普茶酸麵團發酵劑（第 302 頁）

½ 杯全脂牛奶

1 大匙融化奶油

1 茶匙香草精

內餡

⅓ 杯紅糖

⅓ 杯碎堅果（可用可不用；嘗試山核桃、核桃或杏仁）

1½ 茶匙肉桂粉

2 大匙奶油融化

糖霜

1 杯糖果糖

4 大匙（½ 條）常溫奶油

62.5 毫升克菲爾乳酪（請參閱第 315 頁）

½ 茶匙香草精

¼ 茶匙檸檬油（或 ½ 茶匙磨碎的檸檬皮）

作法

要製作麵團，請將麵粉、糖和鹽放在一個中等大小的碗中，並輕輕攪

酸麵團肉桂捲

拌使其混合。將麵團混合物的中間捏出一個井狀的空間，倒入酸麵團發酵劑、牛奶、奶油和香草。接著使用木勺或稍稍上油的手，將材料混合在一起，以便形成略帶黏性的柔韌麵團。揉麵團約5分鐘。如果太黏了，可一次加入1大匙更多的麵粉，同時揉捏以形成光滑且略帶黏性的球狀。

將麵團放在塗有油脂的碗中，再於碗上放一塊溫暖的濕毛巾。將碗放在溫暖的地方，使其膨發3至5個小時。膨發的時間愈長，味道就會愈濃。有時我會讓麵團膨發一個晚上。

當麵團膨發時，便可開始處理餡料：將紅糖、碎果仁和肉桂粉放入一個小碗中，充分混合，然後靜置。

第一次膨發後，將麵團放到沾有麵粉的平面，用擀麵棍壓扁成矩形。用糕餅刷將2大匙融化的奶油塗在攤平的麵團上。將內餡均勻撒在奶油上。

將麵團縱向長捲成條狀，牢固但不要太緊，以免破裂。用鋒利的刀將麵團條切成九個獨立的捲。我的方式是切成三份，再將每份再切成三份。

在一個20公分見方的鍋中塗奶油，將肉桂卷放入鍋中。用溫暖的濕毛巾蓋上，讓麵團膨發約2小時。肉桂卷可能會也可能不會填滿整個鍋子。

將烤箱預熱至175° C。將肉桂卷烘烤約25分鐘，直到表面顏色變深。（如果需要，在表面刷上額外的奶油以加深顏色。）讓肉桂卷在上糖霜之前稍微冷卻一下。

當肉桂卷在烤箱時，可以同時製作糖霜：將糖粉、奶油、克菲爾乳酪、香草和檸檬油混合在一個中等大小的碗中。攪拌直到蓬鬆，大約會花10分鐘。如果你手動操作，請善加使用攪拌器，以確保奶油和克菲爾乳酪都很軟。

將糖霜撒在肉桂卷上。立即食用或存放在冰箱中，可冷藏保存長達1週（如果放得了那麼久還沒被吃光的話！）。

發酵水果康普茶酸麵包

（產量：2條）

當將水果用於第二次發酵階段時，水果中開始注入良好的細菌和酵母。發酵過程確實從水果中提取了類黃酮、維生素和其他營養成分，但並非所有營養都在注入後的2至3天中就會提取出來。雖然我們經常將不新鮮的水果當作廚餘或送給鄰居的母雞，但有時我們會將其烤入康普茶酸麵包中。康普茶酸麵包會比其他酸麵團更濃郁，搭配一碟溫熱的奶油是人間美味。

材料

- 4-4½杯未漂白的通用麵粉
- 2杯近期內有餵養過的康普茶酸麵團發酵劑（第302頁）
- 1¼杯水
- 第二次發酵階段剩下的1-2杯水果*
- 1大匙鹽

*若省略水果，加入1大匙甜味劑（糖或蜂蜜）則可製成普通麵包。

作法

在一個大碗中將4杯麵粉、酸麵團發酵劑、水、水果和鹽混合，並充分攪拌。你可以用手將麵團揉在麵粉輕柔的表面上，也可以用配置有麵團鉤的食物處理機（揉麵機）揉成麵團。用手揉搓直至揉成光滑且略帶黏性的球狀，持續10至12分鐘，或在揉麵機中揉搓5分鐘。如果太黏膩了，建議一次加一大匙麵粉。

將一個大碗上油。將麵團球放入碗中，並輕輕滾動以便在麵團表面均勻上油。用溫暖的濕毛巾蓋住碗，將其放在溫暖的地方，讓麵團膨發4至12個小時而成為原來的兩倍大。若要製作較膨鬆的麵包，請讓麵團膨發12至24小時。

將麵團分成兩部分，將每個麵包放在塗了油脂的麵包盤中。（要製成圓形麵包，請將麵團成型為球形，再將其放置於烤爐或荷蘭鍋[26]中。）用溫暖的濕毛巾輕輕蓋上，任其膨發直到麵團剛好到達麵包盤的邊緣，約費時1至1個半小時。

將烤箱預熱至230° C。

使用鋒利的刀劃X或劃斜杠標記麵包的頂部，烤10分鐘，將溫度降至205° C），再烘烤25至30分鐘，直到麵包頂部變成金黃色。移到烤架上，使其完全冷卻。

26 荷蘭鍋（Dutch Oven）是鑄鐵鍋具的一種，由一個深底湯鍋配上一個鍋蓋組成。

佐料、醬料和調味料

調味品是（食物）生活的香料，無論是爲我們的食物變甜、變酸還是變辣。幾千年來，熱辣的醬汁和鹹菜一直扮演著增強食物風味的角色，而最初它們還具有另一種功能：幫助消化。

沒錯，薯條上的番茄醬、熱狗上的芥末醬以及其他所有傳統調味品都有著活生生的有益細菌和酵母，可以增強消化系統和免疫系統。經典的例子包括肋眼牛排醬、魯本三明治上的酸菜、傳統製作的莎莎醬以及印度的經典酸辣醬。

傳統上，這些調味品都是用天然防腐劑和發酵劑製成的，它們都可以幫助鹽、糖、檸檬汁和醋發酵。

康普茶醋製成的高級醬汁在經過輕微發酵後新鮮食用味道最好。他們發酵的時間愈長，自然風味可能會改變得愈多。某些發酵可以改善風味，但在某些時候酵母會過量。

因此，我們建議小批量生產。在使用康普茶醋前請進行巴氏殺菌，以便延長儲存時間，然而如此一來會殺死所有益生菌（請參見第 299 頁）。而冷凍則會殺死一部分益生菌，但不如巴氏殺菌那麼多，冷凍技術也能讓你輕鬆獲得你的最愛。

康普茶番茄醬　　（產量：2 ½ 杯）

這款濃厚的深紅色番茄醬充滿了驚喜！原始的「番茄醬」再配上咖哩、墨西哥辣椒或鯷魚，便可以從「很棒」到「超棒」（請參閱下面的番茄醬歷史）。

材料

162.5 毫升番茄醬
¼ 杯糖
2 茶匙糖蜜
½ 茶匙海鹽
½-1 杯康普茶醋（第 298 頁）

調味建議

¼ 茶匙肉桂粉
¼ 茶匙咖哩粉
¼ 茶匙芥末
⅛ 茶匙多香果粉
⅛ 茶匙辣椒
⅛ 茶匙丁香
⅛ 茶匙荳蔻粉

作法

將番茄醬、糖、糖蜜和鹽與 ½ 杯醋混合在一個中等大小的碗中。如果番茄醬過於濃稠，請慢慢添加更多醋，直到達到理想的稠度爲止。如需更濃的番茄醬，請先加入 ¼ 杯醋。

根據需要添加調味料。你可以將各批次拆分成不同的口味，也可以做適當調整。

番茄醬的歷史

番茄醬已經存在了數千年，但並非總是由番茄製成。番茄醬起源於亞洲，是一種稱爲 kôechiap 或 kê-tsiap 的發酵魚露，其歷史可追溯到西元前 300 年。這種醬汁易於長途運輸，過去曾沿著通往印尼和菲律賓的貿易路線傳播。渴望獲得鹹酸魚味的英國商人在十七世紀的年代將其帶回英國。隨著時間的流逝，其基礎配方開始包含多種成分，包括牡蠣、蘑菇和核桃，但嚐起來仍非常鹹，如此便成爲天然防腐劑。殖民者將傳統的番茄醬食譜帶到新世界。儘管直到十八世紀初期，番茄一直被認爲是有毒的，但一旦這一觀念被消除，番茄便迅速流行起來。當番茄醬開始出現在十八世紀中期的美國食譜中時，便是以番茄爲基礎配方的姿態現身。

香蕉番茄醬　　（產量：1.5 杯）

響應第二次世界大戰期間的番茄配給，一位名叫瑪麗亞·奧羅薩（Maria Orosa）的菲律賓食品科學家利用該國的自然資源，發明了香蕉番茄醬！目前仍在菲律賓市場上出售的產品，其亮橙色來自添加了胭脂樹紅種子[27]。由於我們的配方沒有這種種子，因此以下版本具有更偏黃的色調。我們樂見兒童和成人都喜愛添加香蕉的美味沾醬。

材料

2 大匙花生油
1 小洋蔥切碎
2 瓣蒜末
1 大匙辣椒醬或 1-2 根新鮮辣椒（泰式辣椒、哈拉皮紐辣椒或聖納羅辣椒），切碎
1 杯搗碎的成熟香蕉（2 個中號香蕉）
1 大匙番茄醬
½ 杯康普茶醋（第 298 頁），如有需要，還可加更多
¼ 杯水
2 大匙黑糖，依需要添加
1 茶匙醬油

調味建議

混合搭配以創造自己喜歡的口味。

2 茶匙新鮮磨碎的薑
1 片月桂葉
½ 茶匙黑胡椒粉
½ 茶匙薑黃粉
¼ 茶匙多香果粉
⅛ 茶匙丁香
⅛ 茶匙海鹽

作法

在中鍋中用中火加熱花生油。加入洋蔥和拌炒，頻繁攪拌 5 至 7 分鐘，直至變軟和半透明。加入大蒜和辣椒醬，煮 1 至 2 分鐘。加入香蕉、番茄醬、醋、水、糖、醬油和你喜歡的任何香料，然後攪拌均勻。

煮滾，然後降低溫度，以文火燉煮，並將鍋蓋部分覆蓋，直到混合物變稠，約花費 20 至 30 分鐘。從火上移開，讓其冷卻 10 分鐘。如果你使用了月桂葉，請將葉片取出並丟棄。

使用食物處理器或攪拌機將混合物製成泥。嚐嚐味道，添加更多的康普茶醋以稀釋稠度或增加酸味，亦可添加更多的糖使其變甜。建議存放在冰箱裡，可冷藏長達 3 週，或使用巴氏殺菌來延長儲存的時間。

27 胭脂樹紅種子，Annatto seeds，生長在熱帶和亞熱帶的紅木種子，其中提取的物質可作為天然色素。

康普茶芥末醬 （產量：2杯）

芥末醬一直是熱狗、雞蛋沙拉和魯本三明治添加的香料。使用整個芥末籽可以創造出獨特美味的芥末醬，勝過任何商店購買的加工食品。在你需要任何額外口味（和幫助消化！）的時候，康普茶芥末醬都能帶來突出的風味。這份配方需要大約一個星期的發酵時間，因此要作相應的時間規畫。

材料

½ 杯黃色或棕色芥末籽

½-⅔ 杯康普茶醋（第 298 頁）

1 茶匙海鹽

調味建議

混合搭配以創造自己喜歡的口味。

1 大蒜瓣，切碎

1 大匙洋蔥丁

1 大匙蜂蜜

¼ 茶匙孜然粉

¼ 茶匙咖哩粉

⅛ 茶匙黑胡椒

⅛ 茶匙辣椒

⅛茶匙薑黃粉（經典「芥末黃色」的來源）

作法

將芥末籽放入玻璃罐中，加足夠的醋覆蓋種子。（它們在發酵時會膨脹許多。）如果需要，可加入大蒜和洋蔥。切記，釀造液有一點很長的路要走。在此階段請對抗添加其他香料的誘惑，否則芥末可能會變得太苦。

用緊密編織的布蓋上玻璃罐，必要時用橡皮筋固定，然後在陰暗 18-23° C 處放置約 1 週。每天檢查以確保種子完全浸沒液體中，並根據需要添加額外的康普茶醋。

大約一週後，芥末籽應變軟，輕壓時容易破裂。將整份混合物倒入食物處理機的碗中，加入鹽和你想要使用的任何其他香料，然後攪拌直至混合物達到所需的稠度。如果需要，添加更多的醋。

瑪麗阿姨的美乃滋 （產量：2杯）

芥末蛋不僅可以滿足你的味蕾，還可以為健康的大腦功能提供必需的膽固醇。結合上述兩個優點，以下的配方改良自卡爾文．柯立芝總統宣誓世上最好的食譜，也就是他的瑪麗阿姨的食譜。手工打發的美乃滋具有柔滑、優雅和濃郁的風味，其美味遠勝市面上的產品。

手工製作美乃滋既不困難也不費時間，但是需要耐心、不斷攪拌和注意細節。手動攪拌機、果汁機或食物處理器可以簡化工作。奶油基底使這種美乃滋具有額外的層次和質感。產出的質地可能比你以前使用過的美乃滋更加堅硬，但如果將其置於室溫下或抹勻在三明治上，便會變軟。

材料

½ 杯（1條）常溫奶油

4 個常溫大蛋黃

1 茶匙芥末

1 茶匙鹽，加上更多的味道

½ 杯特級初榨橄欖油

½ 杯康普茶醋（第 298 頁）

½ 杯鮮榨檸檬汁

½ 杯葵花油

現磨白胡椒

作法

將奶油放在一個中等大小的碗中，用攪拌機或叉子輕輕打泡直到呈現乳狀。在一個單獨的碗中，將蛋黃、芥末和鹽攪拌均勻；將混合物加入奶油中並充分混合。慢慢地逐滴加入橄欖油，不斷攪拌直到混合物開始變稠。在康普茶醋和檸檬汁中攪拌；然後以非常緩慢的細流添加葵花油，不斷攪拌直至充分混合。

如果橄欖油似乎都沒有混入，請停止添加橄欖油並強力攪拌直到混合物變得光滑爲止，再繼續添加橄欖油。

加入鹽和白胡椒粉調味。將美乃滋保存在冰箱的密閉容器中，最多可保存 3 週。

康普茶油醋醬[28]　（產量：1 杯）

一款好的油醋醬主要取決於取用手邊材料的方便性，所以可以有彈性地用材料替代這個基本配方。我們喜歡在橡木桶中製作陳年醋，使醋中充滿單寧酸和其他木材風味，這會增加菜餚的豐富性。如果你沒有橡木桶，則可以在調味階段添加木片。

雖然經典油醋醬使用 3：1 的油醋比，但與其他醋相比，康普茶的低酸度使 1：1 的比例趨於完美。一旦我們有適當的組合比例，我們就可以根據需要補充用量。

材料

½ 杯特級初榨橄欖油

½ 杯康普茶醋（第 298 頁）

1 根蔥末

28 Vinaigrette，油醋醬，原料為橄欖油跟醋。

2 瓣蒜末

⅛ 茶匙鹽

⅛ 茶匙小茴香

少量糖（以平衡口味）

調味建議

混合搭配以創造自己喜歡的口味。

1 茶匙切碎新鮮香草（百里香、迷迭香、奧勒岡葉、歐芹、龍蒿）

¼ 茶匙芥末

⅛ 茶匙多香果粉

⅛ 茶匙丁香

作法

將橄欖油、醋、蔥、大蒜、鹽和你喜歡的任何調味料混合在一個小碗中，攪拌均勻，室溫保存，幾乎可以無限期保存。

美乃滋的歷史

無論你喜不喜歡，美乃滋已經成爲美國三明治的主要成分長達一百多年。德國移民理查德・赫爾曼（Richard Hellmann）在 20 世紀初的紐約熟食店中首次展示了他妻子的配方。醬汁非常受歡迎，且裝在罐子裡方便家庭主婦重複使用，後來他很快關閉了熟食店並開設美乃滋工廠；最終他的產品全國暢銷，成爲市場龍頭。

當赫爾曼先生將美乃滋普及後，至少在美國，這種調味品本身的起源變得更加模糊，尤其是涉及到西班牙和法國之間的美食起源搶奪戰。法國人聲稱他們發明了一種在晚宴上的奶油替代品，以慶祝在如今西班牙梅諾卡島馬洪港的軍事勝利。另一個法國理論是：該名稱源於古法語中的蛋黃，moyeu。

西班牙人同意調味醬可能起源於馬洪港，但表示調味醬早在任何法國部隊到來之前就已存在，並已被當地人稱爲莎莎醬。一些食品歷史學家指出，地中海蒜泥美乃滋用大蒜攪打成油，可以證明西班牙人的主張。我們可能永遠無法確定，但是眞正重要的問題是，哪一個荷蘭天才先開始用美乃滋配薯條？！

血橙康普茶油醋醬 （產量：1¼ 杯）

血橙美麗的深紅色富含花青素（一種強大的抗氧化劑）。這是我個人的最愛，我一到季節，就購買2公斤重的血橙。當不將它們用作血橙義大利蘇打康普茶（第223頁）時，我會攪拌這種濃郁的調味料並加入夏季蔬菜。

材料

½ 杯鮮榨血橙汁
½ 杯特級初榨橄欖油
½ 杯康普茶醋（第298頁）
2 瓣蒜末
⅛ 茶匙鹽
2 小枝新鮮龍蒿，切碎
2 小枝新鮮百里香，切碎
1 小枝新鮮薰衣草，切碎

作法

將橙汁、橄欖油和醋混合在一個小碗中，一起攪拌。室溫保存，幾乎可以無限期保持。

牧場沙拉醬 （產量：1 杯）

1950年代，這種經典的美國沙拉醬是在聖塔芭芭拉的隱谷牧場（Hidden Valley Ranch）被發明。從那時起，它就受到普遍的喜愛。牧場沙拉醬製作容易，可以搭配沙拉和三明治，也可以作爲蔬菜和薯條的美味沾料。以下這種意想不到的濃郁活潑版本鐵定會在公司野餐或家庭聚會時引發話題和食譜索取。如果你沒有方便的白脫牛奶[29]，則可以將½杯牛奶與1大匙的康普茶醋混合代替。

材料

½ 杯白脫牛奶
¼ 杯瑪麗阿姨的美乃滋（第311頁）
¼ 杯優格或克菲爾乳酪
1 瓣蒜瓣，切碎或微刨
1 大匙康普茶醋（第298頁）
1 茶匙切碎新鮮龍蒿、蒔蘿、歐芹、蔥或芹菜葉
½ 茶匙康普茶芥末醬（第311頁）
幾滴塔巴斯科辣椒醬或其他醋基辣醬

作法

將白脫牛奶、美乃滋、優格、大蒜、醋、龍蒿、芥末醬和塔巴斯科辣椒醬混合在一個小碗中，並一起攪拌。蓋上蓋子並在冰箱中冷卻至少30分鐘，以形塑風味。

29 白脫牛奶，buttermilk，是以攪製奶油後殘餘的液體發酵製成，帶有酸味；含有乳酸，適合用於烘焙為成品增添風味

藍紋起司醬 （產量：1杯）

每當我們回到芝加哥，亞歷克斯和我都會喜歡從當地的連鎖雞翅店訂購熱辣辣的水牛城雞翅和巨大的華夫格薯條，這是他兒時的最愛。在家裡，我們盡了最大的努力來複製年輕時的味道，但我們用以下的益生菌版本代替原本的藍紋起司醬，這增加了令人愉悅的氣味和大量的細菌夥伴，並有助於消化。放馬過來吧！

材料

- 187.5-250 毫升碎的藍紋起司
- ½ 杯克菲爾乳酪（請參閱右側）（或以酸奶油替代）
- ½ 杯純全脂優格
- ¼ 杯康普茶醋（第 298 頁）
- ½ 茶匙現磨黑胡椒粉
- ½ 茶匙鹽
- ¼ 茶匙蒜末或 1 瓣蒜末

作法

將藍紋起司、克菲爾乳酪、優格、醋、胡椒粉、鹽和大蒜粉混合在一個小碗中，並一起攪拌。蓋上蓋子並在冰箱中冷卻至少 30 分鐘，以形塑風味。存放在冰箱中最多一週，因爲在醋和克菲爾乳酪發酵後，其口味會產生變化。

克菲爾乳酪

克菲爾，俗稱「可飲用的優格」，是另一個與我們長期合作的益生菌朋友。它的起源是高加索山脈，是一個世代相傳的家庭祖傳祕訣，通常是婦女嫁妝的一部分。在土耳其語中，克菲爾（kef）的意思是「感覺良好」，這可能是由於喝克菲爾乳酪帶來的正面影響。

像紅茶菌一樣，克菲爾生成的「穀物」是酵母和細菌的複合物。菌體將牛奶發酵成健康、略帶泡沫的飲料，從而保存牛奶並向其中注入 30 多種健康細菌和酵母菌。克菲爾乳酪的製作方法是，將克菲爾用紗布濾掉，以去除多餘的乳清，從而產生奶油狀且濃稠的乳酪，可代替優格、奶油乳酪或優格。

克菲爾穀物可以用來發酵各種「奶」，包括那些尋求非乳製品選擇的豆奶和堅果奶。

要增稠調味料，請添加等量的優格和美乃滋。要使其稀薄，請添加更多的康普茶醋。

將調味料存放在冰箱中，並在其中放置 1 個星期，然後隨著混合物的發酵而開始改變口味。

藍紋起司醬

康普茶燒烤醬　　（產量：2½ 杯）

你想在縣博覽會上贏得燒烤醬大賽嗎？使用康普茶醬（Kombuchup）作爲你的祕密成分，那條廚藝藍帶可能觸手可及！至少，當你抹上這種濃郁、令人垂涎的醬汁時，你美味的蔬菜和肉類至少一定會讓家人頒金牌給你。我們還用它來製作我們著名的紅茶菌肉乾（第 344 頁）。

材料

- 2 杯康普茶番茄醬（第 309 頁）
- 2 大匙康普茶醋（第 298 頁）
- 2 大匙伍斯特醬汁
- 1 大匙紅糖
- 1 大匙砂糖或調味
- 1 大匙鮮榨檸檬汁
- 2 茶匙現磨黑胡椒
- 2 茶匙芥末醬或 2 茶匙康普茶芥末醬（第 311 頁）
- 2 茶匙洋蔥粉

作法

將康普茶醬、醋、伍斯特醬、紅糖、砂糖、檸檬汁、黑胡椒、芥末和洋蔥粉混合在一個小碗中，攪拌後將醬汁存放在冰箱中，最多可保留 2 週，隨著發酵的進展而開始改變口味。

康普茶沾醬和醃料

大人小孩都會喜歡這些大膽的調味料，從餃子和蛋捲到雞塊和炸薯條，應有盡有。挑選一些沾醬，與紅茶菌烏賊生魚片一起享用（第 346 頁）。只需將食材一起攪拌，即可沾醬！

普吉島風格

- 1 大匙辣椒醬
- 1 大匙康普茶醋（第 298 頁）
- 1 茶匙鮮榨檸檬汁
- 1 茶匙醬油
- ½ 茶匙糖
- 2 小枝新鮮薄荷，切碎

點心風格

- 1 大匙醬油
- 1 大匙康普茶醋（第 298 頁）
- 1 茶匙芝麻或花生油
- 辣椒醬，調味
- 鹽，調味
- 現磨白胡椒粉，調味

辣咖哩

- 3 大匙瑪麗阿姨的美乃滋（第 311 頁）
- 1 茶匙咖哩粉
- 1 茶匙康普茶醋（第 298 頁）

咖哩芥末

- 3 大匙康普茶芥末醬（第 311 頁）
- 1茶匙咖哩粉1茶匙康普茶醋（第298頁）

照燒醬　　（產量：2杯）

名詞解釋：照燒（teriyaki）

照燒一詞分別來自日文teri與yaki，teri指的是醬汁中的糖分造成的光澤，而yaki則指燒烤的烹飪方法。傳統上，照燒作法是在烹飪過程中將肉浸入醬汁或用醬汁來回刷幾次，同時讓食物表面產生光澤。

這種調味醬在日本的根源很簡單，只是一種醬油膏。但是，當日本移民登陸夏威夷從事鳳梨種植園的種植時，他們無法抗拒地將甜美的水果添加到醬汁中。這堪稱眞正的亞裔美國人大融合，紅燒醬已成爲「傳統的」美國雞肉和牛排調味料。

鳳梨是任何醃料的絕佳補充。除了平衡鹽分外，它還富含鳳梨蛋白酶，鳳梨蛋白酶是一種使肉變嫩的天然酶。此版本也適用於任何種類的蔬菜和漢堡，無論是肉類，蘑菇類或穀物類。

材料

- ⅔杯味醂或加少許糖的雪利酒
- ½杯美味骨湯（第300頁）或其他湯汁
- ½杯鳳梨汁
- ¼杯紅糖或2大匙蜂蜜
- ¼杯醬油
- ¼杯康普茶醋（第298頁）
- 2茶匙香油
- 2-5瓣蒜末，切碎或壓碎
- 1（2公分）片切碎或磨碎的新鮮生薑
- 短片紅辣椒（可用可不用）

作法

將味醂、肉湯、鳳梨汁、紅糖、醬油、醋、香油、大蒜、薑和紅辣椒粉在一個小鍋中用中火加熱。將混合物煮沸後減少熱量，煮10分鐘。品嚐並根據需要調整糖和香料。使用前先冷卻15分鐘。

康普茶傳奇：

武士

根據一些傳說，日本的精銳戰士——武士，在公元 1200 年左右隨身攜帶盛裝康普茶的燒瓶上戰場。據說這種液體可以賦予他們能量和精力，隨著瓶內供應量的減少，他們用甜茶將其重新添滿，堪稱在旅途中創造了一種個人 CB 法的實踐。

CHAPTER 15

零食、沙拉、配菜和甜點

將傳統的零食、沙拉、配菜和甜點以發酵食品代替，如此一來不僅可以提供大量的風味，還可以幫助保持消化系統的健康。我們幾乎每餐都包含一點酸菜、發酵蔬菜和／或優格，以確保我們每天攝入好菌。

這些食譜可能是你多次製作的。但是，憑藉康普茶的益生菌和營養功能，它們得到的回饋已經從「嗯哼」到「噢耶!」。家人和朋友們在不知情的情況下回來，想要更多。儘管經常食用康普茶常常使味覺遠離過多的甜食，但我們仍會不時享受甜點。這一章的甜點有蛋糕、冰糕甚至軟糖等，都使用了康普茶，給人健康的感覺，讓每個人都可以享受。

這些食物許多可無限期保存，但是正如我們在調味品章節中所提到的，即使在冰箱中，隨著時間的流逝，味道也會改變並變得更加苦澀。吃新鮮的發酵食品將確保最佳的口味和最大的享受。

零食

媽媽的康普茶冰箱醬菜

（產量：1 杯）

媽媽讓我們想起這些容易醃製的鹹菜，因爲它們讓她想起了南加州的童年夏天。在悶熱的日子裡，冷切的黃瓜片令人清爽，而醋味使我立即像巴夫洛夫的狗流口水。就像一種良好的女兒紅茶菌一樣，我透過添加康普茶醋和新鮮香草來發展媽媽的經典食譜，以捕捉當地季節的風味。

材料

1 杯切成薄片的黃瓜（2-3 個黃瓜；波斯黃瓜、英式黃瓜和醃漬黃瓜效果最好。）

2 瓣蒜末

1 杯康普茶醋（第 298 頁）

⅛ 茶匙鹽

一小撮白糖

加水

調味建議

混合搭配以創造出自己最喜愛的風味。

1 或 2 片檸檬片

幾小枝新鮮的蒔蘿、百里香或奧勒岡葉

2 或 3 片洋蔥

¼ 墨西哥胡椒，去籽，切丁

1 根胡蘿蔔，切絲或用蔬菜削皮器切成薄片

作法

將黃瓜、大蒜、醋、鹽、糖和任何調味料混合在一個中等大小的碗中。加入足夠的水以浸沒所有成分。攪拌均勻然後蓋上蓋子，在冰箱中冷卻至少 24 小時。浸的時間愈長，大蒜味愈濃！

麵包奶油酸菜

這些糖醋黃瓜究竟爲何以麵包和奶油命名？許多人堅稱這個名字是在大蕭條時期產生的。據說當時有一個人太窮了，他只好在路邊賣醃黃瓜來賺錢買麵包和奶油。另一個大蕭條時期的故事則聲稱，爲了把麵包和奶油加長，便將加糖的黃瓜片放入三明治中。

然而，最可能的答案與在英國常見的黃瓜三明治有關。根據《牛津英語詞典》，麵包和奶油是一個短語，意爲「一種日常食物；生活手段。」麵包和奶油過去曾是（而現在對許多人來說仍是）在每個家庭中都可以找到的主食，醃製蔬菜亦同。由於餐桌上總是有醃菜，所以它們和麵包和奶油一樣普遍。

甜辣康普茶醬菜（產量：500 毫升）

如果在室溫下輕度發酵長達一週，這些醬菜確實可以讓人大開眼界。要製作出較甜的麵包奶油式的鹹菜，請將糖增加到 ¼ 杯，然後立即冷藏。

材料

- 2 或 3 個醃漬黃瓜，將其切成薄片或切成條狀
- ⅛ 杯糖
- 2 茶匙芥末籽
- ½ 茶匙紅辣椒片
- ¼ 茶匙鮮榨檸檬汁
- ¼ 茶匙薑黃粉
- ⅛ 茶匙多香果粉
- ⅛ 茶匙肉桂粉
- ½ 杯康普茶醋（第 298 頁）

作法

將黃瓜、糖、芥末籽、紅辣椒片、檸檬汁、薑黃、多香果粉和肉桂混合在一個罐子或玻璃容器中。倒入足夠的醋以覆蓋所有成分。攪拌混合，遮蓋並放置在陰涼處 3 到 7 天。經常品嚐。當口味融合到你喜歡的口味時，將醬菜移到冰箱中享用。

克魯姆奶奶的迪利豆（產量：1 公升）

克魯姆奶奶喜歡我和兄弟姐妹，每年夏天，我花兩個星期在明尼蘇達州的農場陪伴她，但身爲城市的孩子，我們無聊得流淚。不過，現在回想起來，那是我小時候最美好的回憶：爬

上約翰迪爾經銷商的拖拉機，穿過碎石路，在巨大的柳樹的樹枝上搖擺；坐在門廊上，抱著一大堆青豆在腿上，去除豆子纖維。奶奶可能對康普茶一無所知，但她當然知道如何「處理」青豆！

材料

- 1 磅青豆，修剪蒂頭、去除豆子纖維
- 2 瓣大蒜，輕輕壓碎
- 2 茶匙蒔蘿種子
- 1 茶匙黑胡椒
- 1 茶匙凱爾特海鹽
- 1 個蒔蘿頭或蒔蘿葉小枝
- ½ 杯康普茶醋（第 298 頁）
- 水，用來蓋過豆子

作法

將青豆放在 1 公升的玻璃罐中。加入大蒜、花椒、鹽和蒔蘿。倒入康普茶醋。加入足夠的水填充廣口瓶，留出 2 公分的頂部空間。緊緊密封，在陰涼處靜置 3 至 5 天，直到豆子變香為止。當它們達到你喜歡的口味時，將豆子移至冰箱。

沙拉

熱馬鈴薯沙拉佐康普茶芥末醬

（產量：1 公升）

向我的德國血統致敬，我更新了祖傳馬鈴薯的顏色和營養，而康普茶則增加了額外的活力。味道混合的時間愈長，味道就愈好。從經驗中我們知道，這種甜、鹹、酸的沙拉在聚會時會很快被吃光。配上優格或克菲爾乳酪（請參閱第 315 頁），做出完美結尾。

材料

900 公克祖傳馬鈴薯，去皮切塊（混合紫色秘魯、育空黃金和紅寶石新月三種馬鈴薯品種，可以改變顏色和味道）
1 茶匙海鹽
½ 磅培根片
¾ 杯切碎洋蔥
¾ 杯康普茶醋（第 298 頁）
¼ 杯糖
1½ 大匙辛辣芥末或康普茶芥末醬（第 311 頁）
鹽和現磨黑胡椒
2 大匙切碎蔥或細香蔥，用於裝飾
克菲爾乳酪或酸奶油，用於裝飾

作法

將馬鈴薯放入大鍋中，倒入冷水，蓋過馬鈴薯，加入鹽。加熱至水沸騰後，煮 15 至 20 分鐘，直到馬鈴薯變軟，能輕鬆用叉子刺穿。將馬鈴薯從爐子上移開，放入冷水中冷卻。

煮馬鈴薯的同時，邊將培根放進鑄鐵煎鍋中，用中火煎至酥脆。用鍋鏟拿出培根，放在廚房紙巾上吸油。

將 1/4 杯培根倒入煎鍋裡，加入洋蔥，用中火炒約 5 分鐘，直到洋蔥變得半透明。加入康普茶醋、糖、芥末、鹽和胡椒攪拌。繼續烹煮，不時攪拌，大約 7 分鐘，直到變得濃稠起泡。關火並冷卻幾分鐘。

把馬鈴薯放入一個大碗，將培根切碎，加入溫熱的調味料並攪拌均勻。用蔥和克菲爾乳酪裝飾。在溫熱時或常溫下想用。如果有剩下，冷藏起來。

香草番茄羊乳酪沙拉佐蔥

（產量：2 份）

這道沙拉大概是我第一次嘗試用康普茶下廚做的菜，但由於每天它的味道都愈來愈好，它仍然是我們的最愛之一。鹹、酸、鹹的歡樂平衡，加上一小撮蔥，將它們完美結合在一起！我們喜歡番茄產生的汁液，但是如果你想減少液體，請在切碎番茄之前將一半的種子去掉。

材料

2 杯切丁的番茄（約 3 個中號番茄）

½ 杯碎羊奶酪

⅓ 杯康普茶醋（第 298 頁）

1 根切碎的蔥

1 茶匙新鮮香草（百里香、奧勒岡葉、香葉芹、龍蒿等）

1 茶匙鹽

1 茶匙現磨黑胡椒

作法

將番茄，羊乳酪、醋、蔥、香草、鹽和胡椒粉放入一個大碗中，並輕輕攪拌。如有必要，品嚐並調整調味料。爲了加深風味，在上桌之前先將沙拉在冰箱中冷藏數小時。

深綠色沙拉佐血橙義大利香醋

（產量：2 份）

豐盛的蔬菜可以爲你提供營養，但是有時它們很難吞嚥和消化。此配方中柳橙的康普茶醋和檸檬酸可幫助人體從鹹味綠色中獲得最大收益，同時平衡鮮榨柳橙、新鮮薄荷和蔓越莓的甜味。

材料

1 把瑞士甜菜、羽衣甘藍或其他茂密的綠葉蔬菜

1 大匙切碎新鮮薄荷

1 大匙乾小紅莓

1 杯血橙康普茶油醋醬（第 314 頁）

½ 杯康普茶醋（第 298 頁）

1 大匙橄欖油

1 茶匙蜂蜜（可用可不用）

鹽和現磨黑胡椒

2 大匙杏仁切片

作法

從綠葉上去除頑強的莖。使這種沙拉易於咀嚼的祕密不僅來自酸性調味料，還來自食物處理機。在裝有切碎刀片的食物處理器中將蔬菜和薄荷混合在一起，攪拌直到葉子變成五彩紙屑般，大約 30 秒。

在一個小碗中將橙汁、醋、橄欖油和蜂蜜一起攪拌。用鹽和胡椒調味。

在一個大碗中將青菜和義大利香醋拌勻。加入小紅莓和杏仁，然後蓋上蓋子並在冰箱中冷卻至少 20 分鐘，使綠葉變軟。

香草番茄羊乳酪沙拉佐蔥

配菜

康普茶酸菜三重奏

小時候，酸菜的辛辣氣味使我想起汗濕的腳臭，讓我逃之夭夭！另一方面，亞歷克斯卻是在辛辛那堤小鎮上一邊吃德式酸菜一邊長大的臭小子，那座小鎮擁有豐富的德國傳統。在我們的戀愛關係中，他很早就向我提出挑戰，要求我重新考慮自己對酸菜的厭惡。如今，我不僅幾乎每餐都喜歡吃酸菜，而且我也喜歡酸菜果汁！

自古以來，鹽就一直是食品保存的關鍵，因能夠阻止病原體的功能而備受推崇。鹽從生食中拉出水分子，形成鹵水（鹽水）。原本已存在於蔬菜表面的細菌（主要是乳酸桿菌）作用後與鹵水一起分解食材。因此，發酵食品容易消化、有美味的酸度、富含益生菌的特性，還加上額外的好處——可以保持很長一段時間不會壞。

以下三個食譜只是範例，建議你添加任何可以激發你創造新配方的材料！

1 公升酸菜的作法

將切碎的高麗菜和鹽加入中等大小的碗中，拌勻。用毛巾蓋住，在室溫下放置 2 至 4 個小時。經過一段時間的出水過程，高麗菜會在碗裡釋放一些液體。用雙手敲打或擠壓高麗菜以利釋放更多的液體。在你竭盡所能幾乎快榨乾高麗菜後，請添加香料、水果或香草，然後將其拌勻。

將一半的高麗菜混合物密實地擠壓放入一夸脫的罐子，再將碗中的液體倒入罐中，接著倒入康普茶醋，並將剩餘的混合物加入罐中；接著用酸菜壓桿或木勺向下壓，以便在罐子頂部形成一層液體。這時便可用發酵蓋將高麗菜持續壓在液體下。用毛巾蓋住罐子，在陰涼處放置 5 至 14 天。經常品嚐味道的變化。當酸菜的酸和鹹度達到適當的平衡時，請將其冷藏在冰箱中。

注意：只要食物仍浸在鹽水中，就可以防止有害細菌和黴菌產生。有時氣泡會將某些物質從液體中擠出，導致發黴。傳統上，發黴的頂層將被刮除，並在表面以下收穫適當發酵的酸菜。但是，由於許多人的免疫系統其實已經受損，大多數人會建議將發黴的一批扔進廚餘桶。其他具有更強免疫力的人則可能會考慮去除發黴的頂層，並義無反顧地採收下層的酸菜——相信你的直覺！

德國酸菜的歷史

酸菜的做法起源於兩千多年前建造長城的中國工人。與德國酸菜不同，中國酸菜是用米酒保存的。就像許多偉大的中國發明一樣，這種美味的菜餚在一千年後由成吉思汗從東方傳播到歐洲——這個故事聽起來很耳熟！（請參見成吉思汗的軍隊，第 212 頁。）

毫不奇怪，德國酸菜（sauerkraut）從德語直譯就是「酸高麗菜」。高麗菜用鹽乾醃，與鹵水一起分解材料，同時抽出液體產生美味。醃製蔬菜可以保持蔬菜的營養，這對於深冬無新鮮蔬菜的地區非常有幫助。發酵食品容易消化，發酸，富含益生菌，而且還有一個好處，就是可以保存很長一段時間。

這類配方需要一些專業的工具包括酸菜壓桿或搗棒和發酵蓋。酸菜壓桿[30]通常是帶有圓形末端的木製工具，人爲的壓力可從高麗菜的纖維中釋放出液體。壓桿通常有一端較小，可用於將酸菜壓入罐中，罐中的氣孔越少，發酵效果越好。

爲了防止高麗菜暴露於氧氣和產生黴菌，一般會在發酵罐上放置重物以使酸菜浸沒其中。發酵蓋通常是陶瓷圓盤，中間有一個孔，可讓二氧化碳自然消散；然而放置乾淨的石頭或裝滿水的塑膠袋也有同樣功能，而密封罐也是個可考慮的選項。

現在，許多商店都以各種經典和現代口味販賣本地生產的酸菜。但其實酸菜很容易在家製作，並且是一種開始選擇吃得健康的「敲門磚食物」，所以今天就考慮開始做一盤酸菜吧！

30 酸菜壓桿，kraut pounder，狀似迷你木製球棒棍，唯兩端是圓餅狀，其直徑多符合發酵罐或梅森罐的口徑，可當壓桿擠出蔬菜水分，也可留在瓶口當密封蓋。

經典酸菜

這是創造各種口味的酸菜的基礎食譜。香菜籽具有清爽經典的風味。

材料

1 顆綠色高麗菜，切絲
1 大匙鹽
1 茶匙香芹籽
1 杯康普茶醋（第 298 頁）

蘋果薑酸菜

脆皮蘋果和辛辣薑汁在這款活力十足的酸菜中散發出宜人的風味。鬆脆、辛辣、可口，是美味漢堡的完美餡料，可以激起味蕾的火花。

材料

1 大頭甘藍菜，切絲
1 大匙鹽
1 個蘋果，切成丁或切成薄片
1（2 公分）片新鮮生薑，去皮切成薄片
1 杯康普茶醋（第 298 頁）

血橙杜松子酸菜

我承認我對血橙有些迷戀。與橘皮形成鮮明對比的果肉點燃了我的想像力和味蕾。在這份食譜中，橘子的甜美和濃郁的風味與杜松子完美搭配，而水果片則增添了多彩的滋味。

材料

1 顆高麗菜，切絲
1 大匙鹽
1 個中等血橙，去皮切成薄片
1 茶匙杜松子
1 杯康普茶醋（第 298 頁）

康普茶涼拌高麗菜（產量：3 ½ 杯）

自羅馬時代以來，切碎高麗菜和調味料一直是配菜。美乃滋的添加通常不多於蔬菜、香草和調味料，將不起眼的高麗菜提升爲美國經典。儘管可能是由歐洲祖先引進的，但它在許多野餐和聚會中都占有一席之地。

儘管沙拉擺得愈久風味愈好，但在人們沒有機會發現之前就會被吃光了。可以做雙份沙拉，以便每個熱中於涼拌高麗菜的人都能吃上一勺！

配料

3 杯切碎紫色或綠色高麗菜
½ 杯胡蘿蔔絲
½ 杯瑪麗阿姨的美乃滋（第 311 頁）
½ 茶匙芹菜種子
⅛ 杯康普茶醋（第 298 頁）
鹽和現磨黑胡椒

調味建議

根據需要混合、搭配這些選擇性材料。

¼ 杯葡萄乾

¼ 杯蘋果丁

¼ 杯乾蔓越莓

⅛ 杯杏仁

將高麗菜、胡蘿蔔、美乃滋、芹菜籽、醋和任何其他調味料混合在一個大碗中。用鹽和胡椒調味。徹底攪拌。讓沙拉在冰箱中冷卻至少 30 分鐘，以使風味在食用前先融合。

康普茶紅沙拉　（產量：2 杯）

南方人喜歡濃郁的風味，因此將番茄醬放入涼拌高麗菜的事實是很合理的。來自北卡羅來納州的傳統紫色高麗菜，是任何列剋星敦式燒烤盤的一部分。將康普茶添加到混合沙拉中可賦予番茄濃郁的風味，而額外的醋則使其口感清脆。二種食材一起融入獨特的配菜，爲燒烤增添了色彩和活力。爲了增加熱度，請使用康普茶燒烤醬（第 317 頁）代替普通的康普茶。

配料

2 杯綠色高麗菜絲

⅓ 杯康普茶番茄醬（第 309 頁）

⅓ 杯康普茶醋（第 298 頁）

2 茶匙紅辣椒片或調味醬

1 茶匙鹽

1 茶匙現磨黑胡椒

作法

將高麗菜、康普茶、醋、紅辣椒片、鹽和胡椒粉放入一個大碗中。拌好後把高麗菜包好。放進冰箱前，讓其在冰箱中冷卻 30 分鐘，使風味融合。

泡菜　（產量：1 公升）

泡菜是德國酸菜的韓國版，各種發酵蔬菜組合的統稱，如今與大高麗菜、紅辣椒，有時也和發酵魚類的關係最緊密。這個是溫和版本。請查看辣魚泡菜（第 332 頁）以獲取更多資訊。

配料

1 顆大高麗菜，切成小塊

1 杯胡蘿蔔

1 杯白蘿蔔

1 根蔥，切成縱條

¼ 茶匙紅辣椒片

2 大匙康普茶醋（第 298 頁）

1 大匙醬油

作法

將高麗菜、胡蘿蔔、白蘿蔔、蔥、紅辣椒片、醋和醬油混合在一個大碗中拌勻。用酸菜發酵棒或木勺將高麗菜混合食材倒入一個罐子中。這將使一層液體上升到頂部。

用酸菜發酵棒將高麗菜浸沒在鹽水中。用毛巾蓋住罐子，在陰暗處靜置 3 至 5 天，經常品嚐。當你喜歡的風味出現時，將泡菜移到冰箱中，這根據你對酸味的個人喜好，冰箱最多可以保存 3 個月。

辣魚泡菜　（產量：1 公升）

辣菜是許多韓國人的驕傲，因此傳統的泡菜充滿了火熱的風味。該食譜包括營養豐富的魚，隨著泡菜時間的增長，魚也會隨之會發酵。有一點是很重要的——根據家人的喜好來調整火候和魚腥味。

配料

1 顆大高麗菜，切成小塊
1 杯切碎胡蘿蔔
1 杯蘿蔔絲
4 瓣大蒜，壓碎
1（2 公分）片新鮮生薑，去皮切丁
1 根蔥，切成 0.5 公分塊狀
½ 墨西哥胡椒，去籽，切丁
2 沙丁魚，搗成糊，或 1 大匙魚醬
2 大匙康普茶醋（第 298 頁）
2 茶匙糖

作法

將高麗菜、胡蘿蔔、白蘿蔔、大蒜、薑、蔥、墨西哥胡椒、沙丁魚、醋和糖混合在一個大碗中拌勻。用酸菜發酵棒或木勺將高麗菜混合食材倒入一個罐子中。這將使一層液體上升到頂部。

用棒子的重量將高麗菜浸泡在鹽水中。再以毛巾蓋住罐子，在陰暗處靜置 3 至 5 天，經常品嚐。當達到你喜歡風味時，將泡菜移到冰箱中，這根據你對酸味的個人喜好，冰箱最多可以保存 3 個月。

泡菜——德國酸菜的韓國表親

我們大多數人都熟悉的麻辣泡菜，從一開始不起眼的鹹蘿蔔，到現在已經走了很長的路。傳統上，古代韓國人準備加鹽的蔬菜來幫助他們消化大麥和小米等穀物，接著大米才成爲亞洲的主要穀物。在《三國志》中可以找到有關韓國發酵能力的資訊。泡菜的第一個書面紀錄是在 11 世紀。

與德國酸菜不同，韓國泡菜可以包括多種蔬菜——常見的有蘿蔔、竹筍、韭菜和蘑菇。食品歷史學家無法確定何時將辣椒引入該地區，儘管許多人聲稱這是在 1600 年代日本入侵韓國的時候引入。辣椒像野火一樣流行，從根本上改變了泡菜的風味、外觀和發酵技術。

大自然愛多樣性，韓國愛泡菜。今天已有數百個傳統品種！

康普茶萊姆魚　（產量：6 份）

siwichi 在南美原住民語言克丘亞語中是指秘魯海岸的傳統菜餚。作法爲：用柑橘類水果的酸將魚「煮熟」，使魚中的蛋白質變性，令魚類在不加熱的情況下變得不透明。康普茶具有天然酸性，可爲菜餚品增添深度和微妙的風味。

美味而安全的萊姆汁醃魚，關鍵是要使用最新鮮的海味。半紮實的白魚是最好的選擇。選項包括鯛魚、鱸魚、條紋鱸魚、石斑魚或比目魚。章魚、扇貝和蝦對這種處理方法也反應良好。

配料

- 2 磅紮實的新鮮紅鯛魚片（或其他紮實的魚肉），去骨，切成 ½ 公分的小塊
- 1 杯切碎番茄種子
- ½ 杯康普茶醋（第 298 頁）
- ¼ 杯鮮榨檸檬汁
- ¼ 杯鮮榨萊姆汁
- ½ 紅蔥，切成丁
- 1 根塞拉諾辣椒，去籽，切丁
- 2 茶匙鹽
- 少量的粉狀奧勒岡葉
- 少量的塔巴斯科醬或辣椒醬
- 切碎香菜、酪梨片和玉米餅或玉米片

作法

將魚和番茄放入一個大碗中。

在一個小碗中將醋，檸檬汁和萊姆汁、洋蔥、塞拉諾辣椒、鹽、奧勒岡葉和塔巴斯科醬攪拌在一起。將混合醋醬倒在魚和番茄上，輕輕地拌勻即可。

用蓋子或保鮮膜蓋緊。蓋好蓋子放在冰箱中至少 1 個小時。在這段時間內至少要攪拌一次，以確保所有的魚肉都被醋混合食材完全覆蓋。醃漬的時間愈長，味道就會愈融合。

搭配香菜、酪梨片和玉米餅或玉米片一起冷藏。

西瓜黑莓莎莎　（產量：4 杯）

西瓜起源於非洲南部，莎莎醬和番茄則起源於南美。混合搭配，然後保存！經典的莎莎醬令人耳目一新。用 ½ 杯這種莎莎醬為下一批西班牙冷湯調味（第 349 頁）。

配料

- 1½ 杯去籽、切丁的西瓜
- 1 杯去皮黑莓，切片
- ½ 杯去皮、去籽、切塊的黃瓜
- ½ 杯去皮切塊的豆薯
- ½ 杯切塊的芒果
- ⅛ 杯鮮榨萊姆汁（約 2 個中等萊姆）
- ⅛ 杯康普茶醋（第 298 頁）或黃瓜辣椒康普茶（第 254 頁）
- 2 瓣蒜末
- 1 顆墨西哥胡椒，去籽並切碎（如果你使用的是墨西哥風味的康普茶，請省略）
- ½ 個小紅洋蔥，切碎
- 6-8 片新鮮羅勒葉，切碎
- 1 大匙糖
- 1.5 茶匙磨碎的萊姆皮（約 1 顆萊姆）
- 1 茶匙鹽
- 現磨黑胡椒

作法

將西瓜、黑莓、黃瓜、豆薯和芒果放入一個中等大小的碗中。

攪拌檸檬汁、醋、大蒜、墨西哥胡椒、洋蔥、羅勒、糖、檸檬皮、鹽和胡椒粉，放在一個小碗中調味。

將調料倒在水果混合食材上並充分攪拌。放進冰箱冷藏 30 分鐘，使其凝固。

甜點

薑糖霜康普香料蛋糕

（產量：1 個雙層 8 或 9 公分蛋糕）

這是一個適合與眾不同的假期或特殊場合的蛋糕！請使用香料康普茶（第 237 頁）代替康普茶醋，以獲得更濃郁的風味。

蛋糕

10 袋茶包
1 杯開水
1⅔ 杯通用無漂白麵粉
1¼ 茶匙發酵粉
2 茶匙肉桂粉
1 茶匙荳蔻粉
1 茶匙丁香
1 茶匙茴香籽
1 茶匙薑粉
一半橙皮（可用可不用）
¼ 杯（½ 條）常溫奶油
1 杯糖
2 個蛋
⅛ 杯康普茶醋（第 298 頁）

香料茶糖霜

93.75 毫升常溫奶油乳酪或克菲爾乳酪（第 315 頁）
¼ 杯（½ 條）常溫奶油
1 茶匙肉桂粉
½ 茶匙荳蔻粉
½ 茶匙丁香
½ 茶匙薑
2 杯糖

作法

做蛋糕。將茶袋在沸水中浸泡 5 分鐘。取出茶袋，擠出盡可能多的液體。讓茶在冰箱中冷卻 30 分鐘。

將烤箱預熱至 190° C。在奶油和麵粉中輕輕倒入兩個 8 或 9 公分的圓形蛋糕盤。

在一個中等大小的碗中，將麵粉，發酵粉、肉桂、荳蔻、丁香、茴香和薑一起攪拌。擱置。

將橙皮和奶油放入一個大碗中，攪拌 30 秒。加入糖並攪拌直至充分混合。一次添加一個雞蛋，每個雞蛋打一分鐘。加入冷卻的茶並充分混合。

在奶油混合物中加入一半的乾料，加入醋；再添加另一半乾料，每次添加後都需加以拍打均勻。

將麵糊均勻地放在蛋糕盤之間。烘烤 30 至 35 分鐘，或直到插入蛋糕中央的牙籤不沾黏爲止。

讓蛋糕在金屬絲架上冷卻 10 分鐘，再從鍋中取出。在結霜之前讓其完全冷卻。

做糖霜。在一個中等大小的碗中打發奶酪、奶油、肉桂、荳蔻、丁香和薑，直到鬆軟。逐漸添加糖，打至柔滑。

將糖霜均勻地鋪在一層蛋糕上，然後再鋪上第二層並完成糖霜。

蛋糕中的火山！

小蘇打和醋的膨發火山是科學的老生長談，但是在蛋糕中使用醋？是！那個老生常談的實驗，完美地說明了爲什麼在烘焙食品中添加醋可以改善質地並增加支撐力：酸與乾燥的鹼基成分反應生成氣泡，而且，醋的味道不會散發出來（除非你不小心使用了大蒜味的調味料！）。

康普茶果凍　（產量：4 份）

克魯姆奶奶總是用果凍作爲甜點。橘子片懸浮在涼爽的萊姆明膠中，再配以鮮奶油，使明尼蘇達州南部炎熱的夏夜更加美味。使用二次發酵剩餘的水果，這很容易做。

配料

½ 杯冷水
2 大匙牛肉明膠或瓊脂粉
（多使用 1-2 大匙可更凝固）
½ 杯糖
4 杯調味的康普茶
¼ 杯水果，切成一口大小（可用可不用）*
鮮奶油（可用可不用）

*如果你使用的是新鮮的鳳梨、木瓜、薑、無花果、芭樂或奇異果，則將它們切碎，放入平底鍋中，在高熱量下煮至少 10 分鐘，然後再加入明膠中。它們含有鳳梨蛋白酶，會分解明膠並使其失去增稠特性。鳳梨蛋白酶可透過加熱而失去活性，因此罐裝形式可在不加熱的情況下使用。

作法

將冷水倒入一個小鍋中，將明膠灑在水上，靜置 5 分鐘。明膠起初可能會很棘手，因爲它會結塊。盡可能將粉末粉碎，同時將其灑在水上將有助於減少結塊。用叉子輕輕攪拌，使團塊立即破碎。

將糖加入鍋子中。用小火輕輕攪拌至水稍微溫熱、糖和明膠都融化。將鍋子從爐上移開，加入康普茶。

將融化的明膠倒入果凍模、布丁杯或 8 公分方盤中，加入水果。放入冰箱中，冷卻 2 至 4 個小時，直到凝固。冷卻後蓋上蓋子。

切成手指大小的正方形或方塊，加上一球鮮奶油或抹上一層鮮奶油一起吃，讓果凍完美。

康普茶水果布丁 （產量：4 份）

這種美味的食物帶有營養上的一兩個特點——首先來自康普茶，其次來自奇亞籽。使用更多的奇亞籽可產生較硬的凝膠，可像布丁一樣食用。減少製作淋在冰淇淋或優格之上的用量，塗抹的配料則用量更多。趣味滑爽的質地加上酸甜味很棒。混合二次發酵剩下的一些水果，以獲得更多的益生菌益處和風味。

配料

2 杯新鮮或冷凍水果（莓果、桃子、李子），依需要切碎
½ 杯康普茶
3 大匙奇亞籽
2-3 大匙蜂蜜
¼ 茶匙鹽

調味建議

混合搭配以創造自己喜歡的口味。
2 小枝新鮮薄荷
¼ 墨西哥胡椒，去籽、切丁
¼ 茶匙肉桂粉
¼ 茶匙薑粉
⅛ 茶匙多香果粉
⅛ 茶匙丁香

作法

將水果、康普茶、奇亞籽、蜂蜜和鹽放入攪拌機中，以及你可能需要的其他調味料。攪拌直至混合物達到所需的稠度。奇亞籽磨得愈多，凝膠愈硬。

使用前，讓混合物靜置幾分鐘，因爲它會繼續凝結。如果需要更牢固的一致性，請添加更多的奇亞籽並等待一會兒。存放在冰箱中，最多可保存 2 週。

小熊軟糖 （產量：2 杯）

小熊軟糖是我們最喜歡的糖果之一，但是大多數市售軟糖都含有我們甚至不知如何發音的成分。這種配方使用比康普茶更多的明膠來製作糖果點心。加入蔬菜或水果是增加營養的好方法。由於這些糖果是甜味的，因

康普茶水果布丁

此是消耗太酸的康普茶的好方法。

配料

- 2杯切成丁的水果和蔬菜，混合在一起（例如：一半草莓、一半甜菜或一半胡蘿蔔、一半芒果）
- 1¼杯水果味的康普茶
- 6大匙牛肉明膠或1大匙洋菜粉
- ¼杯蜂蜜

作法

在攪拌機中將½杯康普茶、水果、蔬菜製成泥。

再將½杯康普茶倒入一個小碗中，撒上明膠，靜置5分鐘。爲防止結塊，將明膠顆粒均勻撒在整個表面上。

在中鍋中用低火加熱剩餘的¼杯康普茶，直到感覺溫度剛好。加入蜂蜜，攪拌直至完全溶解。將仍有餘溫的康普茶倒在明膠混合食材上。加入果泥，攪拌均勻。

將混合食材倒入矽膠糖果模具中，倒入上了油的冰塊托盤上，或倒在襯有羊皮紙的平底鍋上，將其鋪展成0.5公分厚。

將明膠放入冰箱，冷卻約30分鐘。然後從模具或托盤中取出或切成小塊。將糖果存放在冰箱的密閉容器中，最多可保存2週。

水果康普茶椰子冰糕

（產量：1品脫）

這款美味的無奶食品可消除夏日夜晚的熱量，其中奶油椰漿與康普茶的酸味和水果的甜味相得益彰。使用新鮮水果可增強甜點的風味和時令性。透過在冰糕上鋪上一層康普茶果凍（第336頁）和康普茶水果布丁（第337頁），再加上一團新鮮的椰奶鮮奶油，製成一個康普茶冰糕。

配料

- 1杯椰奶
- 1杯康普茶
- 2茶匙香草精
- ¼杯蜂蜜
- 1杯切成薄片的水果

作法

在攪拌機中混合椰奶，、康普茶、香草和蜂蜜。加入切好的水果和泥。若想製作更冰的椰奶冰糕，添加一些冰塊。將果泥倒入容器中，冷凍約30分鐘直至凝固。

愛情藥水冰糕　（產量：1品脫）

愛情藥水99（請參閱第224頁）是康普茶媽媽的招牌風味。這種冰糕從藍莓開始，呈現出深紫色調，並以薰衣草和玫瑰作爲花香。使用愛情藥水99康普茶代替純牛奶將增加果味的濃度。

配料

- 2杯（約500公克）新鮮或冷凍藍莓，製成泥
- ⅔杯糖
- ⅓杯單糖漿（第288頁）
- 1½杯康普茶
- 1大匙玫瑰水
- 2滴薰衣草精油

作法

將藍莓醬、糖和單糖漿混合在鍋中。中火慢煮，再從火上移開並冷藏至少2小時。

將康普茶攪拌至藍莓混合食材中。

將混合食材倒入冰淇淋機中，再加入玫瑰水和薰衣草油。攪拌20到30分鐘，接著冷凍幾個小時直至凝固。

注意：沒有冰淇淋機？沒問題！可以使用食物處理機來製作此食譜，而不用將混合物倒入可安全保存在冰箱中的塑膠袋中冷凍成固體。將冷凍的混合物用食品加工器粉碎，直至光滑，然後製成果泥。倒入一個容器中，再次凍結直至變硬。這個過程會產生質地細密、類似冰淇淋的冰糕。

康普茶媽媽說

嘗試康普茶口味冰塊！這種有趣而輕鬆的點心富含電解質和益生菌，因此在炎熱的天氣裡，你可以藉此恢復活力。只需在冰棒托盤或冰塊托盤中加入調味的康普茶即可。亦可加入切碎水果以增添風味。如果你使用的是冰塊托盤，請用保鮮膜蓋住它，然後將牙籤插入當冰棍，或在飲料中加入這些冰塊。冷凍約30分鐘，直至變成固體。這是善用過酸康普茶的好方法——只需與糖或蜂蜜混合即可調味，攪拌直至甜味劑溶解，然後冷凍！

康普茶傳說：
來自外太空的禮物

金字塔、麥田圈和紅茶菌？康普茶新手自然會在某個時間點自問：康普茶菌體是來自外星朋友的奇妙禮物嗎？ Betsy Pryor 和 Laraine Dave 等現代康普茶傳奇人物亦曾表達這種想法，他們可不是在開玩笑。而其他人可能僅僅覺得一個醜陋的菌母很礙眼，或在飲用過量的康普茶雞尾酒後提出指控。無論出於何種原因，許多第一次體驗紅茶菌的人都懷疑這種菌體是否來自外太空！

CHAPTER 16

食用紅茶菌

由於康普茶紅茶菌非常活躍，因此我們最終獲得的紅茶菌數量經常超出我們的需求。那麼，我們該如何處理所有這些額外的菌體？在第 17 章中，我們討論了其他一些用途，但是由於這一章食譜部分，我們將討論如何食用它們！它們可以製成美味的小吃，或者你可以將它們與新鮮的蔬菜一起用於炒菜中，或者切碎作為沙拉的鹹味裝飾，或者添加到冰沙和其他調合飲料中。

康普茶菌體看起來很怪異，以至於你可能無法揣測一口一口咀嚼的滋味。好吧，只有一種方法可以找出答案，那就是嘗試一下。纖維素的堅實質地使紅茶菌的口感細膩，而健康的酸和酵母鏈則帶來溫和的氣味。

吃這些菌體有一個很好的理由：它們是由纖維素或連接葡萄糖的長鏈製成的，我們通常將其稱為纖維。反芻動物等能夠消化纖維素，人類卻缺乏分解這些葡萄糖長鏈所需的酶。對我們而言，紅茶菌是不溶性纖維的良好來源。不溶性纖維像掃帚一樣穿過消化道，一路清除廢物。

這是纖維素的其他一些優點：

- 不含卡路里
- 吸收水分，使糞便更容易通過
- 協助清除廢物，包括正常膽汁分泌的代謝廢物
- 透過吸收血液中過量的膽固醇來降低膽固醇水平
- 減慢糖的吸收並幫助血糖水平正常化

準備紅茶菌

最美味的「肉」來自年輕的白色紅茶菌，厚約 0.6 公分。在將其用於食譜之前，要去除一些自然濃郁的風味。請將紅茶菌切成小塊，然後浸入有蓋的水碗中 30 分鐘。根據需要重複浸泡過程。

如果酸味很頑固，請嘗試將紅茶菌浸泡在牛奶中。當然，如果要做的是湯，那麼就不需要浸泡。

製作紅茶菌肉乾

像我們那樣釀造，常常會得到額外的紅茶菌，因此我們想出了一種方法，可以使優質的益生菌纖維素與這些獨特而美味的肉乾一起使用。紅茶菌零食會迅速消失，所以要大量採購以備不時之需！

有兩種方法可以將紅茶菌變成肉乾——切成條狀，醃製和脫水，或製成泥狀，與醃料混合並脫水。肉條在嘴中變軟，但需要稍微咀嚼，而果泥的稠度更像是水果卷。

要製作肉乾條，請使用小刀或堅固的廚房剪刀將紅茶菌切成小塊。由於其耐嚼性，請將碎塊保持小塊。將醃料倒入紅茶菌條上，然後攪拌以塗滿所有碎片。在室溫下醃製 12 至 24 小時，以加快風味的吸收。 紅茶菌將染上醃料的顏色。

要製成泥狀，請將任意數量的紅茶菌放入攪拌機中。加入適量的康普茶來稀釋菌體，防止攪伴不順；通常，每杯紅茶菌大約需要 ⅛ 杯康普茶。高速攪拌，直至混合物達到乳脂狀但蓬鬆的質地。

如有必要，在整個過程中使用刮鏟將較

大的碎片從刀片中刮出來。（使用食物處理機會導致質地更細，風味和口感也不太穩定，因此請堅持使用攪拌機。）

醃製紅茶菌

如果你正在製作紅茶菌肉乾條，請於每杯切碎的紅茶菌使用½杯醃汁。一旦被紅茶菌吸收，味道就會變濃，因此別放太多鹽。我們希望在醃料中加入一、兩個好的酵母球，以獲得更多好處。在室溫下醃製 12 至 24 小時，再進行脫水。

如果你使用的是紅茶菌泥，只需將菌泥和醃料混合均勻即可。讓混合物在室溫下靜置 12 至 24 小時。排乾多餘的液體，再繼續脫水。

照燒醬肉乾

此食譜使用第 318 頁的照燒醬來實現不含牛肉的經典「牛肉乾」風味。將肉乾切成小塊，製成純素食主義者的「紅茶菌培根碎肉」。

將 2 杯切碎或製成泥的紅茶菌與 1 杯照燒醬汁混合在一個碗中，攪拌均勻。蓋上蓋子醃製 12 至 24 小時。排出多餘的液體，再按照以下說明進行脫水。

使紅茶菌脫水

使用脫水器對紅茶菌菌肉進行脫水很容易。如果有菌肉條，只需將其散布在襯有蠟紙的脫水機托盤上，再以最低設置（35-43°C）放置在脫水機中。若是菌泥，請使用專爲果皮設計的托盤，或在襯有蠟紙的脫水器托盤上將菌泥成形爲 0.6 公分長的長方形。

根據你喜歡的堅硬程度，將菌肉的水分脫水 12 至 36 小時。如果菌肉黏在蠟紙上，請先將其在冰箱中放 15 分鐘再剝下來。

如果沒有脫水機，請以最低的設置使用烤箱，並稍微打開烤箱門。每隔幾個小時檢查一次菌肉，看看是否已經完成。或使用太陽能！將托盤放在陽光下，用一塊薄布覆蓋，以防蟲子進入。爲防止材料沾黏，請使用牙籤或烤串搭個小帳篷。曬乾可能需要更長的時間，具體取決於暴露在直射陽光下的程度。

風味建議

紅茶菌肉乾的偉大之處在於，它可以無限進行多種口味的嘗試。以下是一些醃料組合，或者你可以使用第 318 頁的任何沾醬。

- **亞洲**：醬油，切碎蔥和薑末
- **拉丁**：莎莎醬，切碎墨西哥胡椒和少量小茴香
- **東南亞**：椰奶加咖哩粉和檸檬草末
- **地中海**：橄欖油、切碎大蒜和香草（例如迷迭香、奧勒岡葉、歐芹、百里香）
- **燒烤**：康普茶燒烤醬（第 317 頁）

紅茶菌——另類白肉

新鮮的紅茶菌可作爲肉或蘑菇的替代品，或作爲你自己喜愛的有益健康食品。密切注意此美味佳餚，防止烹飪過度。無人看管時，它會變成橡膠狀，但被炒到恰到好處時，卻具有令人愉悅的耐嚼性，並且產生類似精心準備的章魚或魷魚的質地。以下是我們最喜歡的「另類白肉」享用方式。

紅茶菌烏賊生魚片

（產量：2 份）

缺少紅茶菌烏賊生魚片配方，康普茶食譜集就不會完整！竅門是稍煮紅茶菌以分解纖維素，使其更容易咀嚼而不會過度煮熟，這將使它變得更堅韌。將其與沾醬搭配（第 318 頁），或放在泡菜的發酵罐中（第 331 頁）。

配料

2 杯康普茶醋（第 298 頁）

2 大匙新鮮或乾燥海帶

8-10 片紅茶菌（2.5 公分寬），厚度從 0.3 到 2.5 公分皆可

作法

將醋和海帶放入淺鍋中。蓋上鍋蓋，用中火小火煮。將紅茶菌碎片添加到液體中。蓋上鍋蓋，煮 2 到 3 分鐘，直到它們變得不透明。

將鍋從火上移開。撈出紅茶菌片，並徹底冷卻後再食用。

紅茶菌烏賊生魚片

若要做壽司，將紅茶菌生魚片放在壽司飯床上。加一點芥末醬以增加滋味。

紅茶菌烏賊照燒炒

（產量：2份）

誘人的薑蔥醬油散發出紅茶菌烏賊肉味。甚至餐桌上的肉食動物都會問這是哪種肉！

配料

1杯紅茶菌，切成一口大小
¼-½杯照燒醬（第318頁）
¼杯花生油
1杯蘑菇，切成薄片
½杯彩色甜椒
¼洋蔥，切成薄片
¼杯蔬菜湯
½杯切成薄片的綠色蔬菜（高麗菜、綠花椰、蘆筍或你喜歡的任何蔬菜）
泰國香米

作法

在一個中等大小的碗中，用照燒醬汁覆蓋紅茶菌碎片。於冰箱中浸泡24至48小時。

用中高溫加熱煎鍋中的油。加入蘑菇、甜椒和洋蔥，炒3至5分鐘，直到洋蔥變成半透明。加入肉湯攪動。再加入蔬菜煮約5至10分鐘直至軟嫩。

加入醃製的紅茶菌魷魚片，包括照燒醃料。煮3至5分鐘，直到紅茶菌塊略微不透明和變軟。澆在泰國香米飯之上。

紅茶菌烏賊南薑椰奶雞湯

（泰式椰汁雞湯）（產量：4份）

這道鹹甜的湯使心靈溫暖。薑有助於抵禦感冒，改善血液循環，使其成爲極好的冬季湯。我在此食譜中發現紅茶菌肉具有天然的味道，所以我跳過了浸泡步驟。

配料

1罐（1125毫升）椰奶
1片新鮮生薑（2.5公分），去皮切成薄片
3片新鮮檸檬草（2.5公分）
1茶匙泰國辣椒醬或2根泰國辣椒，切碎
1杯紅茶菌，切成一口大小
2杯美味大骨湯（第300頁）或其他湯
1杯切成薄片的蘑菇
1大匙泰國或越南魚露
1大匙鮮榨檸檬汁
1茶匙糖
¼杯新鮮羅勒，切碎
¼杯新鮮香菜，切碎

作法

將椰子奶、薑、檸檬草和辣椒醬放入一個大碗中，攪拌均勻。添加紅茶菌塊並攪拌均勻。蓋上蓋子，在冰箱中浸泡 24 至 48 小時。醃製的時間越長，味道越濃。

取出紅茶菌片，保留醃料。

將剩餘的醃料和肉湯放在中號鍋中用高火煮沸。加入紅茶菌塊、蘑菇、魚露、萊姆汁和糖。減少熱量，慢火煮 5 至 10 分鐘，直到紅茶菌塊略微不透明和變軟。

取出並丟棄檸檬草。食用前，用羅勒和香菜裝飾。

康普茶媽媽說

不要煮太熟，因爲煮的時間愈長愈有嚼勁。注意到紅茶菌變色後，立即品嚐一下是否可食。

西班牙冷湯 （產量：4 份）

番茄從南美來到西班牙，西班牙冷湯成爲安達盧西亞最受歡迎的冷番茄湯。傳統上，配料是用研缽和杵搗碎的，但如今，食物處理機可以快速解決問題。這種湯只有在冰箱中放置一段時間後才會變美味，搭配一片塗有奶油的發酵水果康普茶酸麵包（第 307 頁）品嚐，味道很好。

配料

3 杯切碎新鮮番茄（約 2 個中等番茄）*
1 杯黃瓜丁
½ 杯切碎紅甜椒
¼ 杯芹菜丁
¼ 杯紅洋蔥，切丁
2 杯番茄汁
½ 杯康普茶醋（第 298 頁）
¼ 杯特級初榨橄欖油
¼ 杯紅茶菌泥
2 茶匙糖
6 滴法蘭克辣雞翅醬、塔巴斯科醬、其他辣醬或調味醬
2 瓣蒜末
鹽和現磨黑胡椒
切成薄片的酪梨、優格或克菲爾乳酪（請參閱第 315 頁）、切碎香菜

* 可以使用冷凍或自製罐頭番茄，但我們不建議在此使用市售罐裝番茄。

作法

在食物處理機或攪拌機中，將一半的番茄、黃瓜、甜椒、芹菜和洋蔥混合在一起。加入 1 杯番茄汁，以及醋、橄欖油、紅茶菌、糖、辣醬和大蒜。用鹽和胡椒調味。拍打直到所有成分混合成類似於莎莎醬的彩色混合物。

將混合物倒入一個大碗中。加入剩餘的 1 杯番茄汁和剩餘的番茄、黃瓜、甜椒、芹菜和洋蔥。攪拌混合物並調味，依需要添加更多的鹽、胡椒粉和辣椒醬。將湯在冰箱中冷卻 1 至 2 個小時，直到變冷。

從冰箱中取出湯，攪拌。將其盛入碗中，並加入幾片新鮮的酪梨、一小塊優格和切碎香菜作爲裝飾。

讓他們吃紅茶菌

雖然紅茶菌的濃郁風味和耐嚼質地似乎更適合用於沙拉或主菜，但是加上少量的糖或水果，就可以在一天中的任何時間變成美味的餐後小吃或點心。這些零食和甜點不僅平息了渴望，還提供了營養。

康普茶醋（第 298 頁）增加了蛋糕和餅乾的體積，而紅茶菌則可以製成蜜餞或果皮，而康普茶本身也爲傳統含糖明膠小吃增添了風味。因爲只使用少量的糖，比較健康，所以你可以放心提供這道點心。

紅茶菌果皮 （產量：10-12 條）

我們發現每個人都爲這道美味佳餚而大吃一驚，當他們發現它是用康普茶紅茶菌製成的時候，更難以置信看起來如此不可食用的東西會變得如此美味。當在低溫下脫水時，菌體會保持其健康的酸和細菌活性，稍稍地使這種皮質成爲富含益生菌的絕佳零食。

配料

- 2 杯切成丁的水果（草莓、桃子、梨）
- ¼ 杯糖
- 2 杯紅茶菌泥
- 1-2 茶匙香料或香草（可用可不用，我們最喜歡的是羅勒、肉桂、丁香、肉荳蔻和百里香）

作法

在中等火鍋中將水果和糖混合在一起煮，頻繁攪拌，直到水果和糖徹底分解並融合，大約 10 分鐘。將水果混合物和紅茶菌醬與香料一起加入攪拌機中，攪拌至混合物具有蘋果醬的質地，並將所有成分混合在一起。

將混合物鋪在蠟紙或有機矽脫水板上，約 0.6 公分厚。脫水 12 至 36 小時。如果你使用的是脫水機，請使用最低設置 35-43° C）。如果要在烤箱中脫水，請將其設置爲最低溫度，然後將門打開。

一旦混合物乾燥並且不再發黏，請從蠟紙上輕輕取下。如果難以從蠟紙上去除，放其在冰箱 10 至 15 分鐘，然後剝下來，將紅茶菌果皮切成條。這些可以捲起來或切成小塊。室溫存放在密閉的容器中；它們可以無限期存放，但隨著時間的流逝可能會變乾。

紅茶菌果皮

紅茶菌蜜餞（產量：1杯）

如我們所見，紅茶菌是一種多功能介質。將其糖漬、在低溫下脫水，以保持益生菌的益處。紅茶菌將繼續發酵，但美味的口感將確保這些蜜餞不會被放置太久！若要獲得更甜的味道，請在糖漬之前先浸泡紅茶菌（第344頁）。

配料

2 杯紅茶菌，切丁

2 大匙糖

2 杯單糖漿（第 288 頁）

調味建議

混合搭配以創造自己喜歡的口味。

1 大匙薑汁或新鮮薑末

1 大匙碎玫瑰花瓣

1 大匙碎薰衣草

1-2 滴食用精油

作法

將紅茶菌碎塊撒在一個寬的淺盤中，撒上糖，加入單糖漿，完全淹沒所有碎片。如果需要，可加入調味粉。

蓋緊鍋蓋並在室溫下醃製 24 小時。

倒掉鍋裡多餘的液體。撒上額外的花瓣、香料或其他裝飾物。在最低設置 35-43° C 下使用脫水機，或者將紅茶菌件在設置爲最低溫度的烤箱中烘烤，保持烤箱門打開。脫水 12 到 36 個小時，直到紅茶菌呈果凍般的稠度並且容易咀嚼爲止。

存放在室溫下的密閉容器中。由於培養液的 pH 值低（天然防腐劑），蜜餞可以無限期保存，但新鮮時味道更好。

紅茶菌蜜餞

CHAPTER 17

不只是飲料

康普茶非常多功能，不僅可以單純地製作飲料，還可以在許多方面發揮作用。低 pH 值意味著它是天然的殺菌劑，可提供從一般的家庭清潔到傷口處理，有許多實際應用方法。康普茶醋不僅可以在任何配方中代替蒸餾醋或蘋果醋，還可以用於任何家庭應用，例如清潔地板，對廚房和浴室的表面進行消毒以及使窗戶發光。

紅茶菌本身可用於去除死皮細胞、餵雞、並製成營養的狗狗咀嚼零嘴。纖維素足夠耐用，研究人員正在研究將其用作治療性繃帶的方法，而手工藝者已將其轉變為珠寶和零錢包。甚至有人認為紅茶菌可以成為可持續發展的組織。

康普茶的眾多應用使其成為「閉環」系統的自然組成部分，在該系統中，其廢物可轉化為無毒商品。無論是作為堆肥還是食品，都有某種方法可以將康普茶釀造過程中的每種副產物轉化為有用的產品。

廚房用途

放棄收集各種，並添加劣質原料特殊清潔溶液；你只需要一個噴瓶的康普茶醋即可。大量研究表明，康普茶具有消滅大腸桿菌，沙門氏菌和李斯特菌等致病菌的功效，因此除了酒精外，還可以用康普茶清潔、消毒並爲你的房屋增添新奇，而康普茶醋（第 298 頁）可用於任何需要蒸餾醋或蘋果醋的家庭應用中，以下有一些你可能沒有想到的運用方法。

果蠅陷阱

在淺盤上混合一兩滴洗碗精與 ¼ 至 ½ 杯康普茶醋（也可以使用太酸的康普茶）。將盤子放在櫃子或架子上。當你發現幾隻果蠅漂在液體上，就換一盤新的。

洗衣催化劑

生活是骯髒的一想要有所改變取決於你如何處理髒污。油膩污漬是下廚與處理食物的過程中少不了的一環。只要盡快處理、額外加入來自康普茶的輔助，即可迅速清除油膩髒汙。先直接在髒污處抹上一點洗碗精（可用刷子刷洗陳年汙垢）。再用康普茶醋沖掉泡沫，康普茶要先過濾，以免將酵母菌倒至衣服上。最後按一般程序洗滌。

另一個訣竅是在洗滌過程加入一杯康普茶醋（倒於漂白水杯中）。這能讓布料的纖維自然軟化，有效去除異味。

廚房巡邏

康普茶是一種天然消毒劑，滴一滴茶樹或檸檬精油可增強殺菌效果，並散發出怡人的氣味。將 1 杯康普茶醋與 1 滴或 2

滴精油放在一個小的噴霧瓶中，並搖勻。噴塗砧板或檯子的表面，靜置幾分鐘，用布擦拭乾淨。這也使爐灶周圍的清潔工作變得輕而易舉。

去漬

乙酸是一種溶劑，可用於去除不銹鋼和鉻上的堆積物和水斑。只需將一塊布浸在康普茶醋中，或直接將其噴在任何無光澤的表面上。輕輕擦拭直至污點消失。可能需要一些滋潤膏以清除頑固的污漬（也許精靈會滿足你的願望！）。

居家 Spa

美麗可能只是表相，但是當涉及痤瘡、牛皮癬或濕疹等問題時，許多人會因爲缺乏掩蓋症狀以外的優質選擇而感到沮喪。喝康普茶可能有助於從內到外美化皮膚，但飲料和菌體均可局部應用，促進膚色煥發。

康普茶的溫和收斂性可平衡皮膚的 pH 值，並殺死可能引起粉刺或其他斑點的細菌。康普茶醋具有補益作用，透過刺激皮膚下的小毛細血管爲表面帶來更多的血流量和氧氣，激發細胞再生，產生新的皮膚細胞。加上低 pH 值，可形成溫和的酸性換膚，透過破壞死皮的黏合力使角質輕柔地剝落，而纖維素的奈米纖維則逐漸塡充細紋和皺紋。因爲康普茶醋比普通醋濃縮程度低，所以它可以每天用作保養而不會過度乾燥。

化妝品公司正在緊追潮流，從清潔劑，、化妝水到細菌纖維素製成的面膜，從所有產品中都出現了康普茶這一熱門成分。節省大筆費用，並將你多餘的紅茶菌和康普茶醋變成速溶美容催化劑。請注意，幾乎所有用康普茶醋或紅茶菌製成的美容產品都可以保存很長一段時間，儘管它們的功效最終會劣化，因此，最好分小批進行補充。

下面的配方爲朋友，鄰居和家人提供了非常棒的呵護禮物。拿起一杯康普茶雞尾酒，點一支蠟燭，播放一些寧靜的音樂，開始自我保養！

簡單的紅茶菌面膜

在日本，藥妝店販售的許多臉部保養品都使用細菌纖維，可以生成薄片，包裝成一次性的面摩。別再付錢給化妝品公司製造面膜了，自己用多出來的紅茶菌保養皮膚吧！這款面膜可以當作一週或兩週一次的抗皺保養程序的一部分。

單次保養請使用約 0.6 公分厚的紅茶菌，大小可以遮蓋你的臉（約 10-15 公分寬），並用毛巾擦乾多餘的水份。

將臉洗淨，找一個舒適的位置躺下——沙發、床或軟墊。將摺好的毛巾繞在脖子上，方面擦拭紅茶菌上的水低。用乾淨的手將紅茶菌敷在臉上，輕輕將菌體壓在皮膚上，讓它接觸到臉上每一個部位，並留出足夠空間以舒適地呼吸。

現在，深呼吸——想像纖維素的奈米纖維填滿皺紋。請注意：避免讓紅茶菌碰觸眼睛，可能會引起刺痛。如果接觸到眼睛，請用冷水沖洗。

在舒適的位置休息 5 至 15 分鐘，然後將紅茶菌取下，並放回專用紅茶菌的專用溫床中，以免與沖泡紅茶菌混合。用冰水洗臉，然後輕輕拍乾。任何紅色斑點都是環增加的現象，並且會迅速消失。

五分鐘臉部拉提

每當你感到疲倦或疲憊時，都可以使用這款令人耳目一新的拉提方法快速放鬆。將毛巾浸在熱水中，在濕布的中央倒入約 1 大匙的康普茶臉部爽膚水，並輕揉布面以均勻吸收。找到舒適的姿勢，將毛巾蓋在臉上。在布漸漸冷卻時，呼吸並放鬆片刻。用冷水重複敷一遍，以喚醒感官並舒緩冷紅。現在，你可以擺出最好的面孔，快步前進吧，冠軍！

對紅茶菌過敏

使用紅茶菌後皮膚有些泛紅是正常的。當菌體透過眞皮吸收毒素時，也會增加循環，促使皮膚細胞再生，同時讓死皮細胞脫落。如果發紅的狀況在幾分鐘內沒有消退，請減少紅茶菌與皮膚接觸的時間。

使用紅茶菌製成的面霜和類似產品前，請在上臂內側塗抹一小部分，以測試敏感性。5 分鐘後檢查一下反應。可能會有些刺痛，這屬於正常現象。然而如果感到非常不適的刺痛，請用乾淨的濕布擦掉紅茶菌。

臉部爽膚水 （產量：2 杯）

臉部爽膚水旨在使毛孔看起來更小，使皮膚健康，充滿活力。這款溫和、清新的爽膚水可以在日常皮膚清潔程序的早晨和晚上使用。

配料

- 1½ 杯蒸餾水或純淨水
- ½ 杯康普茶醋（第 298 頁）
- 5-10 滴精油或 1 大匙新鮮藥草（嘗試薰衣草、玫瑰或洋甘菊）

注意：要使用新鮮的香草代替精油，請將香草和醋混合，並浸泡 1 至 3 週。接著濾出香草，將注入的醋和水混合。

作法

將水、康普茶醋和精油倒入瓶子中，搖晃均勻。使用前也請先搖勻，再用乾淨的化妝棉由下往上塗抹於臉部和頸部。

你也可以將這款爽膚水倒入一個小噴霧瓶中，噴到皮膚上。如果紅茶菌形成並阻塞噴嘴，請旋開噴嘴，用溫水沖洗乾淨，再蓋上蓋子，要使用時再裝上噴嘴，就可以防止這個問題再發生。使用越老的康普茶醋，生成紅茶菌的可能性就越小。

康普泥面膜 （產量：1 次使用）

泥土富含營養、具舒緩作用的礦物質，可透過皮膚將雜質吸除，幫助身體排毒。與康普茶的功效相結合，面膜可發揮雙倍的排毒效果，並刺激新的皮膚細胞生長。這款面膜最好在每次使用前製作，確保新鮮。若你滿意它的效果，試試看增加到一週敷一次。化妝品級的泥土在網路上及健康食品店都能買到。

配料

1 大匙黏土（高嶺土、綠色、紅色、白色或膨潤土都是不錯的選擇）

1-2 茶匙的康普茶或康普茶醋（第 298 頁）

1-2 滴對皮膚安全的精油（可用可不用）

作法

在一個小碗中混合黏土和康普茶，製作滑順、延展性佳的質地。加入一些精油並混合均勻。

塗在乾淨的臉上（或長痘痘的地方）。讓泥面膜全乾（大約需要 20 分鐘），再用溫暖的濕毛巾擦掉。

用冷水將臉洗淨，再用柔軟的毛巾拍乾。接著使用你最喜歡的不黏膩保濕用品。

康普茶酵母面膜（產量：1 次使用）

酵母富含維生素 B 群和微量礦物質，可刺激血液循環，產生紅潤的光澤。由於酵母菌是釀造過程的副產品，因此請按照你的日常美容程序進行操作！（有關如何收穫酵母的資訊，請參見第 138 頁）此面膜可在痤瘡和易長痤瘡的部位發揮作用。根據需要使用。

配料

1 大匙生蜂蜜

1 茶匙康普茶酵母（固體或液體形式）

作法

將蜂蜜和酵母混合在一個小碗中，製成可塗抹的糊狀物。敷在臉上，靜置 15 至 20 分鐘，然後用溫水洗淨。酵母可能會引起大多數人覺得舒通的微刺痛感。如果感覺不舒服，請立即洗淨。

紅茶菌舒緩霜（產量：1 杯）

紅茶菌霜具有多種用途——用作面膜，鎮定濕疹或牛皮癬發作，用作潤膚劑以軟化乾燥皮膚，用作傷口膏藥等。從這個基本配方開始，然後根據需要混入皮膚調理劑或精油。質地類似蘋果醬——使用其他油可能會融合得更滑順，但在有點發黏的情況下使用它也很好。

祕訣

- 厚度爲 0.3 至 0.6 公分的紅茶菌新生菌體，在皮膚上感覺最舒適。
- 透過紅茶菌呼吸很容易，但要更加舒適，請用乾淨的剪刀剪開眼睛、鼻子和嘴巴的孔。
- 你可以將一個紅茶菌用作面膜 4 到 6 次。爲了最大程度地發揮功效，請在每次使用之間將其保持在濃稠狀態。
- 將保養用紅茶菌存儲在單獨的溫床中，以免與你的沖泡紅茶菌混淆。

配料

125-187.5 毫升紅茶菌

⅛ 杯未調味的康普茶或康普茶醋（第 298 頁）

1-2 滴精油，用於調香（可用可不用）

潤膚建議

保持原狀或添加以下一種或兩種油：

31.25 毫升橄欖油

31.25 毫升杏仁油

31.25 毫升維生素 E 油

31.25 毫升玫瑰果油

作法

將紅茶菌和一半的康普茶混合在攪拌機中。攪伴數次，製成菌泥，視需要添加更多的康普茶以達到蘋果醬的質地。除非你使用非常強大的攪拌機，否則纖維素不會完全分解，因此面霜可能有點厚實。

當你添加上述任一種潤膚油時，建議在混合後，用打蛋器充分攪拌。如果願意，可添加一兩滴你最喜歡的化妝品級精油，以散發出迷人的香氣。

塗抹在患處，直到完全乾燥。乾燥需要 10 到 20 分鐘的時間，而舒緩霜會變成固體層，很容易剝落。將舒緩霜存放在有塑膠蓋的玻璃罐中，放在陰涼處，避免陽光直射，如此一來將可保持幾個月的生命力。經過一段時間後，舒緩霜可能會在頂部形成一層薄膜，以防止蒸發。如果發生這種情況，只需在使用前用手指將薄膜戳破再混入舒緩霜中即可。如果將乳液棄置不用的時間過長，則可能會發黴。在這種情況下，建議直接丟棄並製作新一批新鮮舒緩霜。

乾性膚質乳液 （產量：約 $^2/_3$ 杯）

乾燥的天氣和冷風經常使皮膚摸起來像鱷魚尾巴一樣粗糙。飲食中缺乏健康的脂肪也會導致皮膚乾裂。因此，無論你食用它們還是直接將它們塗在飽經風霜的皮膚上，這種乳液都能舒緩肌膚同時鎖住並保濕深層的水分。

成分

¼ 杯康普茶舒緩霜

⅛ 杯椰子油

作法

將舒緩霜和椰子油混合成糊狀，均勻塗在患處。使其乾燥（10–20 分鐘），然後用溫水沖洗並拍乾。無需其他保濕劑。如果有多餘的乳液，請儲存在密封的容器中並放置陰涼處，最多可以保存 2 個月。

皺紋／疤痕霜　（產量：約 ⅔ 杯）

衰老是一個正常過程，這個有毒世界的破壞作用會加速皺紋生成。滋養皮膚可以防止皮膚受損，並且可以消除曝曬陽光、有毒的美容產品和氯氣而造成的某些影響。該配方還有助於減少疤痕和肝斑的出現。

配料

2 大匙椰子油

1 大匙乳木果油

½ 茶匙維生素 E 油

½ 杯紅茶菌舒緩霜（第 360 頁）

1 大匙玫瑰果油

作法

用中火將椰子油，乳木果油和維生素 E 油隔水加熱。不時攪拌，直至完全融化並混合。從火上移開，冷卻 10 到 15 分鐘。加入紅茶菌舒緩霜和玫瑰果油。

使用時，將乳霜輕輕按摩到皮膚中。等待乾燥（10-20 分鐘），用溫暖的毛巾擦乾淨，然後拍乾皮膚。

在室溫下將多餘的乳霜儲存在密封的容器中，最多可以保存一個月。

鎮定乳液　（產量：約 ⅓ 杯）

灼熱發癢的皮膚永遠感覺很糟，優格和燕麥片的冷卻效果與紅茶菌的軟化特性相結合，可以快速舒緩並鎮定舒緩。薑黃具有天然抗炎作用，並且長期用於皮膚疾病。加一點椰子油以滋潤患處，這個配方足夠溫和，可用於濕疹和牛皮癬。

配料

1 茶匙燕麥

¼ 杯紅茶菌舒緩霜（第 360 頁）

⅛ 杯純希臘優格或克菲爾乳酪（第 315 頁）

¼ 茶匙薑黃粉

作法

在咖啡或香料研磨機中將燕麥研磨成細粉。將燕麥片與紅茶菌奶油、優格和薑黃混合在一個小碗中，攪拌成糊狀。薑黃會呈現令人愉悅的黃色調。

厚實地塗在患處，停留直到乾燥，大約需要 20 分鐘，然後用溫水沖洗。

多餘的乳霜放在密封容器中，可以在冰箱中保存 1 週。實際上，冷卻後，會感覺特別舒緩！

沐浴包

在一個快速淋浴的世界中，洗澡是一種徹頭徹尾的奢侈。花一些時間在家裡放鬆一下，是一種善待自己又不會破費的好方法。在沐浴水中加入康普茶醋可以軟化皮膚，並輕柔地吸收毒素。

泡個溫水澡或熱水澡，在水中加入 1 杯康普茶醋，並將 ½ 杯燕麥（磨成粉末或完整燕麥都可以）放進一隻襪子裡，用橡皮筋綁住襪子口，做成沐浴包，放進水中。如果想更加放鬆，可以再加入自己喜歡的香草或精油。

足部排毒 （產量：1 次治療）

使用這種令人放鬆的泡腳水來寵愛你的足部。腳底是重要的排毒點，這意味著浸泡不僅僅是舒緩神經的一種方法。受腳趾甲眞菌或皮膚乾裂所苦的人可能會受益於每天的浸泡。

我們喜歡使用注入薄荷味的醋（刺激血液循環）和百里香（殺死引起異味的細菌）。足浴後，用柔軟的毛巾徹底擦乾腳，擦上椰子油或乳木果油，再穿上舒適的襪子進行深層保濕。

配料

1 杯瀉鹽、礦物鹽或喜馬拉雅粉紅鹽
¼ 杯康普茶醋（第 298 頁）與 2 至 3 滴薄荷和百里香精油，或 1 大匙切碎新鮮香草

作法

用溫水放滿夠大的泡腳盆。加入鹽和醋，攪拌使鹽溶解。將腳放在盆中，放鬆 20 分鐘或直到水冷爲止。如果乾燥的皮膚軟化了，請立即用去角質石或去角質手套摩擦，再用柔軟的毛巾徹底擦乾。

護髮水　（產量：2杯）

一般洗髮精含有表面活性劑，雖然能夠產生豐富的泡沫，但會過度清除能使保護頭髮免受侵害的天然油脂。許多人發現，再次塗抹含有護髮素補充油脂會產生化學依賴的循環，可能影響免疫系統。有些人提倡「零洗髮精」，卻使用更刺激的醋和小蘇打洗頭，讓頭髮像稻草般乾澀。康普茶醋則夠溫和，可以軟化頭髮，同時保有足夠的天然油脂，讓頭髮有健康的光澤。只需要塗抹在濕髮上，並用手指搓洗即可。

亞歷克斯多年來一直使用這種「零洗髮精」護髮水取代一般洗髮精。對油性髮質的人來說，使用這種護髮水後若不加以沖洗，護髮效果會更好。洗頭後我會將護髮水留在頭髮上，當頭髮乾了之後，就會變得柔順有光澤。

我們將香草洗髮水至少三個月才會使用，確保康普茶中的糖完全消失（沒有人想要頭髮黏答答的！）。這樣也能避免菌母在瓶中成長。康普茶醋的酸性比其他種類的醋還弱，因此對毛囊也較溫和。

配料

2杯康普茶醋（第298頁）

香草或精油（請參見下頁圖表）

作法

將康普茶醋和香草混合在有蓋的罐子中。在室溫下放置2至4週，最多3個月。如有必要，將香草過濾掉，並倒入塑膠或其他不易碎的容器中，方便淋浴未使用。可無限期保存。

用細菌對抗細菌

汗水本身沒有氣味，但是一旦接觸到某些類型的細菌，就會變得很臭。我們發現，在乾淨的腋窩灑些臉部爽膚水或護髮水可以殺死引起異味的細菌，並使我們保持清新、無化學物質且無臭！對於已經發臭的腋窩，在毛巾上倒一些爽膚水或護髮水，並擦洗乾淨。

草本護髮水

如果使用新鮮的藥草，則每一種藥草都使用 ¼ 至 ⅓ 杯。如果使用乾燥的，則每一種藥草使用 ⅛ 到 ¼ 杯。定期搖晃瓶子，以便適當混合（3 至 6 週的時間內，至少每週搖晃一次），再過濾香草。如果使用精油，則各加 5 至 10 滴。

	髮性				
	正常	乾性	油性	敏感性	掉髮問題
羅勒	X				X
月桂葉			X		
紅茶 ●					
牛蒡		X	X	X	X
金盞花 ○ ◐	X	X	X	X	
洋甘菊 ○	X	X	X		
康復草 ●		X		X	
接骨木花		X			
洛神花 ◐					
馬尾草	X	X	X	X	
薰衣草	X	X	X	X	
檸檬香蜂草／檸檬草／檸檬皮 ○			X		
蕁麻 ●	X	X	X	X	X
香菜	X	X			
薄荷			X	X	
玫瑰花瓣／玫瑰果 ◐					
迷迭香 ●	X		X	X	X
鼠尾草 ●	X	X		X	X
百里香			X	X	

○ 金髮　● 深色髮　◐ 紅髮

家庭急救

局部使用時，康普茶的低 pH 值和獨特的纖維素結構可加快癒合並預防感染。許多報告表示，將紅茶菌或康普茶醋塗在小傷口上後，傷口癒合得更快。徹底清潔傷口，再於傷口上舖一層薄薄的紅茶菌或將乾淨的繃帶浸入康普茶醋中，然後直接塗在傷口上。

就像優碘一樣，可能會有點刺痛，但是那種感覺會消失，最終傷口的痛苦會減輕。用紗布或乾淨的布固定紅茶菌，並在菌體變乾後換新。康普茶醋和菌體還可以緩解曬傷和其他輕微燒傷的刺痛，以及治療眞菌感染。

使用該菌體治療脂漏性皮膚炎，這是指在皮膚表面發生的幾種眞菌感染中。儘管最常發病於嬰兒（乳痂），但它可能會折磨兒童至成年，儘管在年紀較大的患者中它可能被稱爲頭皮屑。通常由於體內毒性超負荷，可以透過局部使用康普茶菌體來治療此病，以幫助重置頭皮的 pH 值並抑制微生物的生長。

其特點是紅色或黃色的片狀皮屑，在刮擦時可能會變成傷痕，通常可以透過使用紅茶菌的淡淡刺痛感，或使用紅茶菌舒緩霜來減輕刺激感（第 360 頁）。將康普茶菌體敷於患處，用頭巾或紗布固定，與皮膚接觸至少 10 到 15 分鐘，最多 24 小時，或者直到紅茶菌乾燥。如果皮膚感覺過於敏感，請立即去除並用冷水沖洗。在完全治癒之前，可能需要多次使用。可以每隔幾天或每隔幾個小時移開，取決於你身體的反應。

以下有一些簡單的調配方法可以添加到你的藥櫃中，也可以放在廚房裡。

醫療應用

除家庭用途外，木質醋酸菌（以前爲醋酸桿菌）產生的纖維還被用於製藥用途，例如「活繃帶」、內部修復結構（例如心臟支架）和臨時性皮膚替代品，用於治療燒傷、移植，、皮膚擦傷和潰瘍。

活的繃帶

巴西的 Fibrocel 公司以木纖維素（Dermafill）的名字開發了一種「活的繃帶」。形成纖維素的細菌與康普茶（木質醋酸菌）中的細菌相同。微生物纖維素的開放結構使其能夠吸收高達本身重量一百倍的水，同時保持柔韌性。「活繃帶」中的細菌會黏附在皮膚上，並形成「痂」，它可以在與皮膚一起移動的同時進行氧交換，加速皮膚表面以下的癒合。與無孔繃帶相比，所需的更換更少。

使用康普茶菌體的這種能力可以增加健康酸的功效，加快癒合過程。包括透明質酸，可以幫助皮膚保持水分。松蘿酸，用作止痛藥；和兒茶素，可減少炎症。

血管

另一家生物技術公司正在使用細菌纖維素來製造用於顯微外科手術的血管。這種「生物材料」被稱爲 BASYC，代表細菌合成纖維素，已證明與人體組織非常相似，最大程度降低了排斥和不良反應的風險。世界各地的實驗室正在開發類似的技術。

曬傷緩解噴霧　產量：約 1 杯）

在需要冷卻曬傷的皮膚噴上這種冷卻劑，或將毛巾浸入溶液中並敷在患處。小心不要讓溶液滲入你的眼睛或鼻腔，以免刺痛。

配料

- 1 杯康普茶醋（第 298 頁）
- ¼ 杯蘆薈凝膠
- 1 大匙維生素 E 油
- 1-2 滴樟腦精油

作法

將醋與蘆薈、維生素 E 油和樟腦混合在噴霧瓶中，充分搖勻，直接噴在患處，每次使用前搖動。根據需要重複噴灑。無需冷藏，但是在使用之前將混合物冷藏可增強冷卻效果。

四賊康普茶噴霧　（產量：2 杯）

使用抗菌產品對抗細菌的戰爭已被證明是失敗的，通常會導致「超級細菌」——對殺菌劑具有抵抗力的致病細菌。除了使用抗菌劑外，還可以使用康普茶醋來製造「抗菌」噴霧劑，以殺死接觸的病原生物，同時在皮膚上建立健康的細菌菌落。

這款配方非常適合寒冷季節。噴在手、鍵盤、門把手或需要一點額外保護的地方，以防止細菌滋生。新鮮藥草效果最好（在夏天做，為冬天做準備），但是你也可以用乾香草替代一半。

配料

2 杯康普茶醋（第 298 頁）

2 茶匙新鮮迷迭香

½ 茶匙新鮮鼠尾草葉（¼ 葉子）

¼ 茶匙蒜末

¼ 茶匙新鮮薰衣草

¼ 茶匙新鮮薄荷

¼ 茶匙新鮮奧勒岡葉

作法

將醋與迷迭香、鼠尾草、蒜末、薰衣草、薄荷和奧勒岡葉混合在有蓋玻璃罐中。在室溫下，直曬陽光，浸泡至少 2 週至 2 個月。浸泡時間越長，混合液的效力越強。

過濾掉香草並將液體儲存在噴霧瓶中。大方地噴，注意避免眼睛和其他敏感區域。

康普茶滴劑

將新鮮的紅茶菌碎片透過壓榨機提取出具有高濃度細菌和酵母細胞的液體。然後將這些「滴劑」以 1：1 的比例用酒精保存（例如 1 大匙液體加 1 大匙酒精）。使用酒精濃度至少為 80 到 100 的酒精才能獲得最佳效果；純伏特加酒也很好。旅途中或沒有康普茶時，每次 15 滴，每天 1 至 3 次。

跳蚤和壁蝨驅除劑（產量：約 3 杯）

這種噴霧劑可安全地用於人類、狗和貓，以防止跳蚤和壁蝨。避免眼睛等敏感區域，以防刺痛。要塗在寵物的臉上時，請先將驅蟲劑噴在自己的手上，再輕輕梳理入寵物的皮毛，避開眼睛和鼻子。

配料

2 杯康普茶醋（第 298 頁）

¼ 杯蒸餾醋

2 大匙甜杏仁油

2 大匙檸檬汁

1 茶匙蒜末

使用方法

將康普茶醋、蒸餾醋、甜杏仁油、

檸檬汁和蒜末混合在有蓋的玻璃罐中。在室溫中放置一週，再將蒜末濾出。

裝入噴瓶中。在到戶外散步前，稍微噴灑在你的衣服或皮膚上，以及你的寵物毛上，預防跳蚤和壁蝨上身。

工藝品用途

紅茶菌非常耐用，以至於有些人開始將額外的紅茶菌鞣製成皮革般的材料，創造出獨特的手工藝品。未經處理的紅茶菌具有親水性，在水中吸收的重量最多是其重量的一百倍，因此一旦乾燥，請將所有紅茶菌皮革物品遠離水。製作此工藝的大多數人都喜歡使用自然鞣製方法，例如將乾燥的紅茶菌用荷荷巴油或其他天然油上油，以創造更耐水的材料。

紅茶菌耳環

材料

1個紅茶菌，厚度至少1公分，
皮革打孔器
珠寶鉗
耳環鉤
剪刀
漆料，羽毛和珠子，用於裝飾（可用可不用）

作法

將紅茶菌脫水至皮革狀態但仍保有柔韌性。切成任何想要的形狀。簡單的形狀（例如矩形、橢圓形和圓形）可以順利結合在一起。在頂部打一個孔，然後用鉗子固定耳環鉤。可以用漆料、羽毛或珠子裝飾，形成獨一無二的外觀。

零錢包

材料

1 個紅茶菌，至少 1 公分厚

天然染料（可用可不用）

油（荷荷巴油、蜂蠟、椰子油或羊毛脂），可保持柔韌性並防止撕裂

上蠟麻繩

皮針

作法

充分均勻地在乾菌體上抹油，擦乾並抹去多餘的油脂。達到所需的光澤後，請使用上蠟的繩子和皮革製的針將束帶固定在邊緣，將束帶插入距紅茶菌邊緣約 0.5 公分的位置。在繩子的末端打雙結，以防止滑出。

雖然紅茶菌皮革不能淋雨或接觸大量的水，但你可以用微濕的布輕輕擦拭清潔。

茶葉擴香

康普茶釀造者最不缺的就是用過的茶葉。它們能製成漂亮的堆肥（特別是因爲它們富含氮），也可用於製造芳香。茶葉就像小蘇打一樣可以吸收異味。將香精油添加到你的乾燥茶葉中可營造出獨特的香氣和氛圍。

材料

1-2 大匙茶葉

1-2 滴精油

作法

將茶葉鋪在烤盤上，然後放在溫暖、陽光充足的地方，使茶葉乾燥。晾乾後，將葉子收集在一個小碗或平紋細布布袋中，撒上一兩滴精油，放在任何需要新鮮香氣的地方。不時攪拌葉子並添加精油。茶葉完全無氣味後可以用來堆肥。

如何將紅茶菌脫水

脫水紅茶菌沒有所謂錯誤的方式，因此請選擇你方便的做法即可。當然，食物脫水機很棒，但是陽光既免費又能有效曬乾紅茶菌。此外，在大多數氣候下，只要在室內置於室溫下，紅茶菌幾天後就會脫水（唯一的考量因素可能是會吸引果蠅光顧！）。每 12 或 24 小時翻面一次可加快乾燥過程，並確保雙面均勻。

當紅茶菌變得非常薄時（若原本 2 公分厚，可能縮到 0.5 公分厚），就可以使用了；但是請記住，紅茶菌會在繼續脫水時繼續收縮。因此建議切成比需要的稍大的碎片。在乾燥的各個階段進行試驗，以找出紅茶菌怎樣乾燥才能最適合你的用途。時常使用橄欖油對紅茶菌上油，將有助於保持「紅茶菌皮革」的形狀和光澤。

細菌驅動的星球

紅茶菌時尚（是真的！）

從飲料到繃帶再到手鐲，康普茶的紅茶菌非常靈活。藝術家、時裝設計師和醫學研究人員對細菌纖維被用作可持續資源的眾多方式不斷感到驚訝。該材料吸引了科幻迷和時尚專業畢業生蘇珊娜．李（Suzanne Lee）的注意，她在研究她的著作《時尚未來》時偶然發現了藝術裝置中的生物織物概念。

永續性在時裝和紡織行業的普及一直很緩慢，因此當蘇珊娜得知可能可以「長出裙子」時，她決定自己嘗試一下。她受邀在 2011 年的 TED 大會上發表演講。演講的影片風靡一時，其中包括鞋子、夾克和裙子等幾件作品，隨後蘇珊娜突然發現自己成爲其他公司的顧問，他們希望創造新穎的面料。

最大的挑戰是一旦衣服完成，要保留織物，防止其吸收水或遭受破壞，同時還要保持衣服的生物分解性，這是該項目的重點。不受這些障礙的困擾，其他藝術家已經全部使用細菌纖維素製作自己的服裝，用「純素皮革」和紅茶菌珠寶來迎合潮流！

花園裡的好蟲子

紅茶菌對所有人都有好處，包括生活在泥土中的生物。在堆肥箱中添加舊的紅茶菌將加速分解過程，而在土壤中添加紅茶菌泥則有助於喜歡 pH 值酸性的植物繁盛。要在花園中使用紅茶菌菜泥，只需在攪拌機中攪打一些，然後在距植物底部約 7 至 15 公分的地方挖一個 1 至 2 公分深的孔或溝。倒入 ½ 杯紅茶菌菜泥，再用土覆蓋。將紅茶菌埋在土中可掩蓋異味，並防止果蠅發現它。

種植新植物時，將紅茶菌添加到土壤中以增加可用營養。我們常年堆肥紅茶菌和茶葉，再於春季和秋季添加到花園中，以幫助大地之母繁榮昌盛。

寵物也是人

寵物是我們家庭的摯愛，像我們一樣，也是由細菌驅動的。為了與人類同居，許多寵物由於食物不足和過度暴露於毒素中而遭受類似的健康疾病。儘管不是所有人都能馬上嘗到這種味道，但是貓、狗、馬、豬、雞和許多其他動物都可以享受康普茶零食。我們第一手知道，很多狗喜歡乾的紅茶菌，它比漂白的牛皮或低等的餅乾零食要健康得多。

將少量康普茶混入狗的食物或水中也可能有好處，使腸道內充滿良好的細菌。小型犬 30 到 62.5 毫升效果很好，而大型犬每天最多可消耗 125 毫升。康普茶不必包含在每頓飯中，請觀察寵物的反應。許多主人觀察到，當狗糧中加入少量的康普茶時，狗的腸道健康會得到改善，良好的腸蠕動和柔軟的皮毛可以證明。如果能讓牠們主動嘗試，幾乎任何種類的寵物都會受益。如果牠們不喜歡，那會很明顯，因為他們只會拒食。

稀釋的康普茶醋可用作天然清潔噴霧劑，可清除狗皮上的污垢和油脂，避免寵物洗劑中的化學物質。酸會軟化皮膚和毛皮，如果釀造的酸度足夠高，則可以防止跳蚤。將 50：50 的康普茶醋（第 298 頁）混合物和水混合在瓶子中，加入一、兩滴茶樹或印度苦楝油以防害蟲，噴灑並風乾。

紅茶菌狗零食

紅茶菌可以製作有益生菌的天然咀嚼玩具。將紅茶菌輕度脫水，直到不再潮濕但沒有完全乾燥爲止，然後拋給你的狗。爲你的狗確定零食的大小一較小的狗如果吃得太多，這會使腸胃不適。無論狗的大小，首先都要提供小塊，以確保牠的消化系統能夠接受這種新的點心。許多狗會立即咀嚼它，但是如果你的狗猶豫不決，請先嘗試用花生醬塗抹。

農場動物補充劑

從經驗上顯而易見的一件事是雞喜歡紅茶菌。每當我們將多餘的紅茶菌帶到鄰居的圍欄時，鳥兒就會瘋狂地爭奪，爭奪令人垂涎的紅茶菌。許多研究表明，在雞的日糧中添加紅茶菌或康普茶的比例佔飼料總量的 0.75%，可以使雞蛋變硬而結實。康普茶富含賴氨酸和其他氨基酸，有助於消化，使母雞更容易吸收飼料中的營養。進一步的研究表非，飼餵康普茶的雞變大了，並且消化蛋白質的能力也增強了。（請參見附錄 2 引用的研究。）

豬、牛和馬都喜歡在供水中加康普茶，或在飼料中加紅茶菌。一項針對綿羊的研究表明，將康普茶作爲口服補充劑，原本免疫力低下的綿羊體內寄生蟲數量減少，呼吸系統疾病得到消除（Manuel，R. C. 等人，2014）。這些研究儘管是初步的，但表明康普茶對所有類型的生物都有淨益作用，尤其是與消化和免疫相關的問題。

如果這種可行的天然替代品能夠有實際的結果，就能避免使用大量藥物飼養牲畜，減少我們食物來源中的毒素及我們體內的毒素，這會是很重大的改變。雖然目前只有少數生產者在使用它們，但我們預計，隨著人們更了解餵食動物細菌纖維帶來的好處，這些產品的使用肯定會增加。

Unity Vibration
KOMBUCHA
BEER
GINGER
Unity Vibration
KOMBUCHA
BEER
KOMBUCHA WONDER DRINK
KOMBUCHA WONDER DRINK
Goldа
Kickin' Kombucha
Commun
Kombuc
Seattle's Kombu
SYNERGY
organic & raw
rejuvenate
restore
revitalize
replenish
regenerate
STRAWBERRY SERENITY
BREW DR.
KOMBUCHA
Deane's Kombucha
buchi
KOMBUCHA
Buddha's Brew
KOMBUCHA
CRANBERRY
ThéBÜ
KOMBUCHA
Lavender

康普茶故事

Capital Kombucha
PEACH
KOM
BU
CHA
NATURAL
AUTHENTIC PROBIOTIC BEVERAGE
ZEAL
KOMB
UCHA
Red Star Kombucha
ORIGINAL GREEN
UNFILTERED
Ferments
HEALTH-ADE
HEALTH-ADE KOMBUCHA
LIVE
KOMBUCHA
LIVE
SODA
HighCountry
KOMBUCHA
WILD ROOT
INVITE THE VIBRATION
KOMBUCHA
ORIGINAL

CHAPTER

康普茶的歷史與科學

康普茶的各種遠古起源故事像紅茶菌一樣被自釀者們自由散播，因此許多人認爲我們對康普茶的歷史了解只是民間傳說，沒有任何實質意義。沒有事情會遠離事實！實際上，康普茶已經被世界各地的科學家研究了一百多年，自 2000 年左右以來，人們對它的興趣日漸濃厚。在這一章，我們研究了圍繞著這種「神奇蘑菇」的事實和虛構故事。

康普茶在這裡扎根

圍無論關於康普茶起源的傳說是眞實或象徵性、神話性的，這些傳說都籠罩在時間的迷霧中。雖然有些傳說聽起來不太可能，但每個傳說的核心都蘊含著眞相——那就是康普茶的力量。對釀造、飲用、分享康普茶的人們而言，康普茶的治癒益處一直都很明顯。

當我們揭開康普茶的神話，查詢書面證據時，會發現康普茶的歷史可能沒有我們原先想的那麼久遠。不過這並不會改變康普茶的意義，只是爲康普茶釀造加入了歷史觀點。

傳說康普茶最早起源於公元前221年的中國。中國仍然是最有可能的發源地，畢竟茶起源於中國，而中國人也進行了數千年的發酵，從發酵發展到另一件事並不難。

但是康普茶已經有兩千多年了嗎？事實上，最可能的答案是「沒有」。在關於康普茶最早起源的故事中，提到中國第一個皇帝秦始皇吃掉了靈芝——也就是長生不老藥。但是，康普茶在中國流傳的名字是「海寶」，靈芝是指靈芝菇，而不是康普茶。也許是因爲靈芝和紅茶菌外觀類似，導致傳說在翻譯成英文時被誤解了，才將靈芝誤會成康普茶。

有一點也需要注意，直到秦始皇時代千年後的唐朝（公元618-907年），中國人才開始普遍飲茶。在我們對中國古代發酵方法的所有研究中，我們一直找不到與發酵茶有關的參考資料。當我們調查西藏的發酵食品時，情況也是如此。雖然西藏人喝著大量的犛牛奶和酥油茶，並釀製大麥啤酒，卻沒有提到有紅茶菌或酵母製成的發酵茶。

我們採訪的中國人們有一個共識：康普茶源自中國。但無論是來自山東滿州或是渤海地區（也就是「海寶」傳說的發生地），都沒有很確切的證據。滿洲位於朝鮮北部，山東則與朝鮮隔著東中國海，如果康普茶起源自這兩個地區，應該很容易看出康普茶是如何在公元141年前傳播到朝鮮的新羅王國。據說當年有一位韓國醫生名爲Komu-ha，爲生病的日本允恭天皇帶來了「特殊療法」（故事請參閱第172頁）。也許是因爲歷史的傳播戲法，這位韓國醫生的名字變成了「Kombu（康普）博士」。

康普茶可能來自日本嗎？

關於康普茶起源自日本的傳說，有一個最主要的疑點：佛教文獻中記載，在公元414年康普博士治療天皇的大約五百年後，日本人才開始普遍飲茶。另一個令人混淆的原因是：傳說日本武士會飲用康普茶，但武士喝的其實是「昆布茶」——將海藻昆布泡水製成的茶。不難想像早期的研究人員可能誤解了翻譯。

坦白說，我們找到了許多康普茶和其他發酵飲料（如克菲爾或君茶）的起源故事，但邏輯和可信度都不高。在許多情況下，這些故事描述大量特定的細節，大多關於飲食文化現象。因此很難從這些故事中追溯到確切的起源。

無論哪個國家（中國、俄羅斯、韓國或日本）宣稱自己是康普茶的發源地，康普茶都在這裡扎根。發酵似乎很神奇，但這只是數十億小伙伴的辛勤工作，使我們的食物變得更好。無論康普茶的歷史是幾千年還是只有幾百年，事實都是人類和發酵一起進化，隨著我們深入研究生活在細菌世界的意義的科學，發酵繼續擴大我們的知識和存在。

我們最好的猜測

經過所有研究，我們認爲康普茶的起源是幾個世紀前，有人遺漏了一杯甜茶或甜酒。一隻或兩隻昆蟲降落在杯子中，留下醋酸桿菌，該細菌在當地的一些酵母菌中繁殖，並開始了第一次康普茶發酵。

發現發酵茶的人依靠自己的感官（一種我們幾乎已經失去的習慣）來嘗試美味的釀造物。這個幸運的發現者將整塊東西丟進另一批甜茶中，接著，「康普茶文化」就誕生了。

紅茶菌可以是多種細菌和酵母的宿主，這證明它可以在不同的地方成長。因爲紅茶菌偏好溫暖的氣溫，可以推斷它起源於熱帶地區。不過，由於古代文化的發酵技術都已經很成熟，可以想像只要當時的人們發現了紅茶菌，就能知道要如何培養發酵。

康普茶年表

在時間軸中我們將介紹歷史研究、神祕迷思、「神奇蘑菇」與「奇蹟茶」故事中的重要人物，這些故事吸引了世界各地的人。（有關更多研究，請參閱第 388 頁以及附錄 1 和 2。）沿著這條道路一路走來的每個人都以某種重要方式爲康普茶的故事做出貢獻。這些先驅者的努力爲細菌療法和微生物群的研究領域奠定了基礎。

公元前

～6000 年

從這個時代開始，在美索不達米亞的一個罐子裡顯示出發酵蔬菜的跡象，這是發酵的第一個紀錄。

～1300 年

在聖經中，波阿斯鼓勵路得喝醋（路得記 2:14）。

公元前 221 年

秦始皇是中國第一位皇帝，據說他喝康普茶作爲長生不老之藥（請參閱〈康普茶傳奇〉，第 124 頁）。

公元後

西元 414 年

被召見來醫治日本允恭天皇的韓國醫生 Komu-ha 在療法中使用了康普茶（請參閱〈康普茶傳奇〉第 172 頁）。

～西元 600 年

據〈海寶傳說〉（見第 152 頁）所述，紅茶菌起源於這個時期。

約西元 1200 年

成吉思汗的士兵和日本武士可能已在燒瓶中攜帶康普茶（見〈紅茶菌的傳說〉，第 212 和 319 頁）。

1805 年

俄羅斯知識分子 I. Ryadovsky 曾撰寫有關在蒙古旅行時喝「醋」（也許是紅茶菌？）和食用發酵豌豆的文章

1880 年代

被帶到墨西哥北部修建鐵路的中國工人可能同時將紅茶菌引進，這標誌著新世界的第一杯康普茶。雖然依舊被稱爲 hongo chino（中國菌類）或簡稱 hongo（菌類），卻已常用當地的草本藥草進行培育，並與特帕切發酵飲有相似的發酵過程（請參見「墨西哥鳳梨康普茶」，第 179 頁）。

1890 年代

身兼俄羅斯民族誌專家和西藏醫學學生的 Nikolay Vasil' evich Kirilov 博士在西伯利亞進行關於老年人定期飲用康普茶的試驗。他指出，結果發現可減輕動脈硬化症狀、幫助消化，並有助於解決胃腸道疾病。

1800年代

1852 年

德國化學家羅伯特．湯姆森（Robert D. Thomson）向格拉斯哥皇家哲學學會提交了有關發酵和細菌纖維繁殖的最早已知科學論文，這標誌著後來被稱爲醋桿菌家族的首次實驗和文獻記載。儘管他清楚地討論了醋而不是康普茶，但他的實驗不僅明確提到類似紅茶菌的「醋植物」之產生，以及隨之而來的酸性液體，更提及二氧化碳和少量酒精的產生，這是基於味覺和嗅覺的判斷。

1886 年

英國皇家學會的會員 Adrian J. Brown 首次分離並鑑定木糖細菌，他用該細菌生產了一批新的紅酒醋，在其頂部培養了一種菌體。木糖細菌是醋桿菌屬之中產生纖維素的 30 種之一，最終被更名爲木質醋酸菌。

1896 年

Rudolf Kobert 博士是德國羅斯托克大學多個學科（包括藥理學）的教授和受尊敬的主席，他對俄羅斯傳統民間療法的功效特別感興趣。他出版了 32 頁的指南《格瓦斯[31]及其製作》，隨後在 1913 年出版了《格瓦斯：安全、便宜並受歡迎的國家飲料》。這些著作可能更多地提到了用麵包製成的傳統俄羅斯發酵飲格瓦斯，或我們稱爲康普茶的「格瓦斯茶」。

31 格瓦斯（Kvass）是俄羅斯、烏克蘭、東歐一帶的傳統天然發酵飲料。

1910-1914 年

聖彼得堡婦女植物實驗室醫學研究所的俄羅斯生物學家 A. A. Bachinskaya 博士對從全國各地收集的康普茶菌體進行了實驗。她發表了四篇文章，首次介紹了該菌體的形態和生物學特徵，其中包括生產乙酸的木黴菌和曲霉酵母，並描述了該飲料的廣泛使用和有益效果。Bachinskaya 認為，由於在歐洲、亞洲和非洲都發現了木黴菌，它可能已經由昆蟲傳播到合適的媒介（如甜茶）上，並與環境中存在的任何野生酵母菌一起攻城掠地。

1913 年

德國眞菌學家和植物學家古斯塔夫・林道（Gustav Lindau）博士深入研究地衣，並發表了一篇論文，其中包括康普茶菌體本身第一個廣爲人知的科學名稱，即拉丁學名 Medusomyces gisevii。林道如此取名是基於該菌體在外觀上與水母相似，以及僅被視爲酵母菌的謬誤。那年稍晚，德國研究員林德博士（P. Linder）則確認康普茶中同時存在酵母菌和醋酸桿菌，故以此駁斥了林道的理論，並印證 Bachinskaya 的研究結果，亦認識到各種菌體的多種變體。

1900年代早期

1904-1905

一些消息來源稱康普茶是由日俄戰爭傳播，由企圖控制滿洲和朝鮮而開戰的日本士兵引入俄羅斯。由於戰爭當時在亞洲領土上進行，俄國士兵很可能從遠東將菌體帶回國，便把其起源歸因於日本。也許日本的戰俘營向受傷的士兵提供康普茶飲用？當時，康普茶很可能已經傳進俄羅斯了，士兵們只是加速了傳播現象。如今，釀製康普茶的做法已經很普遍，以至於將發酵罐茶和紅茶菌的圖像帶入繪畫的背景中。當時許多俄羅斯人在心裡爲 gribok（或稱「小蘑菇」）保留了特殊的位置，並從此保持健康強壯。

俄羅斯畫家
Philip Kubarev 作品，《Morning》

1915 年

Stephan Bazarewski 教授在里加自然研究者協會的通訊中報告說，一種稱爲 Brinumssene（神奇蘑菇）的拉脫維亞民間療法被認爲具有相當大的治癒能力。在接下來的 40 年中，俄羅斯科學家研究了這種菌體的特性及其對多種疾病的影響。

1926 年至 1935 年

共有上百篇研究論文、科學文章和醫學研究——其中大部分來自德國，也來自俄羅斯和其他國家——討論了紅茶菌的益處。這些論文幾乎一致推薦將其用於治療或緩解便祕、動脈硬化、高血壓、焦慮、易怒、疼痛、頭痛、暈眩、痛風、心絞痛、糖尿病、痔瘡、痢疾、消化不良、斑疹傷寒、扁桃腺炎、口腔炎、消化不良，甚至老化。（有關更多詳細資訊，請參見 1920 到 1960 年代的德國和俄羅斯研究，第 388 頁。）

1927 年

瓦爾德克 H. Waldeck 博士發表了使用康普茶的第一手資料，指出在 1915 的俄國一位化學家友人釀造一批飲品來幫助治療自己的便祕。化學家自豪地指出，這種酸味的「神奇飲料」既可以延緩衰老，又可以抵抗「各種疾病」，亦聲稱這是一戰期間用來醫治受傷士兵的俄羅斯祕密武器。一戰期間在俄羅斯服役的瓦爾德克帶著自己的「神奇蘑菇」回到德國，專門針對康普茶與消化系統的相互作用開始釀造和測試。

1920年代

1916 年

波蘭化學家約瑟夫·博爾希奇（Josef Bolshich）證明，康普茶的菌體和克菲爾菌（Kefir Grains）是不同的，每種都有其自身的結構、形態和固有的治療特性。

圖 kefir grains 克菲爾菌

1917 年

Rudolf Kobert 博士在科學雜誌《Mikrokosmos》上發表了他的發現，報告指出康普茶有助於改善腸道疾病、痔瘡和關節風濕病。在後來的《7Mikrokosmos》中，林道博士回應了 Kobert 的發現，特別是關於康普茶減輕腸道問題和痔瘡的發現。

1928 年

布拉格德國大學藥理學和生藥學研究所的董事會成員 W. Wiechowski 博士發表了一篇論文，題爲「醫生應對康普茶的用途採取什麼立場？」他不僅建議將康普茶用於治療嚴重的心絞痛、輕度便祕甚至是糖尿病，而且他還爲康普茶在健康方面的作用提供最中肯有力的辯護：「由於康普茶包含完全無害的成分，因此沒有理由警告它的用途，因其主要是用於飲食，而非治療。經常使用康普茶可以消除令人痛苦的慢性症狀，這意味著無論科學是否能解釋原因，我們應盡可能地讓更多的人都可以身受其益。」

1931 年

D. Scherbachov 博士重新激發俄國人對康普茶的興趣，透過回顧國際研究，他在 Soviet Pharmacy 發表論文，內容指出康普茶有助於降低血壓和抑制動脈粥樣硬化的效用。（更多詳細訊息，請參閱1920 到 1960 年代的德國和俄羅斯研究，第 388 頁。）

1940 年代

二戰期間駐紮在俄國的德國人 Rudolph Sklenar 博士與當地農民合作時，農民向他介紹了當地「奇蹟茶」，他將此茶帶回故鄉並在隨後的 40 多年期間用於治療患者，其中包括許多患有癌症的患者。

1950 年代

義大利人與康普茶共譜了短暫而又痛苦的羅曼史，這可能是二戰後士兵將其攜帶回國。這種長生不老藥以其「神奇」力量而備受推崇，並發展出一種新傳統：紅茶菌只能在星期二交給朋友；如果成功交貨，獎勵會是聖安東尼奧應允的三個願望。該茶在義大利的雜誌封面和文章中都有刊登，並在西西里流行歌手 Renato Carosone 的熱門單曲「Stu fungo cinese（這些中國菌類）」中留下紀念，其中反覆提及這種奇怪的「中國菌類」。

1953 年至 1957 年

許多研究詳細介紹了康普茶在治療傷口、緩解腸道疾病和斑疹傷寒症狀方面的功效。俄羅斯的研究亦指出，動脈粥樣硬化、高血壓、急性扁桃腺炎、嚴重的口腔炎（口瘡或炎症）和腹瀉等疾病亦可緩解。

1930年代

1940年代

1950年代

1938 年

該年發表的研究確立了康普茶對消化相關問題以及腹瀉和消化不良的治療作用。這些研究也肯定了康普茶對兒童的安全性。

1942 年至 1959 年

用於研究康普茶的先進方法問世，而大量的研究則主要在俄羅斯進行，主要研究康普茶的抗菌特性及其在治療或緩解多種疾病（包括腸道疾病、炎症、感染）方面的功效。

1950 年

鄂木斯克一家醫院的三位醫生與當地居民一起制定了一項門診觀察計畫，觀察對象則是那些經常飲用十分風靡的自釀飲料之居民。結果顯示，那些開始定期使用康普茶的人隨後可從各種疾病中得到緩解，包括急性炎症、心絞痛和消化系統疾病。

1951 年

史達林下令對康普茶的潛在抗癌特性進行調查（請參閱史達林尋求治癌解方，第 391 頁）。

1959 年

研究證實康普茶能緩解嬰兒腹瀉。其他研究表明，在雞飼料中添加紅茶菌可以使其增長率提高 15%。

1960 年代

據說舊金山的非主流嬉皮文化在這十年期間是康普茶早期復興的故鄉。

1970 年代

中國的科學論文描述了紅茶菌的纖維素結構並確定其發酵成分。

1980 年代

有傳聞稱當時美國總統雷根聽說過俄國著名小說家亞歷山大．索忍尼辛（Aleksandr Solzhenitsyn）長期被關進勞改營期間的康普茶經歷。故事說索忍尼辛透過喝康普茶來對抗癌症，但在他的小說《癌症病房》中，他提到了「樺樹癌」或「樺樹眞菌」，卽源自俄語 Chaga（白樺茸）的名字。Chaga 在 1950 年代被蘇聯科學家證明是一種有效的適應原；然而實際上白樺茸是菌類，且與康普茶完全無關。儘管如此，據報導雷根的幕僚在總統罹患癌症時爲其釀造了紅茶菌體，且據說雷根每天要飲用多達一公升的康普茶，直到多年以後他去世爲止——這是「眞實的康普茶故事」其中之一，至今仍在網路流傳。

1960年代 1970年代 1980年代

1960 年

冷戰使俄羅斯和東歐停止了對康普茶的研究。

1964 年

德國的 Rudolf Sklenar 博士發表了有關使用康普茶治療癌症患者的研究結果。

1983 年

著名的美國食品科學家 Keith Stein kraus 研究了微生物發酵過程中發生的化學和營養變化，並將康普茶列入他的《本地發酵食品手冊》。

1985 年

Rudolf Sklenar 博士與他的侄女 Rosina Fasching 合作出版了《茶菌康普茶》，《自然療法及其在癌症和其他代謝疾病中的意義》。薄薄的書中包括他的治療方案以及各種疾病患者的見證和推薦。

1987 年

德國前第一夫人維洛妮卡．卡斯滕（Veronica Carstens）博士在雜誌發表了文章〈大自然的援助——我的抗癌治療〉，其中特別提到了康普茶在「排毒」、「增強新陳代謝」和「改善免疫系統」方面的治療方案。

1991 年

熱情而又經驗豐富的德國自釀者 Günther Frank，也是最早的康普茶郵件群組的創群元老之一（請參閱第 400 頁），在該年出版了《康普茶：來自遠東的健康飲料和自然療法》一書。該書主要介紹自 19 世紀晚期以來發表的研究成果，尤其是在德國、俄羅斯和東歐，該書遂成爲備受推崇的資料來源。

1996 年

倫・波齊奧（Len Porzio）將紅茶菌命名 SCOBY（細菌和酵母的共生菌體），以與茶文化做出區隔。（有關倫・波齊奧的更多資訊，請參閱第 402 頁。）

1990年代

1993 年

Betsy Pryor 從洛杉磯冥想中心的一位修女那裡得到康普茶菌體。她開始在自己的郵購網 Laurel Farms 銷售紅茶菌，兩年後出版了《紅茶菌現象》（Kombucha Phenomenon）一書。

1995 年

- 愛荷華州正巧在家釀製紅茶菌的兩名婦女病倒了，其中一名去世。怪罪康普茶的迷思仍可在網路上搜尋得到。（請參閱第 41 頁的康普茶怪談）。
- 邁克・魯辛（Michael Roussin）根據來自美國各地的 1,100 多個樣本，發表實驗室的康普茶的成分分析。
- GT 戴夫（GT Dave）開始在他母親的廚房裡釀製康普茶，並創立了現代康普茶商業帝國的品牌。（有關 GT 戴夫的更多資訊，請參閱第 403 頁，GT 戴夫與母親 Laraine。）

GT 戴夫和母親拉蘭妮

2000 年至今

康奈爾大學（Cornell University）進行的一項研究激發了人們對康普茶特性研究的興趣。從美國到塞爾維亞再到印度，世界各地的研究人員都在研究這個事業（參見第 391 頁的現代研究運動）。

2004 年

漢娜・克魯姆創立了康普茶營隊（Kombucha Kamp）作爲家庭釀造班，接著於 2007 年建立了康普茶營隊網站。

2011 年

現代康普茶產業的榮景開始，商業品牌的數量從幾十個激增至數百個，每個月都有新品牌出現。

2015 年

美國康普茶產業的銷售額在 5 到 6 億美元之間。

2000至今

2001 年

康普茶神奇飲料公司（Kombucha Wonder Drink）成立，隨後在 2003 年高級鄉村康普茶公司（High Country Kombucha）緊接成立。這是繼 GT 之後的數一數二的兩個全國性瓶裝品牌，標誌著康普茶從單一產品擴展到擁有數百個品牌的產業。

2003 年

發酵復興主義者桑多・卡茲（Sandor Katz）在其影響深遠的作品《瘋狂發酵》中加入了康普茶的內容。

2010 年

康普茶業界在該年遭受短暫的打擊，起因於消費者對其酒精含量的疑慮而遭到下架（請參閱第 397 頁）。

2014 年

漢娜・克蘭姆和亞歷克斯・拉格里創立了康普茶國際釀造協會（第 404 頁）

Sandor Katz

1920 到 1960 年代的德國和俄羅斯研究

以下討論的一些要點亦包含在康普茶年表（第 380 頁）中。

德國研究熱潮

德國十年來的重要研究都集中在康普茶的益處上，始於 1926 年威廉・亨內伯格（Wilhelm Henneberg）博士撰寫的大量書目《發酵細菌學手冊》（眞菌學專業，特別提及酵母，乙酸和乳酸菌）。亨內伯格的著作之所以引人注目，是因爲他在 1907 年爲《中央細菌學雜誌》撰寫的一篇文章中談到了食醋細菌，而沒有提及康普茶。在後來的工作中，他討論了「Teakwass」作爲俄羅斯針對各種疾病，尤其是針對便祕的一種普遍療法。「這種發現得到了許多其他人的支持和鞏固。

1927 年，格哈德・馬道斯（Gerhard Madaus）博士在他的雜誌《治療的藝術》中發表（三卷本 Biologische Heilkunst ／ Biological Healing Arts，1938）指出，康普茶有助於細胞壁再生，因此可能有助於動脈硬化。同年，E。Dinslage 和 W. Ludorff 爲備受讚譽的《食品研究雜誌》（Journal of Food Research）發表了一篇名爲「Der indisch Teepilz」（印度蘑菇茶）的現有科學和研究評論。

N. Lakowitz 教授於 1928 年出版了《蘑菇茶和瓦格斯茶》，建議將「茶眞菌」廣泛傳播，以使瓦格斯茶成爲消化不良和各種與年齡相關的各種不適的藥物，並透過藥房擴大和分發。

Maxim Bing 博士在 1928 年至 1929 年之間發表了三篇簡短的文章，指出康普茶是對抗動脈硬化「非常有效的手段」，並且具有對抗高血壓、焦慮、煩躁、疼痛、頭痛、眩暈、便祕和改善腦毛細血管彈性的功效。

L. Mollenda 博士在爲德國醋業（Deutsche Essiginindustrie）撰寫題爲「康普茶，其醫學重要性和育種」的文章中（1927 ／ 28）回應了其他人有關消化，痛風和動脈硬化的建議，同時還明確指出他透過漱口和食用，成功地使用康普茶來對抗心絞痛。

E. Arauner 博士在同一刊物的《Der Japanische Teepilz》（1929）一文中報導，康普茶是糖尿病，焦慮症，動脈硬化，痔瘡等疾病的極佳治療方法，並指出「蘑菇」已經被亞洲人使用了數百年。

俄羅斯研究時代

1915 年，緊隨德國人林道和林德在 1913 年建立的拉脫維亞關係之後（參見第 382 頁），Stephan Bazarewski 教授在《里約熱內盧自然研究者協會通訊》（Korrespondenzblatt NaturforscherVereins zu Riga）中寫道，拉脫維亞民間傳說中稱爲「神奇蘑菇」的補救措施，被認爲對經常食用的利夫蘭和庫蘭省的居民具有相當大的治癒能力。

謝爾巴喬夫博士（D. Scherbachov）於 1931 年在蘇聯藥房雜誌上發表的一篇文章，重新激起了俄羅斯對康普茶的興趣，該論文敍述了國際研究表明康普茶有助於降低血壓和抑制動脈粥樣硬化。1938 年，T. E. Boldyrev 的著作確立了康普茶對消化相關問題以及痢疾和消化不良的治療作用。他的工作也肯定了康普茶對兒童的安全性。科學家提出了一個想法，即康普茶可用於生產專門用於精製或作爲療法銷售的葡萄糖酸。

從 1942 年到 1955 年，研究員 K. Doubrovsky 進行了漫長而深入的研究，試圖了解紅茶菌對急慢性疾病的影響。杜布羅夫斯基在哈薩克斯坦流行病學和微生物學研究所工作，創造了一種蘑菇和茶的提取物，稱爲麥草胺素（或稱「MM」——後來稱爲 meduzin），具有高效的抗菌和治療特性。MM 對金黃色葡萄球菌，痢疾，傷寒，肺炎球菌和白喉桿菌具有殺菌作用。

在埃里溫獸醫學院的 L. T. Danielian 和埃里溫兒童醫院的許多專家合作下，進行了多年的 MM 測試，爲全世界許多研究人員提供了知識基礎。到 1949 年，E. K. Naumov 對感染了這些疾病的各種動物進行了新的濃縮試驗，並在幾乎所有情況下均獲得正面的結果。 1950 年，丹尼爾（Daniarian）進行了更高級的測試，以鑑定有效成分。

1950 年，在收到有關這種受歡迎的釀液酒功效的衆多詢問之後，V. S. 的鄂木斯克醫院三名醫生 V.S. Tinditnik、 S.E. Funk 和 E. Sabine 設計了一種門診觀察程序，用於茶對各種急性炎症、心絞痛、消化系統疾病等的影響。這項研究的結果發表在鄂木斯克眞理報（Omsk Pravda）等當地報紙上，引發了來自全國各地的大量郵件，重申了研究人員的結果。

這些信件鼓舞了更多的醫生加入這項研究。 A. Matinjan 和 G. Markarjan 於 1953 年發表了有關康普茶在傳染性和傷口癒合中使用時的有效性之其他研究。次年，A. Nurazjan 和 E. Porichij 發表的研究證實了康普茶對腸道疾病和斑疹傷寒的幫助。

在 1953 年至 1957 年之間，G. F. Barbanchik 及其研究夥伴對 52 位人類患者進行了臨床研究，證實食用康普茶可減少動脈粥樣硬化和高血壓。他們同時測試和治療了 75 例急性扁桃體炎患者，發現其恢復更快，局部止痛，發燒減少，表明對病原體具有抗菌活性。

E. S. Zlatopolskaya 及其合作夥伴於 1955 年在莫斯科第二醫學研究所進行的一項研究表明，治療的 20 歲兩歲兒童從嚴重的口腔炎（口瘡或炎症）中得到緩解。同一小組的另一項研究表明，痢疾也可緩解 17 例。

N. M. Ovichinnikov 於 1956 年證明結核病的動物受益於食用康普茶，從而導致這種病的抑制甚至消除。 1957 年進行了其他研究和報告：T. Adzjan 證明了對毒性消化不良的功效； G. Sakaran 發表了有關康普茶對付副傷寒和布魯氏菌病的文章； A. Mihajlova 研究了小兒痢疾； N. Joirisi 肯定了其對膽固醇和高血壓的影響。

1958 年，G. F. Barbancik 首次撰寫小冊子式出版物，其中敍述已對康普茶進行的研究，並報告他自己對茶的顯著抗菌作用之研究。 I. N. Konovalow 證實，一年後進行這項研究，但 Danielian 及其同事進行了更廣泛的研究，證實康普茶對嬰兒痢疾的幫助。據說冷戰應歸咎於 1960 年後缺乏可用的研究，儘管目前尚不清楚這是否是由於缺乏資金，利息下降或兩者兼而有之。

現代研究運動

經過幾十年的研究後，現代康普茶運動引起了人們對茶和紅茶菌的科學興趣之極大提高。全世界大學的科學家們已經對動物和人類對象進行了近 20 年的研究，並進行了大量調查以確定康普茶功效的機制。2000 年，康奈爾大學成爲美國第一家發表有關康普茶的研究的大學，強調了康普茶的抗微生物作用，並引用了邁克・魯辛（Michael Roussin）1995 年的研究（見第 400 頁）作爲原始資料。

史達林尋求癌症的治療

像歷史上的其他領導人一樣，約瑟夫・史達林（Joseph Stalin）竭盡所能地尋求長壽的祕密。當癌症的禍害開始在整個俄羅斯蔓延時，這位極度偏執的獨裁者派遣醫生團隊尋找病因或更好的治療方法。醫生們有條不紊地從一個城市移到另一個城市，仔細記錄了癌症發生率，家庭習慣和環境因素。

儘管兩個地區的環境條件相對惡劣，但那裡幾乎都沒有人罹患癌症。居民還報告減少了誤工時間，減少了公共醉酒，並改善了整體健康狀況。進一步的採訪顯示，大多數家庭都在沖泡康普茶，居民將其健康歸因於食用。

這些數據激發了旨在開發藥物配方的研究。在莫斯科中央細菌研究所和生物化學中心進行。該研究所由史達林的私人醫生弗拉基米爾・維諾格拉多夫（Vladimir Vinogradov）博士和內政部長兼特勤局（KGB）負責人 Lavrentiy Beria 以及醫生和 KGB 代理委員會領導，目的是開發一種藥物配方。這些科學家是第一個發現紅茶菌是各種細菌和酵母菌共生的人。

堅信的史達林開始按照醫生的建議喝茶，但是，研究委員會的兩名克格勃特工意識到有機會奪取權力後，就說服了貝里亞和維諾格拉多夫實際上是在毒害他。史達林已經對貝里亞產生懷疑，他將維諾格拉多夫和他的猶太醫生團隊關押起來，以酷刑逼供。史達林於 1953 年去世後，醫生被無罪釋放，特工因在該案中的角色而被判處死刑，但在俄羅斯對康普茶的研究實際上一直持續到 1980 年代。

自 2000 年以來進行的大量研究證明，長期以來一直存在關於康普茶的信念。總體而言，康普茶的發酵過程增強了茶的益處——維生素，多酚，兒茶素等——並減少了細菌和酵母用於糖，咖啡因那些較不健康的成分。

康普茶中的葡萄醣醛酸，儘管包括魯辛研究在內的一些研究最初對它的存在提出質疑，但大大改進的測試方法卻導致一項又一項的研究表明其存在量可觀。研究正在爲這種通用的酸提供依據（請參閱第 415 頁），該酸可導致許多康普茶據稱的排毒和系統重建作用。其他主要研究領域集中在紅茶菌和康普茶的抗微生物和抗癌潛力。兩者似乎都是天然的毒素海綿，可以幫助生物體在暴露後排泄毒素，或者首先避免吸收毒素。

名詞解釋：

康普茶的名字是這樣來的嗎？

在日本，康普茶被稱為 kōchakinoko 或「紅茶蘑菇」。但是，日本人還製作了一種浸泡在熱水中的棕色海藻飲料 kombucha，其翻譯為「昆布茶」。巧合嗎？實際上，在我們的康普茶中形成的天然棕色酵母鏈看起來非常像棕色海藻。我們的理論是，根據酵母的外觀，康普茶名稱的起源可能被簡單混淆！

國際合作

特別是一些研究人員對康普茶的成分進行了反覆研究。自 2001 年以來，塞爾維亞的 Radomir V. Malbaša 使用多種基質對紅茶菌和康普茶進行了十多次實驗，測試了不同的抗氧化劑含量，並研究了哪些變化產生最大的營養密度。

自 2007 年以來，印度的 Rasu Jayabalan 進行了至少七項研究，這些研究不僅關注康普茶的潛在治療和抗癌特性，還關注康普茶特定發酵過程的基本生化特徵，包括改善自由基清除能力。

2014 年，這些多產的研究人員與其他研究人員團隊合作，發表了對康普茶研究最新文獻的評論。（有關現代研究的更多資訊，請參見附錄 1 和附錄 2。）

向前走

由於康普茶不能作爲藥物獲得專利和商業化，因此這些研究大多數僅涉及動物研究，許多研究是在美國以外的大學進行。然而，較新的研究涉及人類受試者，並且更多的研究正在使用人類細胞，尤其是癌細胞，這項工作是有希望的。

像藥品一樣價值數百萬美元的雙盲試驗可能不會在短期內出現，但是美國的一些大學正在開設發酵課程，甚至提供學位課程，這將爲更廣泛的研究發酵食品如何與我們的身體運作打開大門。隨著科學繼續追趕數千年的「腸道直覺」和傳統，也許發酵食品將最終從巴氏殺菌法和細菌學理論的挑戰中恢復，以重新獲得其一如既往，身爲重要營養工具的應有地位。

CHAPTER

把它帶出廚房

康普茶進入人們的生活時，常常會發生神奇的事情。康普茶命定的那一刻通常是被慣性統治的生活與有意識的選擇之路之間的明晰界限。一旦開始自釀，許多家庭釀造者就會發現自己爲朋友、鄰居、親人，甚至令人討厭的同事提供康普茶，因爲他們不會停止享用，並繼續要求更多！

需求開始湧入了（無雙關語），有時隨著熱愛的自釀啤酒規模擴大到商業運作，對釀造的熱愛突然變成了熱愛勞動（強調勞動！）。這就是幾乎每一個康普茶釀造廠開始的方式，甚至包含現代產業創始者 GT 康普茶（請參閱第 403 頁）。當你創造可以滋養社區的食品時，人們就會產生強大的吸引力，人們對這種營養表示感謝。這種滿足感直接導致許多有收益、發展蓬勃的康普茶業務之建立。

康普茶從民間療法發展到商業轟動的故事，也是這一代人需要的故事。在這個日益惡化的世界中，可以說，康普茶可以幫助我們「清潔過濾」，使我們的發動機運轉平穩，並可以繼續爲當地和全球社區做出貢獻。

在這個新世紀，對於許多人來說，傳統的職業道路已經不復存在，對於某些人來說，找到自己喜歡工作的唯一途徑就是自己創造一份工作。如果你曾被康普茶釀造蟲咬傷，誰知道呢，也許你可以成爲你所在社區的本地康普茶沖泡者！

但是，每一個機會都將帶來巨大的挑戰，同時也帶來了很多挑戰。市售啤酒製造商主要關注的問題是，要麼保持準確的測試以符合人爲降低酒精含量的要求，要麼通過認證將康普茶作爲 21 歲以上的飲料出售，爲產品擺放，分銷，和稅收。

康普茶是軟性飲料嗎？

康普茶在美國紅茶菌中被完全接受的阻礙，與酒精含量微不足道的事實有關。在美國，酒精飲料的現行法律定義是酒精含量按體積計（ABV）大於或等於 0.5% 的酒精。此限制由《沃爾斯特德法案》（Volstead Act）定義，該法案於 1919 年建立。《禁令》在 80 年前被廢止，但該限制仍然存在，沒有考慮其實際含義。

從定義上來說，「軟」飲料比「硬」飲料所含的酒精含量要少，但究竟有多少？幾千年來，無論年齡多大，人們都飲用各種酒精飲料。到 20 世紀初，給孩子們提供稀釋的酒和自然發酵的薑汁啤酒和沙士啤酒，以及含有 2%ABV 或更少的淡啤酒。

由於少量酒精是發酵過程的副產品，因此康普茶自然含有 0.2% 至 1.0%（可能超過法定限量），這對商業生產的生活保健飲料提出了不幸的挑戰。

再加上測試方法不夠複雜，無法處理如此低的酒精含量，而沒有複雜且昂貴的機械和培訓，這給商業啤酒製造商帶來了問題——也就是他們必須選擇是否要申請啤酒釀造許可證（或葡萄酒，具體取決於狀態），或者是否採取措施降低其產品中潛在的酒精含量，而人們經常不斷地擔心其含量超過限值。

包括 GT 在內的一些精選品牌提供 21 歲以上版本的產品以及酒精含量較低的產品。消費者對這兩種產品之間差異的困惑是可理解的，因爲在某些州，它們必須在商店完全不同的部門，甚至在不同的商店中出售，這一事實使情況更加複雜！

令人困惑的問題是，當今貨架上的其他產品（包括氣泡水、果汁、椰子水和能量飲料）所含的酒精含量可能超過法律規定的限值。由於這些飲料不被認爲含有酒精，因此這些痕量已被大大忽略。實際上，根據飲料類型和發酵過程的不同，所有原汁和發酵飲料均含有 0.3 至 2%ABV 的微量酒精。康普茶的純正本質和其他飲料的數量可能會滑過允許的上限而沒有受到懲罰，這表明當我們斷章取義地攝入營養，毒素甚至酒精等成分時，我們的整個感知可能最終消失歪斜。

2010 年的康普茶危機

2010 年，康普茶的最大供應商 Whole Foods 要求康普茶公司因標籤差異而自發地將其產品從貨架上移走。情況始於不同地點的幾名國家檢查員的來信。每個人都開始擔心自己看到未冷藏貨架上的康普茶產品。當使用當時最好的機器進行測試時，這些樣本超出了非酒精飲料的 0.5%ABV 法定限值，這給零售商採取行動帶來了法律壓力。沒有行業協會來代表他們的需求，這些公司只能自己解決。對於大多數品牌而言，這場磨難昂貴且令人恐懼，儘管最終幾乎所有品牌都變得更加強大。

爲了使產品回到商店，Whole Foods 要求公司回購庫存，並重新配製康普茶或更新標籤，以作爲 21 歲以上的飲料銷售。隨後的幾個月內市場混亂，因爲人們開始對突然可用的貨架空間進行爭奪。

重新配製意味著改變發酵過程或去除啤酒中的元素以人爲地降低酒精含量。大多數品牌最終符合標準的產品，作爲 21 歲以下的飲料放回貨架，而一些品牌則尋求啤酒或葡萄酒的許可證來製作「傳統啤酒」。GT 等其他公司則決定同時生產 21 歲以上的產品。

撤軍最明顯地突出了美國對酒精的戒斷（和宿醉），其中許多是禁酒令遺留下來的。儘管現在有幾個品牌提供超過 21 種「酒精類」康普茶，但將康普茶視爲與啤酒或葡萄酒同等級的說法卻具有誤導性。正如我們已經確定的，飲食中的低酒精含量實際上是健康的（請參閱第 30 頁）。天然發酵的軟性飲料不會令人陶醉，而且其中所含的微量酒精可帶來幸福感並減輕壓力。研究表明，適度飲酒與降低心臟病，中風，糖尿病，膽結石，癡呆症甚至普通感冒的風險有關。

當前非酒精飲料的法律定義（ABV 爲 0.5%）的主要問題在於，這個任意數字（不基於任何科學研究，也與人類經驗不符）無意間使一整類健康、營養的飲料陷入困境——傳統低酒精發酵——帶來意想不到的後果。有誰相信他們可以倒六杯康普茶來喝醉？祝你好運，你會在任何嗡嗡聲響起之前進入洗手間。

是否透過防止 15 歲的孩子購買不含酒精的自然發酵健康飲料來爲社會服務？明顯不是。更成問題的是，我們有一項政策，在美國不對健康食品徵稅，那麼爲什麼對健康飲料徵稅呢？如果是「超過 21 歲」的康普茶，那就可以了。

任何一家康普茶製造商都可以輕鬆遵守 1% 的酒精含量限制，而不必大幅度改變其釀造工藝或損害最終產品。自從康普茶國際釀造協會（見第 404 頁）成立以來，新的測試方法表明，康普茶可能已經成爲未考慮到共生發酵過程，或未考慮與酒精相似的健康酸之簡單實驗方案受害者，除非經過更嚴格的測試。

事後看來，提款可能是基於不適當測試方法的過度反應。儘管如此，雖然沒有對康普茶消費者構成安全威脅，但全食超市在提供可用資訊情況下盡了最大的責任。並且在法律變更或康普茶獲得豁免之前，美國的商業生產商必須符合合規法律，儘管這樣做可能需要更改最終產品並遵守嚴格的處理標準。卽便如此，商業康普茶仍然是那些不自己動手，或在旅途中喜歡喝咖啡的人之絕佳選擇。

國家、地區、本地和微型品牌

康普茶行業由根據自己特定目標而由很大差異的品牌組成。一些康普茶公司希望將其產品銷售到美國各地。其他公司更喜歡採用區域方法，以使其保持可持續性並以緩慢，穩定的速度增長。該類別中的某些公司可以透過區域計畫（例如回購瓶子或僅用小桶出售產品）來減少其品牌的環境足跡。

在農民市場上可以找到當地品牌，這些品牌是由熱情的人們所出售，他們透過食物與當地社區建立聯繫。隨著發酵技術的不斷發展，愈來愈多的人開始意識到回收更多天然，健康食品的好處，這爲創辦小型本地公司以滿足不斷增長的需求創造了機會。消費者可以獲得更健康的選擇，而發酵罐則可以改善其社區的健康。

建立自己的品牌

作爲一個進入門檻相對較低的快速發展行業，康普茶是一個有吸引力的小型商業機會，吸引了許多對健康和食品感興趣的企業家。如今，幾乎所有從事業務的康普茶公司都從一個私人廚房開始，因此對於那些喜歡吃苦耐勞，爲社區服務和辛勤工作的人（我們已經說過了嗎？），康普茶可能是一個機會。

爲自己或家人釀造小批量產品是一回事，但在擴大規模時，學會正確地，沒有適當資源的情況下進行製造可能是一個挑戰。衛生、測試標準和最佳實踐對康普茶企業的成功至關重要。開始學習的好方法是加入康普茶啤酒商國際組織，該組織致力於在全球範圍內促進康普茶商業化。

現代康普茶先鋒

隨著人們對康普茶的興趣不斷增長，釀造者群體的擴大，我們認識到那些將這種古老的長生不老藥引入許多人生活中的人們，他們需要一種健康，自製的選擇來激發我們作爲康普茶營的使命的原始靈感，因爲它們一次眞正改變了世界。

開始經營康普茶事業的 10 個步驟

1. 在家小批量練習釀造配方和技術。
2. 與朋友分享康普茶，並記錄他們的反應以改善你的配方口味。
3. 擴大康普茶的生產規模，以抓到菌體、釀造時間和口味在大量釀造時的變化節奏。
4. 追蹤 pH 值、糖含量和釀造條件，以確保各批生產能達到一致的品質。
5. 尋找商業釀造空間或共享的商業廚房空間。
6. 批發採購瓶子和材料、設計標籤、開發口味並確定欲銷售之口味。
7. 在農夫市集、社區支持的農業系統和其他小商店進行銷售，以增加消費者對新品牌問世的興趣。
8. 申請營業執照和許可證。
9. 加入產業協會和商業聯盟，與業界其他人建立良好關係。
10. 將康普茶賣給當地市場、瑜伽教室和餐車，以尋找更大的銷售網絡。

科琳．艾倫和原始的康普茶清單

1990 年代初期，網際網路剛剛誕生，許多人加入了郵遞論壇 Listserv，在那裡可以提出問題並與訂閱該論讀的其他人對話。正是透過這些論壇服務器，許多人進行了資訊交流，並首次了解如何安全地沖泡康普茶。科琳．艾倫（Colleen Allen）於 1995 年 2 月創立了原始的康普茶名單服務「OK」。因此，感謝她和那些參與該名單服務的人，康普茶在 90 年代獲得了一定的知名度。

儘管她患有身體疾病，但科琳從未讓它們壓抑自己的精神，和對眞實知識的追求，這使她爲在該社區活動的人們所喜愛。在 2000 年去世之前，她根據「OK」清單產生的問題和回答，將大量有關康普茶的資訊匯總到「康普茶中心」網站。

邁克．魯辛

作爲青年足球裁判，邁克．魯辛（Michael Roussin）花了很多時間跑步，所以當膝蓋酸痛僵硬開始使他減速時，他的嫂嫂送他一個紅茶菌（康普茶命定！），並告訴他如何釀造康普茶。邁克稱讚發酵茶逐步減輕疼痛，恢復柔韌性並降低血壓。

爲了想了解更多資訊，他閱讀了有關康普茶的所有文章，當時還不多。1995年，邁克將一些尋找的東西送到實驗室進行分析。18個月後，他收集了1100多份康普茶樣品，累積了超過14盒文件，隨後作爲《康普茶發酵液的獨立研究分析》出版發行，他認爲這是迄今爲止最全面的研究日期。

這些發現在當時是一個巨大的福音，並啓發了許多現代研究人員，儘管根據此後完成的研究，一些初步結論並未得到證實。最值得注意的是，邁克得出的結論是康普茶不含葡萄醣醛酸。然而事實證明，他所使用的實驗室沒有能力正確測試葡萄醣醛酸，這解釋了爲何許多研究此後證實了它的存在（參見附錄2）。

但是，邁克和他的研究人員能夠爲康普茶涉及葡萄醣醛酸的解毒特性找到類似的解釋。研究樣品始終如一地抑制D-蔗糖-1,4-內酯（DSL），它有助於機體釋放毒素（請參見第418頁）。

康普茶啤酒

當康普茶產業被迫將自身限制在21歲以上的市場，或重新設計產品時，一些釀造商選擇了取得啤酒釀造許可證。除了常規的康普茶產品外，密西根州的Unity Vibration Living Tea還因其康普茶／啤酒混種產品系列而大獲讚譽（請參閱第186頁有關製作康普茶啤酒和葡萄酒的更多資訊）。許多精釀啤酒廠都嘗試了小批量的康普茶啤酒實驗——將康普茶發酵技術與酒精含量較高的酵母菌株、啤酒花和其他元素混合——而其他啤酒廠則將康普茶與啤酒作爲其主要釀造品，沒有嘗試混合。酒廠內建或由獨立企業開設的康普茶酒吧正方興未艾，而且大多數還提供適合各年齡層都可享用的低酒精飲料，因此請環顧你所在的社區，找找康普茶酒吧！

對於邁克來說，DSL 的存在解釋了喝康普茶的人尿液中發現的葡萄醣醛酸水平增加。儘管邁克之前和之後的研究人員反覆證明了康普茶中存在葡萄醣醛酸，但有時他的不完整理論被引用為事實。對於康普茶飲者來說，好消息是兩者都是對的：康普茶中存在葡萄醣醛酸，而 DSL 則作為葡萄醣醛酸苷酶抑製劑來幫助人體排出更多毒素。

倫・波齊奧

倫・波齊奧 Len Porzio 在 1990 年代中期首次從朋友那裡聽說康普茶。倫是個苗條的長跑運動員，身體不舒服，體重減輕了 9 公斤。此後不久，他在一個農民市場上找到了一家出售康普茶菌體的攤販。由於他的健康問題讓醫生感到棘手，他決定嘗試釀造康普茶。開始喝康普茶大約一個星期後，倫的症狀開始緩解，三個月後，他對自己後來認為是念珠菌在系統中過度生長的症狀感到痊愈。多年來，由於他和他的妻子保持了康普茶療法，他聲稱自己的季節性過敏症和他妻子的膽結石症狀（她拒絕接受手術）有所減輕。

倫還創造了紅茶菌一詞。在討論中，「OK Listserv」小組在區分康普茶和康普茶菌體方面有些困難。倫說，他向研究組建議提出某種縮寫詞，例如紅茶菌。他希望別人會想出一個更好的名字，「但它卡住了。」

隨著 listserv 小組的壯大，自發現自己一遍又一遍地回答相同的問題。在 listserv 管理員的建議下，他設計了一個問卷，該問卷已演變為國際閱讀的「Balance Your Brew」網頁。憑藉對康普茶的熱情，對康普茶詞典的貢獻以及他向所有人公開的知識體系，倫・波齊奧確實是康普茶的傳奇人物。

貝茜・普賴爾

貝茜（Betsy Pryor）是一位直言不諱的倡導者、作家和康普茶的愛好者，他在參觀好萊塢的冥想和精神中心時首次遇到了康普茶。在利比里亞花時間報導正在出現的愛滋病流行之後，她感到不得不以某種方式幫助人們改善健康。儘管起初她對這種釀造液持懷疑態度，但由於康普茶最終成為她祈禱的答案，她喜歡這個過程以及它如何使她感覺。後來，她從勞雷爾農場（Laurel Farms）運送了全國各地的紅茶菌，並撰寫了一本書《康普茶現象》。於 1995 年在《今日秀》上露面，有助於傳播有關康普茶的資訊。

命中註定

當貝茜・普賴爾第一次向她在洛杉磯附近的社區分發紅茶菌時，比佛利山莊果汁的所有者戴維・奧托（David Otto）就獲得了這種紅茶菌。不久之後，他將這封信傳給了他的朋友，後者恰好是 GT 戴夫的父親。康普茶命定就是這樣！

GT 康普茶的拉蘭妮和 GT 戴夫

1990 年中期，GT 戴夫的鄉親首次開始釀造康普茶時，他還是一個少年。戴維家族是素食主義者，始終享有健康意識、精神生活。GT 時不時地喝康普茶，但他並不是很在意醋的味道，而是留給了他的鄉親。他的母親拉蘭妮（Laraine）很喜歡康普茶，但是在一場罕見的侵略性癌症發作中，她眞正地受到了啓發。在一年的生活中，她將自己的康普茶消費歸功於幫助她在手術和化療中存活下來，從而減少了噁心並加快了康復速度。從那以後，她一直沒有癌症。

在母親的健康危機之後，GT 受到鼓舞，透過在市場上釀造康普茶來幫助他人。GT 是一個高中輟學者，因為與錯誤的人群相處，他在康普茶中發現了一個創造性的出路和一項業務挑戰。為了使公司看起來更大，GT 會在電話上扮演各種角色，分別擔任銷售代表，企業主和客戶經理。他將第一箱釀造液出售給當地的保健食品商店 Erewhon。那個案件變成了 10 個案件，最終變成了整個業務。

在 10 年內，該品牌在全美國發行，並擁有兩個競爭對手，分別是由 Ed Rothbauer 和 Steve Dickman 在科羅拉多州的 Eagle 創立的 High Country 康普茶，以及由 Steve Lee（Stash 和 Stash 的資深人士）創立的康普茶 Wonder Drink。Tazo 茶公司）。如今，這兩個品牌在全美國數百家公司中都占有一席之地。

在不到 20 年的時間裡，GT 幫助將傳統的民間療法提升為一種健康現象，同時將康普茶納入商業飲料地圖。他激勵了無數自釀者創辦公司，並對一致性的承諾保持了強烈的消費者忠誠度（他仍然品嚐每批次，這意味著他喝了很多康普茶！）。拉蘭妮透過演示和傳承紅茶菌不懈地幫助公司發展，並繼續爲 GT 的康普茶提供靈感和重要的支持。

康普茶國際釀造協會（KBI）

隨著 2010 年康普茶的撤出以及隨之而來新公司的興起，一個本已混亂的行業開始以前所未有的速度增長，因爲小品牌突然出現在各個角落，而本地和區域性品牌則受到消費者忠誠度的鼓舞，需求增加，擴大了覆蓋範圍。

當然，每個行業都由相互競爭的公司組成，這些公司經常一起解決常見的問題，但是對於一個剛剛被嚴重動搖的不成熟行業來說，這種信任是供不應求的。由於擔心酒精含量問題的重演，大多數商業啤酒製造商避免與任何人（更不用說競爭對手）進行交流，來討論製作美味卻合規的飲料所面臨的挑戰。

經過多年與多家公司合作擔任顧問，或進行康普茶的市場行銷和宣傳活動，甚至在洛杉磯開設了精品品牌（Hannah's Homebrew，2010-2013 年），我們最終與大部分行業保持個人友好並密切了解他們的問題。當一個行業協會的討論出現時，我們被反覆提名成立並運行。

經過了幾年的摸索，我們接受了這一挑戰。2014 年，在全球 40 多家公司的參與下，我們成立了康普茶國際釀造協會（Kombucha Brewers International，這是一個致力於促進和保護健康的貿易協會。康普茶行業通過教育，最佳作法建議和市場行銷計畫。

隨著愈來愈多的消費者尋求氣泡水和果汁的替代品，市售瓶裝行業的未來非常光明。任何成長中的行業都面臨著新出現的問題，但康普茶公司已經採取了明智的舉動，模仿其菌源紅茶菌，共生，以製定標準，提供會員培訓以及對消費者、零售商和批發商進行教育。

附錄

附錄 1：康普茶的成分

「我們知道的愈多，我們所知道的就越少。」在營養方面要牢記這一點，這意味著對我們所食用的食物中可能存在我們尚未發現或尚未完全理解的內在因素持開放態度。 此處列出了透過發酵過程增強或產生的酸，維生素和抗氧化劑，並不是爲了證明康普茶的功效，而僅僅是爲了證明根據最新研究結果，這種古老的靈丹妙藥對健康有益的一些潛在機制。

然而，將目光固定在單一細菌種類或營養元素上，就是在錯誤的事情上扎根。細菌人類（參閱第 18 頁）是複雜的有機體，可在微觀水平上獲得營養。因此，微量營養素可能足以滿足人體所需，只要它具有生物利用度並易於吸收。透過逐漸少量飲酒，將紅茶菌作爲補品，以我們已經發展爲最有效利用的形式提供營養，從而爲有機體提供最好的營養。

並非每杯康普茶釀造過程的每個階段都包含所有這些成分，因爲某些特定的細菌或酵母菌更有可能產生某些成分，而對茶、糖、時間和溫度等的選擇將改變現在以及任何時刻有多少，此列表也不一定未刪節。其他氨基酸或酶，維生素或酵母的變種可以存在於當今世界上數不勝數的釀造液中。隨著對康普茶的研究的繼續，以及更詳細和有效的研究的完成，這些清單將不斷增加。

康普茶中的主要成分

儘管在數百年（甚至數千年）的時間裡，來自世界各地的康普茶消費者進行了數百項研究和數以百計的傳聞證明，但仍未進行與針對藥物進行的嚴格相同的臨床試驗。重要的是要注意，此處的陳述未經美國食品藥品監督管理局（FDA）評估。康普茶和紅茶菌並非旨在診斷，治療，治癒或預防任何疾病。

代替這樣的臨床數據，我們提供了一些警告，即康普茶的用途是什麼，它都不是靈丹妙藥，只是透過發酵過程增強的美味茶基滋補品，以提供生活中的營養形成。（另請參見在康普茶菌體中發現的細菌和酵母，第 51 頁。）

氨基酸

氨基酸是蛋白質的組成部分，並且由於紅茶菌包含所有 9 種必需氨基酸（以及一些非必需氨基酸），它本身就是完整的蛋白質。康普茶包含以下氨基酸（* 表示必需氨基酸）：

- 丙氨酸
- 精氨酸
- 天冬氨酸
- 半胱氨酸
- 穀氨酸
- 甘氨酸
- 組氨酸 *
- 異亮氨酸 *
- 亮氨酸 *
- 賴氨酸 *
- 蛋氨酸 *
- 苯丙氨酸 *
- 脯氨酸
- 絲氨酸
- 蘇氨酸 *
- 色氨酸 *
- 酪氨酸
- 纈氨酸 *

根據下面列出的研究結果，康普茶中氨基酸的數量隨著發酵時間的增加而增加，在紅茶基質中發酵 21 天時產生的氨基酸量最高。發現賴氨酸、異亮氨酸、亮氨酸、穀氨酸、丙氨酸、天冬氨酸和脯氨酸的含量最高。

相關研究：

Jayabalan，Rasu，Kesavan Malini，Muthuswamy Sathishkumar，Krishnaswami Swaminathan 和 Sei-Eok Yun。康普茶發酵過程中產生的茶木耳之生化特性。食品科學生物技術 19，3（2010）：843-47。

有機酸

由於有機酸通常較弱並且不能完全溶解於水中，因此它們會賦予許多食物以特徵性的酸味，包括發酵良好的康普茶的酸味。所有這些酸的總平衡有助於啤酒的可滴定酸度（請參閱第 213 頁的「測試工具和守則」）。

醋酸

醋酸是正確釀造的康普茶之主要酸性風味成分，具有一系列正面特性：增加能量、幫助消化、幫助腸道吸收鈣和鎂、降低膽固醇、降低血液甘油三酯水平和降低血糖水平，同時增加飽足感。

相關文獻：

Liu, C. H. Liu, C. H., W. H. Hsu, F. L. Lee, and C. C. Liao. The isolation and identification of microbes from a fermented tea beverage, Haipao, and their interactions during Haipao fermentation. Food Microbiology 13, no. 6 (1996): 407-15.

Shade, Ashley (Gordon and Betty Moore Foundation Fellow of the Life Sciences Research Foundation - Yale University). The Kombucha Biofilm: A Model System for Microbial Ecology. Final report on research conducted during the Microbial Diversity course, the Marine Biological Laboratory, Woods Hole, Mass., 2011.

Steinkraus, K. H., K. B. Shapiro, J. J.

Hotchkiss, and R. P. Mortlack. Investigations into the antibiotic activity of tea fungus ／ kombucha beverage. Acta Biotechnologica 16, no. 2-3 (1996): 199-205.

Sreeramulu, Guttapadu, Yang Zhu, and Wieger Knol. Kombucha fermentation and its antimicrobial activity. Journal of Agricultural Food Chemistry 48 (2000): 2589-94.

5- 酮葡萄糖酸

5- 酮葡萄糖酸（5KGA）是糖轉化爲乙酸的副產品，是其他健康成分中維生素 C 和酒石酸的前體[32]。酒石酸會產生酸味，同時降低 pH 值，進而防止液體變質。

丁酸

丁酸是奶油、牛奶和厭氧發酵物中發現的一種短鏈脂肪酸，丁酸存在於人體氣味中，亦是人體嘔吐物酸味的主要來源。雖然不好聞，但這種氣味表示丁酸在抑制結腸炎症、抵抗潰瘍性結腸炎、抑制結腸癌細胞，以及促進結腸上皮細胞之健康正常運作。

癸酸（羊脂酸）／己酸（己酸）／辛酸

此系列脂肪酸有助於增加好膽固醇（HDL），同時減少壞膽固醇（LDL），並且具有抗病毒和抗腫瘤的特性。內服通常可用於治療細菌感染。外用則被用作食品接觸之表面消毒的消毒劑和抗菌劑。另有研究顯示這些酸可以有效破壞包括白色念珠菌在內的各種念珠菌菌株之細胞膜（請參閱第 429 頁）。

檸檬酸

這種 α - 羥基酸主要存在於柑橘類水果中。它具有令人沉醉的酸味，並可用作天然防腐劑。在烹飪中，檸檬酸可以爲醃料增添風味，而運用美容產品方面，則可以去除死皮。作爲一種螯合劑，檸檬酸可以逐漸消除體內毒素的積累，還可以用於溶解水槽和水龍頭上的礦物質污漬。

相關文獻：

Malbaša, Radomir V., Eva S. Lončar, Jasmina S. Vitas, and Jasna M. Čanadanović-Brunet. Influence of starter cultures on the antioxidant activity of kombucha beverage. Food Chemistry 127, no. 4 (2011): 1727-31.

乳酸

乳酸爲大腦和肌肉提供能量，使其可以更有效地利用碳水化合物，同時還

---

32 precusor，又稱前驅物。前體是一種可參與化學反應的物質，其反應結果是生成另一種化學物質。

可以催化肝醣原的形成。在商業運用上，乳酸是除水垢、除皂垢和用作抗菌劑時一種對環境更友善的選擇。由於菌體、甜茶基底和釀造環境的差異，康普茶的乳酸含量差異很大。

相關文獻：

Malbaša, Radomir V., E. S. Lončar, and L. J. A. Kolarov. L-lactic, L-ascorbic, total and volatile acids contents in dietetic kombucha beverage. Romanian Biotechnological Letters 7, no. 5 (2002): 891-96.č

4- 乙基苯酚

這種酚類化合物是由酒香酵母（Brettanomyces）產生的，酒香酵母是康普茶中常見的酵母，也存在於葡萄酒和酸啤酒中。就其本身而言，4- 乙基苯酚被描述爲具有「穀倉」或「藥味」的氣味，而在各種釀造條件平衡良好的啤酒中，它會增添一絲芳香的泥土味。4- 乙基苯酚是由對香豆酸產生的，而對香豆酸則是一種在酒和醋中發現的強大抗氧化劑，可減少胃中致癌物的形成。4- 乙基苯酚在康普茶中的存在賦予其獨特的風味，並可能解釋了康普茶的某些抗癌特性。

醋酸乙酯

這種乙酸生產的副產品具有甜美的水果香氣，但嘗起來卻是強烈的酸味，故有助於形成紅茶菌的招牌甜／酸味。在商業用途上，它被用作溶劑和香水基底，亦用作茶和咖啡的脫咖啡因溶劑。

苯乙醇

這種芳香醇存在於多種香精油中，可用作香料和香料添加劑。苯乙醇具有抗菌活性，並且是白色念珠菌的天然抗生素（請參見第 429 頁）。

抗氧化劑

抗氧化劑可藉由抵抗氧化壓力來預防疾病。茶已知是抗氧化劑的豐富來源，發酵過程則會增加它們的含量。

相關文獻：

Bhattacharya, Semantee, Prasenjit Manna, Ratan Gachhui, and Parames C. Sil. Protective effect of kombucha tea against tertiary butyl hydroperoxide induced cytotoxicity and cell death in murine hepatocytes. Indian Journal of Experimental Biology 49 (2011): 511-24.

Chen, Chinshuh, and Sheng-Che Shu. Effects of origins and fermentation time on the antioxidant activities of kombucha. Food Chemistry 98, no. 3 (2006): 502.

Dipti, P., B. Yogesh, A. K. Kain, T. Pauline,

B. Anju, M. Sairam, B. Singh, S. S. Mongia, G. I. Kumar, and W. Selvamurthy. Lead induced oxidative stress: beneficial effects of kombucha tea. Biomedical and Environmental Sciences 16 (2003): 276-82.

Gharib, Ola Ali. Does kombucha tea attenuate the hepato-nepherotoxicity induced by a certain environmental pollutant? Egyptian Academic Journal of Biological Science 2, no. 2 (2010): 11-18.

Gharib, Ola Ali. Effects of kombucha on oxidative stress induced nephrotoxicity in rats. Chinese Medicine 4 (2009): 23.

Ibrahim, Nashwa Kamel. Possible protective effect of kombucha tea ferment on cadmium chloride induced liver and kidney damage in irradiated rats. World Academy of Science, Engineering and Technology 5 no. 7 (2011).

Jayabalan, Rasu, P. Subathradevi, S. Marimuthu, M. Sathishkumar, and K. Swaminathan. Changes in free-radical scavenging ability of kombucha tea during fermentation. Food Chemistry 109, no. 1 (2012): 227-34.

Jayabalan, Rasu. Effect of kombucha tea on aflatoxin B1 induced acute hepatotoxicity in albino rats —— prophylactic and curative studies. Journal of the Korean Society for Applied Biological Chemistry 53, no. 4 (2010): 407-16.

Malbaša, Radomir V., Eva S. Lončar, Jasmina S. Vitas, and Jasna M. Čanadanović-Brunet. Influence of starter cultures on the antioxidant activity of kombucha beverage. Food Chemistry 127, no. 4 (2011): 1727-31.

Murugesan, G. S., M. Sathishkumar, R. Jayabalan, A. R. Binupriya, K. Swaminathan, and S. E. Yun. Hepatoprotective and curative properties of kombucha tea against carbon tetrachloride-induced toxicity. Journal of Microbiology & Biotechnology 19, no. 4 (2009): 397-402.

Velianski, Aleksandra S., Dragoljub D. Cvetkovič, Siniša L. Markov, Vesna T. Tumbas, and Slađana M. Savatovič. Antimicrobial and antioxidant activity of lemon balm kombucha. Acta Periodica Technologica 38 (2007): 1-190.

Yang, Zhi-Wei, Bao-Ping Ji, Feng Zhou, Bo Li, Yangchao Luo, Li Yang, and Tao Li. Hypocholesterolaemic and antioxidant effects of kombucha tea in high-cholesterol fed mice. Journal of the Science of Food and Agriculture 89 (2008): 150-56.

維生素 C

維生素 C 是人體所有組織生長和修復的必需營養素，作爲一種強大的抗氧化劑，可去除多餘的自由基，使身體保持平衡並抗病。隨著發酵時間增加，康普茶中維生素 C 含量也會增加。研究

（Malbaša，2011）指出，發酵使維生素 C 含量從接近 0 增加到 25 毫克／公升，在此同時維生素 B2 也呈現顯著增加。

相關文獻：

Djuric, M., E. Lončar, R. Malbaša, L. J. Kolarov, and M. Klašnja. Influence of working conditions upon kombucha conducted fermentation of black tea. Food and Bioproducts Processing 84, no. 3 (2006): 186-92.

Bauer-Petrovska, Biljana, and Lidija Petrushevska-Tozi. Mineral and water-soluble vitamin content in kombucha drink. International Journal of Food Science and Technology 35 (1999): 201-5.

Malbaša, Radomir V., Eva S. Lončar, Mirjana S. Djurić, Ljiljana A. Kolarov, and Mile T. Klašnja. Batch fermentation of black tea by kombucha: a contribution to scale-up. Acta Periodica Technologica 36 (2005): 221-29.

Malbaša, Radomir V., Eva S. Lončar, Jasmina S. Vitas, and Jasna M. Čanadanović-Brunet. Influence of starter cultures on the antioxidant activity of kombucha beverage. Food Chemistry 127, no. 4 (2011): 1727-31.

維生素 B

這些在細胞代謝中扮演關鍵角色的水溶性維生素，是康普茶中的酵母分解糖時合成產生的。發酵會增加維生素 B 含量，研究（Malbaša，2004）發現，與茶相比，康普茶中的維生素 B 含量多出 161% 至 231%。

相關文獻：

Bauer-Petrovska, Biljana, and Lidija Petrushevska-Tozi. Mineral and water-soluble vitamin content in kombucha drink. International Journal of Food Science and Technology 35 (1999): 201.

Malbaša, Radomir V., Milan Z. Maksimović, Eva S. Lončar, and Tatjana I. Branković. The influence of starter cultures on the content of vitamin B2 in tea fungus beverages. Central European Journal of Occupational and Environmental Medicine 10, no. 1 (2004): 79-83.

B_1- 硫胺素。這種必需營養素，透過多種代謝和神經功能（包括從碳水化合物到能量的轉化、神經傳導物質的產生，以及髓磷脂產生的脂質代謝）會迅速從體內消耗掉，B1- 硫胺素可以保持心臟跳動、肌肉和神經系統正常運轉。

B_2- 核黃素。身體各個部位正常運作所必需，它有助於降低子宮頸癌、偏頭痛和白內障、青光眼等眼部疾病的發生率。像所有 B 群維生素一樣，它可以提高能量和免疫系統功能，同時減緩衰老過程。其他用途則包括治療肝臟疾病、預防記憶力喪失、阿茲海默症以及乳酸中毒。

B_6- 吡哆醇。維生素 B6 參與多種酶的反應，這些酶會消化大量營養素，維生素 B6 亦參與體內神經傳導物質和荷爾蒙諸如 5- 羥色胺和褪黑激素的合成，由此可知 B6 對大腦發育和人體正常運作至關重要。自 1940 年代以來，B6 補充劑已開始用於治療害喜，以及減輕經前期症候群的症狀。

B_{12}- 鈷胺素或氰鈷胺素。茶葉被認爲是 B12 的可靠來源，特別是對於那些不食用動物產品的人而言，動物蛋白質是 B12 最常見的來源。B12 是所有 B 群維生素中最複雜的一種，它參與人體每個細胞的代謝，尤其是 DNA 合成。它對大腦和神經系統功能以及血液形成也起關鍵作用。B12 缺乏症可能對大腦和神經系統造成無法彌補的損害，以及造成貧血的問題。

兒茶素

兒茶素是化學信使，可調節植物生理並充當強大的抗氧化劑。它們幾乎具有抗一切的特性，包括抗炎、抗真菌、抗過敏、抗癌、抗病毒、抗微生物和止瀉。茶中存在以下兒茶素：

- 表兒茶素（EC）
- 表兒茶素沒食子酸酯（ECG）
- 表沒食子兒茶素（EGC）
- 表沒食子兒茶素沒食子酸酯（EGCG）
- 茶黃素（TF）

兒茶素與許多營養元素一樣，在發酵過程中顯著增加，這可能是由於它們在酸性環境中的穩定性提高所致。根據一項研究（Jayabalan，2008），康普茶之甜茶基底使用綠茶時，兒茶素的濃度往往比使用紅茶基底時來得高，並且在發酵的第 12 天達到高峰。

相關文獻：

Chen, Chinshuh, and Sheng-Che Chu. Effects of origins and fermentation time on the antioxidant activities of kombucha. Food Chemistry 98, no. 3 (2006): 502-7.

Jayabalan, Rasu, S. Marimuthu, K. Swaminathan. Changes in content of organic acids and tea polyphenols during kombucha tea fermentation. Food Chemistry 102, no. 1 (2007): 392-98.

Jayabalan, Rasu, Subbaiya Marimuthu,

Periyasamy Thangaraj, Muthuswamy Sathishkumar, Arthur Raj Binupriya, Krishnaswami Swaminathan, and Sei Eok Yun. Preservation of kombucha tea: effect of temperature on tea components and free radical scavenging properties. Journal of Agricultural Food Chemistry 56 (2008): 9064-71.

酵素

酶是蛋白質分子，可作爲無數物理過程的催化劑。在康普茶中最基本的成分中，酶（例如轉化酶、澱粉酶或任何己糖激酶）會分解糖鍵，爲發酵提供燃料。在乾燥的紅茶菌中亦發現了酶促作用的標記物，例如殘留的植酸酶活性蛋白，這個現象則顯示只要有所需要，在紅茶菌發酵的不同階段仍存在著許多其他的酶可以產生作用，而其停止作用後，又有其他的酶可以開始工作。研究人員將需要大量時間和金錢來解開並確定世界上各種康普茶釀造液的各種酶分解。在此之前，康普茶中已發現以下酶：澱粉酶、糖酶、過氧化氫酶、己糖激酶、轉化酶、脂肪酶、植酸酶、蛋白酶、蔗糖酶。

果糖

果糖是天然糖中最甜的，它促進了許多種生物過程。在康普茶中，酵母透過將蔗糖分解爲果糖和葡萄糖來代謝蔗糖，促進細胞呼吸，進而產生二氧化碳。在康普茶中低殘留的糖含量中，果糖占了大部分，而非葡萄糖；這可能是許多糖尿病患者毫無擔憂地攝取康普茶的原因之一（請參閱第 88 和 424 頁）。

葡萄糖

葡萄糖幾乎是所有生命形式的主要能源，葡萄糖以糖原的形式儲存在體內，隨時可以在需要燃料時活化。當糖原儲備耗盡時，我們會感到疲勞，而糖原失衡通常以糖尿病的症狀表現。在發酵過程中，葡萄糖被代謝成葡萄糖酸和葡萄醣醛酸，而這兩者對康普茶帶來許多獨特的健康效益。

葡萄糖酸

當細菌代謝葡萄糖時，它們會合成幾種健康的酸，其中之一便是葡萄糖酸。在許多食物中都能找到這種酸，包括蜂蜜、水果、葡萄酒，以及康普茶。在哺乳動物中，葡萄糖酸在碳水化合物代謝中產生重要作用，並有助消化。食品工業中葡萄糖酸的幾種商業應用則彰顯了康普茶之去苦味特性，得以有效作爲酸度調節劑、螯合劑和肉嫩劑的功能。這種酸的存在不僅平衡了乙酸產生的苦澀感，而且還能與其他元素結合，增強了抗氧化和治療性能，例如，加強鐵和鈣的吸收。

葡萄醣醛酸

葡萄醣醛酸是肝臟產生的天然物質，它是人體的毒素巡邏隊。葡萄醣醛酸可以幫助人體消除藥物和飲食中的汙染物、環境毒素和身體廢物，例如膽紅素、氧化脂肪酸、過量的膽固醇和過量的激素。葡萄醣醛酸分子一旦與這些毒素結合後，就會從體內排出有害的毒素。葡萄醣醛酸也很容易轉化爲葡萄糖胺，後者是我們骨骼系統的基礎，可爲我們的關節提供強度和潤滑作用、增強軟骨、增加膠原蛋白密度，並潤滑整個骨骼系統以使其平穩運動。當人體產生葡萄醣醛酸時，其產生的量並不足夠應付所有的排毒和治療。最近的研究證實了康普茶中葡萄醣醛酸的合成數量非常可觀，儘管確切的數量取決於個別紅茶菌中存在的細菌／酵母菌、釀造條件和所用的基底（茶或糖的類型）等條件而變化很大。在一項研究中（Vīna，2013），使用葡萄汁加紅茶爲基底發酵的康普茶釀造液產生了大量的葡萄醣醛酸，這可能是由於葡萄中葡萄糖含量的增加所致。大多數研究指出，發酵至少兩週後，紅茶基底會產生最高含量的葡萄醣醛酸。

相關文獻：

Jayabalan, Rasu, S. Marimuthu, and K. Swaminathan. Changes in content of organic acids and tea polyphenols during kombucha tea fermentation. Food Chemistry 102, no. 1 (2007): 392-98.

Suhartatik, Nanik, M. Karyantina, Y. Marsono, Endang S. Rahayu, and Kapti R. Kuswanto. Kombucha as anti-hypercholesterolemic agent. In Proceedings of the 3rd International Conference of Indonesian Society for Lactic Acid Bacteria (3rd IC-ISLAB). Better Life with Lactic Acid Bacteria: Exploring Novel Functions of Lactic Acid Bacteria (Gadjah Mada University, Bulaksumur, Yogyakarta, Indonesia, January 21-22, 2011).

Vīna, Ilmāra, Pāvels Semjonovs, Raimonds Linde, and Artūrs Patetko. Glucuronic acid containing fermented functional beverages produced by natural yeasts and bacteria associations. International Journal of Research and Reviews in Applied Sciences 14, no. 1 (2013).

Vīna, Ilmāra, Raimonds Linde, Artūrs Patetko, and Pāvels Semjonovs. Glucuronic acid from fermented beverages: biochemical functions in humans and its role in health protection. International Journal of Research and Reviews in Applied Sciences 14, no. 2 (2013).

Yavari, Nafiseh, Mahnaz Mazaheri Assadi,

Mohammad Bamani Moghadam, and Kambiz Larijani. Optimizing glucuronic acid production using tea fungus on grape juice by response surface methodology. Australian Journal of Basic and Applied Sciences 5, no. 11 (2011): 1788-94.

Yavari, Nafiseh, Mahnaz Mazaheir Assadi, Kambiz Larijani, and M. B. Moghadam. Response surface methodology for optimization of glucuronic acid production using kombucha layer on sour cherry juice. Australian Journal of Basic and Applied Sciences 4, no. 8 (2010): 3250-56.

咖啡因（茶氨酸）

咖啡因是一種黃嘌呤生物鹼，在茶中出現的咖啡因有時被稱為茶氨酸。作為保護植物免於蟲害的的神經毒素，咖啡因用在人體是一種興奮劑，可透過放鬆支氣管的平滑肌來增加心率並打開呼吸道。咖啡因是康普茶發酵必需的營養素，但在釀造過程中會降低其含量（請參閱第 76 頁）。

可可鹼和茶鹼

這兩個雙生物鹼在茶葉中以微量痕跡存在。兩者均具有放鬆之特性，並有助於舒緩細支氣管中的平滑肌組織，使呼吸更加容易（請參見哮喘，第 421 頁）。

康普茶中發現的其他元素

康普茶中亦存在有多種有機酸和生物成分可以增強其活力和風味。許多研究指出以下元素存在於康普茶中，但尚未像以上幾種成分那樣受到詳細研究。

苯甲酸

苯甲酸存在於植物中，在其中充當生長調節劑、防禦性化合物和授粉媒介吸引劑；苯甲酸亦具有抗真菌和防腐特性，已被用於治療癬和香港腳等皮膚疾病，並且被包括在某些抗癌藥物中。在 20 世紀初，它被用作止痛藥、祛痰藥和防腐劑，並且仍被包括在傳統的真菌治療方法中。

苯甲腈

作為一種溶劑，已被證明可有效防止感冒病毒複製。

透明質酸

這種長鏈粘多醣的質量與明膠相似，可潤滑關節和身體其他的運動部位。透明質酸可作為添加到美容產品中的天然保濕劑。

衣康酸

這種抗微生物劑可抑制諸如沙門氏

菌和結核分枝桿菌等病原菌的生長。

草酸

草酸作爲飲食中的自然成分，以健康含量存在於深色蔬菜、堅果類、茶和巧克力中，可以抑制腫瘤的形成和生長。相較之下，人造草酸過量的話可能會產生毒性，但康普茶中天然存在的低含量草酸可能有助於消化，亦可定期清理和保持結腸健康。

琥珀酸

起源於琥珀，琥珀酸可作爲一種酸度調節劑，還可以增加發酵的鹹味、苦味和酸味。

松蘿酸

松蘿酸幾乎僅在地衣中發現，但在康普茶中也有微量發現。除了其他功能外，松蘿酸具有抗炎和鎮痛作用。它還是一種有效的抗生素，可抵抗多種致病性革蘭氏陽性菌，例如葡萄球菌和鏈球菌以及某些致病性真菌。（關於康普茶的抗微生物作用，更多資訊請參閱第 426 頁「免疫力、感染和傳染病」。）

葡萄糖酸的代謝

人體可以透過代謝葡萄醣醛酸獲取下列成分。因此，儘管某些康普茶釀造液中不一定存在以下成分，但透過尿液樣本顯示，飲用康普茶的人體會存在這些成分。

D- 葡萄糖酸

這種代謝物具有與葡萄醣醛酸相似的特性，例如去除致癌物和過量的類固醇荷爾蒙來幫助肝臟進行身體排毒。它還有助於調節雌激素、降低血液中的脂肪，並且已被證明具有癌症化學預防之作用。儘管人體確實會產生一些葡萄糖酸，但其中大部分來自食物，例如水果和十字花科蔬菜。

D- 葡萄糖二酸 1，4- 內酯（DSL）

DSL 是 D- 葡萄糖酸的衍生物，可透過抑制葡萄醣醛酸苷酶的產生來幫助人體排毒。當葡萄醣醛酸分子抓住有毒分子時，DSL 可以幫助其維持鍵結的狀態。如果該鍵結被葡萄醣醛酸苷酶破壞，則葡萄醣醛酸和毒素（當未鍵結時會變成脂溶性）都會分別釋放到血液中而無法進行排毒。但是，如果 DSL 發揮作用，該毒素則是水溶性的，可以透過尿液將其沖洗出體內。多項研究指出，DSL 可以預防代謝病，諸如糖尿病、高膽固醇、癌症和肝功能異常。

硫酸軟骨素

硫酸軟骨素是軟骨的重要結構成分，作為治療骨關節炎補充劑的處方用藥，它是由交替糖組成的複雜鏈，其中之一是葡萄醣醛酸。硫酸軟骨素具有抗炎特性，可刺激透明質酸之產物，同時抑制破壞軟骨物質的合成。

肝素

肝素是一種天然抗凝劑，但尚不清楚其在人體中的完整作用。相關理論主要圍繞在其防止傷口細菌感染，以及儲存在肥大細胞的形式等特性作研究；肥大細胞存在於幾種類型的組織中，主要功能在於防禦病原體並加速傷口癒合。肝素以藥物形式用於治療心肺相關疾病，例如心肺搭橋手術和深靜脈血栓。

相關文獻：

Bhattacharya, Semantee, Prasenjit Manna, Ratan Gachhui, and Parames C. Sil. Protective effect of kombucha tea against tertiary butyl hydroperoxide induced cytotoxicity and cell death in murine hepatocytes. Indian Journal of Experimental Biology 49 (2011): 511–24.

Kan Wang, Gan Xuhua, Tang Xinyun, Wang Shuo, and Tan Huarong. The effect of nutrients on the concentrations of DSL and gross acid in kombucha. Food and Fermentation Industries, 2007.

Wang, Yong, Baoping Ji, Wei Wu, Ruojun Wang, Zhiwei Yang, Di Zhang, and Wenli Tian. Hepatoprotective effects of kombucha tea: identification of functional strains and quantification of functional components. Journal of the Science of Food and Agriculture 94, no. 2 (2014): 265–72.

Yang, Zhi-Wei, Bao-Ping Ji, Feng Zhou, Bo Li, Yangchao Luo, Li Yang, and Tao Li. Hypocholesterolaemic and antioxidant effects of kombucha tea in high-cholesterol fed mice. Journal of Scientific Food Agriculture 89 (2009): 150–56

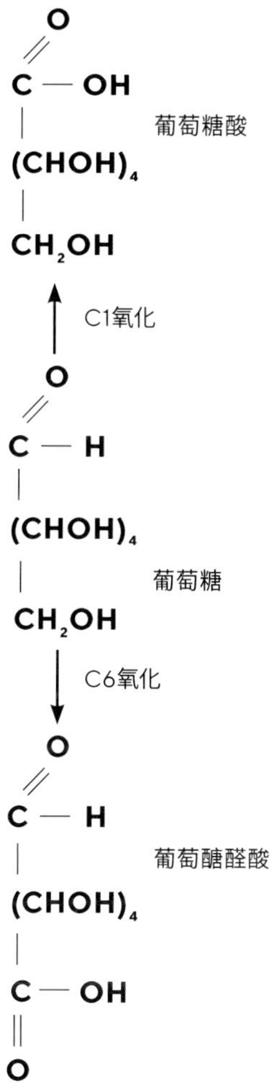

圖：葡萄糖氧化形成葡萄醣醛酸和葡萄糖酸

附錄 2：康普茶效益研究重點

再次重申，康普茶並不能治癒任何疾病。康普茶可以作爲一種有效的排毒劑，有助於免疫系統恢復平衡，進而使身體能夠自癒。如附錄 1 所述，康普茶含有各種酸、維生素、礦物質和化合物，研究指出它們可以緩解某些症狀，但是請留意其中許多營養成分僅以微量痕跡存在。建議免疫系統嚴重受損的讀者應在初級保健醫師的監督下謹慎食用紅茶菌或任何發酵食品。世界各地的研究人員已針對康普茶或紅茶菌進行研究，測試了其各種成分和性能，但最近的幾篇論文以非常有用的方式對現代研究進行總結。

在論文〈康普茶發酵飲料的生理活性和對健康預期的當前證據〉（藥用食品雜誌，2014 年）中，拉脫維亞微生物與生物技術研究所的 IlmāraVīna 及其同事得出的結論是，康普茶具有「許多生物活動所必需的四個主要功效：排毒功能、防止自由基損傷、增加活力和增強免疫力。」此外，康普茶研究先驅 Rasu Jayabalan、Radomir V.Malbaša 等人撰寫之〈關於康普茶的評論——微生物學、組成、發酵、益處、毒性和茶菌〉（《食品科學與食品安全綜合評論》，2014）顯示近期研究已開始建立奇聞逸事與科學之間結合的程度。隨著更多研究的進行，我們預計，累積數百年（甚或不提其實是數千年）的奇聞逸事將能繼續得到其他研究的支持。以下是康普茶治療或緩解各種疾病之功效的研究摘要。

關節炎／風濕病／關節痛

葡萄醣醛酸（可能是紅茶菌的最佳武器）（請參閱第 418 頁），可以在許多過程中幫助人體，還可以在人體內轉化爲幾種不同的必需酸性黏多醣，例如透明質酸、軟骨素硫酸鹽和葡萄糖胺，以上物質都與建立和保持健康的關節有關。

相關文獻：

Danielian, L. T. Kombucha and Its Biological Features. Moscow: Meditsina, 2005.

Jayabalan, Rasu, S. Marimuthu, and K. Swaminathan. Changes in content of organic acids and tea polyphenols during kombucha tea fermentation. Food Chemistry 102, no. 1 (2007): 392-98.

Vīna, Ilmāra, Pāvels Semjonovs, Raimonds Linde, and Artūrs Patetko. Glucuronic acid containing fermented functional beverages produced by natural yeasts and bacteria associations. International Journal of Research and Reviews in Applied Sciences 14, no. 1 (2013).

Vīna, Ilmāra, Pāvels Semjonovs, Raimonds Linde, and Artūrs Patetko. Glucuronic acid from fermented beverages: biochemical functions in humans and its role in health protection. International Journal of Research and Reviews in Applied Sciences 14, no. 2 (2013).

Yavari, Nafiseh, Mahnaz Mazaheir Assadi, Kambiz Larijani, and M. B. Moghadam. Response surface methodology for optimization of glucuronic acid production using kombucha layer on sour cherry juice. Australian Journal of Basic and Applied Sciences 4, no. 8 (2010): 3250-56.

哮喘

根據下面列出的研究，用紅茶沖泡的康普茶可增加茶鹼（一種支氣管擴張劑）的含量，對於那些將其用作治療哮喘的人來說，這相當於一個治療劑量。咖啡因（第 416 頁）和肝素（第 418 頁）也可以緩解哮喘症狀。

相關文獻：

Rosales, Manuel Cortes, Esther Albarrán Rodríguez, Guillermo Nolasco Rodríguez, Raúl Leonel de Cervantes Mireles, Leticia Ávila Figueroa, Jesus Jonatan Iñiguez Orozco, and Erika Rizo de la Peña. Evaluation of the properties of healing of the extract of kombucha in sheep growth with malnutrition, parasitocis and respiratory problems. Open Journal of Veterinary Medicine 4, no. 8 (2014).

Vīna, Ilmāra, Pāvels Semjonovs, Raimonds Linde, and Ilze Deniņa. Current evidence on physiological activity and expected health effects of kombucha fermented beverage. Journal of Medicinal Food 17, no. 2 (2014): 179-88.

癌症

通常不可能查明癌症的確切原因，因爲遺傳和環境因素可能共同導致癌症。整個 20 世紀，包括魯道夫．斯克萊納（Rudolf Sklenar）博士和德國前第一夫人維洛妮卡．卡斯滕（Veronica Carstens）博士在內的醫生，都將康普茶納入其癌症治療方案，依靠康普茶平衡身體系統的作用來協助整個治療過程。在 R. Jayabalan 等人的研究中（2011），將康普茶進行分餾（將混合物分離各成分的過程），並在體外研究了這些成分對人體癌細胞的作用。研究指出，關於康普茶的抗癌特性，其發揮作用的機制可能是由於抑制癌細胞轉移（癌症從一個器官擴散到另一個器官）所致，例如丙二酸二甲酯和葡萄黃素的存在，顯示兩者均具有已知的細胞毒性和對癌細胞的抗侵入作用。M. Deghrigue 等人的另一項研究（2013）發現，雖然紅茶基底的康普茶只對兩種類型的人類肺癌細胞其中之一有效，但綠茶基底的康普茶在體外則對兩種肺癌細胞均更有效。儘管研究人員不確定這種抗癌特性是透過何種機制獲得，而可能將其歸因於多酚和其他抗氧化劑，但其他人卻推測這可能是由於細菌和酵母菌的共生體所代謝的產物（例如酒精、有機酸、維生素、氨基酸）而引起。

康普茶中其他具有癌症化學預防或抗腫瘤特性的元素是丁酸、草酸、4- 乙基苯酚、蔗糖、肝素、抗氧化劑和兒茶素。人們普遍認爲，茶中存在的多酚具有抑制癌症的特性，而康普茶的功效不僅與這些多酚有關，並且還與發酵後出現的其他元素有關。

相關文獻：

Cetojevic-Simin, D. D., G. M. Bogdanovic, D. D. Cvetkovic, and A. S. Velicanski. Antiproliferative and antimicrobial activity of traditional kombucha and Satureja montana L. kombucha. Journal of the Balkan Union of Oncology 13, no. 3 (2008): 395-401.

Deghrigue, Monia, Jihene Chriaa, Houda Battikh, Kawther Abid, and Amina Bakhrouf. Antiproliferative and antimicrobial activities of kombucha tea. African Journal of Microbiology Research 7, no. 27 (2013): 3466-70.

Jayabalan, Rasu. Effect of solvent fractions of kombucha tea on viability and invasiveness of cancer cells —— characterization of dimethyl 2-(2-hydroxy-2-methoxypropylidine) malonate and vitexin. Indian Journal of Biotechnology 10, (Jan. 2011), 75-82.

Sriharia, Thummala, Ramachandran Arunkumar, Jagadeesan Arunakaran, and Uppala Satyanarayana. Down regulation of signaling molecules involved in angiogenesis of human prostate cancer cell line (PC-3) by kombucha (lyophilized). Biomedicine & Preventive Nutrition 3, no. 1 (2013): 53-58.

改善癌症的化學治療和放射線治療的副作用。

放射線照射可導致 DNA 突變，進而增加患癌症的風險。然而，最常見的癌症治療方法包括以放射療法結合化學療法。有趣的是，在接受化療的同時喝康普茶的人反應有減少噁心並改善食欲的狀況，儘管尚未進行任何研究來證實這些現象。但是，最近的一些研究探索了康普茶如何幫助解決由輻射引起之更深層面的問題。第一項研究的作者

（Cavusoglu，2010）對健康人體的血液細胞注射了康普茶，再將其暴露於高劑量的輻射下。注射最高劑量康普茶的血液細胞表現出最低機率的異常中期（DNA「斷裂」）和較高的細胞增殖率。根據這項研究，康普茶確實提供了「對電離輻射的輻射防護作用」。請留意，康普茶劑量增加可以增強保護的現象。第二項文獻（Ibrahim，2013）主要研究暴露於氯化鎘（致癌物）和伽馬射線的老鼠。當對老鼠注射氯化鎘或進行放射劑量（或兩者兼施）時，定期食用康普茶的老鼠所吸收的毒素量低於未食用的老鼠。然而每天食用康普茶卻似乎限制了這種效用。

相關文獻：

Cavusoglu, K., and P. Guler. Protective effect of kombucha mushroom (KM) tea on chromosomal aberrations induced by gamma radiation in human peripheral lymphocytes in-vitro. Journal of Environmental Biology 31, no. 5 (2010): 851-56.

Ibrahim, Nashwa Kamel. Possible protective effect of kombucha tea ferment on cadmium chloride induced liver and kidney damage in irradiated rats. International Journal of Biological and Life Sciences 9, no. 1 (2013).

膽固醇問題／動脈硬化

早在 1890 年，許多研究，包括 1920 年代研究熱潮中的許多論文，就將康普茶的使用與膽固醇和動脈硬化問題的改善互相關連。1950 年代在俄羅斯進行的一系列研究則聲稱其有效性受到證明。一項對 52 例血漿膽固醇含量過高的動脈粥樣硬化患者進行的研究指出，在定期飲用康普茶後，他們的總血清膽固醇降至正常水準。（有關俄國研究的更多資訊，請參閱第 389 頁。）一些動物研究則已探索紅茶菌在調節膽固醇方面的潛在功效。在 L. Adriani 等人的研究中（2011），研究人員發現，在鴨子的飲用水中添加康普茶（占總量的 25%）食用四週後，可降低低密度脂蛋白（LDL）並增加高密度脂蛋白（HDL），研究人員將這些效用歸因於葡萄醣醛酸的存在（第 418 頁）。在另一項研究中，A. Aloulou 等人（2012），餵食老鼠未經發酵的紅茶或康普茶。結果食用發酵茶的老鼠不僅表現出較低的膽固醇含量，而且出現較多的體重減輕。

在 N. Suhartatik 等人進行的另一項研究中（2011），餵食康普茶的老鼠，其總膽固醇含量降低了多達 52%，其中 LDL 下降了 91%，HDL 上升了 27%。試問這些益處是否源於葡萄醣醛酸（第 418 頁）、癸酸（第 409 頁）或抗氧化劑（第

410 頁）的存在，根據研究指出，康普茶似乎可以有效地幫助人體調節膽固醇。食用紅茶菌本身也可能有所幫助。儘管纖維素無法被人體消化（我們沒有分解它的酶），但纖維素卻扮演著掃帚的角色，可以清除腸壁上的廢物，而當血液中膽固醇含量過高時，甚至會協助排出膽固醇和糖分。

相關文獻：

Adriani, L., N. Mayasari, and Angga, R. Kartasudjana. The effect of feeding fermented kombucha tea on HDL, LDL and total cholesterol levels in the duck bloods. Biotechnology in Animal Husbandry 27, no. 4 (2011): 1749-55.

Aloulou, Ahmed, Khaled Hamden, Dhouha Elloumi, Madiha Bou Ali, Khaoula Hargafi, Bassem Jaouadi, Fatma Ayadi, Abdelfattah Elfeki, and Emna Ammar. Hypoglycemic and antilipidemic properties of kombucha tea in alloxan-induced diabetic rats. BMC Complementary and Alternative Medicine 12, no. 63 (2012).

Khaled Bellassouedab, Ferdaws Ghrabc, Fatma Makni-Ayadid, Jos Van Peltb, Abdelfattah Elfekia, and Emna Ammarc. Protective effect of kombucha on rats fed a hypercholesterolemic diet is mediated by its antioxidant activity. Pharmaceutical Biology 53, no. 11 (2015).

Semjonovs, P., I. Denina, and R. Linde. Evaluation of physiological effects of acetic acid bacteria and yeast fermented non-alchocolic beverage consumption in rat model. Journal of Medical Sciences 14 (2014): 147-52.

Suhartatik, Nanik, M. Karyantina, Y. Marsono, Endang S. Rahayu, and Kapti R. Kuswanto. Kombucha as anti-hypercholesterolemic agent. In Proceedings of the 3rd International Conference of Indonesian Society for Lactic Acid Bacteria (3rd IC-ISLAB). Better Life with Lactic Acid Bacteria: Exploring Novel Functions of Lactic Acid Bacteria (Gadjah Mada University, Bulaksumur, Yogyakarta, Indonesia, January 21-22, 2011).

Yang, Zhi-Wei, Bao-Ping Ji, Feng Zhou, Bo Li, Yangchao Luo, Li Yang, and Tao Li. Hypocholesterolaemic and antioxidant effects of kombucha tea in high-cholesterol fed mice. Journal of the Science of Food and Agriculture 89 (2009): 150-56.

糖尿病

E. Arauner 博士等人在 1929 年就注意到康普茶的抗糖尿病特性。在研究「四氧嘧啶誘發的糖尿病老鼠中使用康普茶的降血糖和抗血脂特性」（2012）中，在 30 天內餵食了各種劑量康普茶的糖尿病老鼠，與對照組相比，食用康普茶的老鼠血糖值降低、血漿膽固醇降低，並有正常的肝臟數值和腎臟毒性含量。另一項研究「康普茶在鏈脲佐菌素誘導的老鼠中之降血糖功效」（2013）顯示了相似的效用。

相關文獻：

Aloulou, Ahmed, Khaled Hamden, Dhouha Elloumi, Madiha Bou Ali, Khaoula Hargafi, Bassem Jaouadi, Fatma Ayadi, Abdelfattah Elfeki, and Emna Ammar. Hypoglycemic and antilipidemic properties of kombucha tea in alloxan-induced diabetic rats. BMC Complementary and Alternative Medicine 12 (2012).

Arauner, E. Der japanische Teepilz. Deutsche Essigindustrie 33, no. 22 (1929): 11-12.

Chandrakala Shenoy, K. Hypoglycemic activity of bio-tea in mice. Indian Journal of Experimental Biology 38 (1999): 278-79.

Srihari, Thummala, Krishnamoorthy Karthikesan, Natarajan Ashokkumar, and Uppala Satyanarayana. Antihyperglycaemic efficacy of kombucha in streptozotocin-induced rats. Journal of Functio

胃腸道疾病／胃酸逆流／潰瘍

康普茶最常被提及的好處之一是改善消化。對於某些人而言，這意味著緩解便祕，而對於其他人而言，則可以緩解腹瀉。患有腸躁症、吸收不良、胃酸逆流和潰瘍的許多患者發現康普茶很有幫助。胃酸逆流影響了美國成年人口的60%。而康普茶的抗菌特性已得到充分研究，並顯示可在接觸時殺死胃幽門桿菌（H. pylori）（一種引起潰瘍的細菌）。根據 D. Banerjee 等人的研究（2010），康普茶被發現與奧美拉唑（普利洛司通的通用形式）在治癒潰瘍和減少胃酸逆流方面一樣有效。作者推測這可能是由於康普茶減少胃酸分泌的能力以及其高抗氧化劑含量所致，其中紅茶基底的康普茶是最有效的。

相關文獻：

Banerjee, D., Sham A. Hassarajani, Biswanath Maity, Geetha Narayan, Sandip K. Bandyopadhyay, and Subrata Chattopadhyay. Comparative healing property of kombucha tea and black tea against indomethacin-induced gastric ulceration in mice: possible mechanism of action. Food & Function 1, no. 3 (2010): 284-93.

Wright, Jonathan V., and L. Lenard. Why Stomach Acid Is Good for You. Lanham, MD: M. Evans, 2001.

免疫力、感染和傳染病

如大量研究指出，與未經發酵的茶相比，康普茶具有較高的抗氧化劑含量。抗氧化劑清除自由基，並使其保持平衡。康普茶的抗微生物作用通常歸因於其低 pH 值，這會對諸如蠟狀芽孢桿菌、大腸桿菌、胃幽門桿菌、單核細胞增生李斯特菌、黃連微球菌、銅綠假單胞菌、鼠傷寒沙門氏菌、表皮葡萄球菌、葡萄球菌、金黃色葡萄球菌、表皮葡萄球菌等致病細菌造成嚴重破壞。康普茶中的弱葡萄糖酸和乙酸藉由破壞細胞膜、抑制代謝作用、改變病原細胞的 pH 值，以及產生過量的有毒陰離子來針對和關閉病原生物的致病機制。苯甲腈、苯甲酸和衣康酸還可以增強人體免疫力，並有助於康普茶的抗感染特性。

相關文獻：

Battikh, H., A. Bakhrouf, and E. Ammar. Antimicrobial effect of kombucha analogues. Lebensmittel-Wissenschaft + Technologie 47, no. 1 (2012): 71-77.

Deghrigue, Monia, Jihene Chria, Houda Battikh, Kawther Abid, and Amina Bakhrouf. Antiproliferative and antimicrobial activities of kombucha tea. African Journal of Microbiology Research 7, no. 27 (2013): 3466-70.

Santos, José Rodrigo, Rejane Andrade Batista, Sheyla Alves Rodrigues, Lauro Xavier Filho, and Álvaro Silva Lima. Antimicrobial activity of broth fermented with kombucha colonies. Journal of Microbial & Biochemical Technology 1, no. 1 (2009): 72-78.

Velićanski, Aleksandra, Dragoljub D. Cvetković, Siniša L. Markov, Vesna T. Tumbas, and Slađana M. Savatović. Antimicrobial and antioxidant activity of lemon balm kombucha. Acta Periodica Tecnologica, no. 38 (2007): 165-72.

腎／肝功能

健康的肝臟會過濾含有異源生物（定義是藥物或天然藥物、酒精和寄生蟲）的血液。肝臟甚至可以清除多餘的激素、細菌、廢棄血細胞和其他細胞碎片。腎臟藉由排尿過濾血液並從體內排出毒素。多項研究指出康普茶對環境毒素的潛在保護作用。在 O. A. Gharib（2009）的一項研究中，老鼠暴露於三氯乙烯，三氯乙烯是一種常見的環境汙染物，會產生氧化應激並改變體內的抗氧化酶，進而導致肝臟和腎臟的應激反應。在這裡列出的所有研究中，發現服用康普茶的老鼠腎臟和肝臟健康指標皆有改善，例如血清肌酐和丙二醛。P.Dipti 等（2003）證明了紅茶菌對老鼠肝臟的保護作用，而 N.K. Ibrahim（2013）指出，讓患有肝損傷的老鼠服用康普茶可以使所有疾病減輕。其中最常見的作用機理是葡萄醣醛酸和抗氧化劑的作用。

相關文獻：

Aloulou, Ahmed et al. Hypoglycemic and antilipidemic properties of kombucha tea in alloxan-induced diabetic rats. BMC Complementary and Alternative Medicine 12, no. 63 (2012).

Bhattacharya, S. Hepatoprotective properties of kombucha tea against TBHP-induced oxidative stress via suppression of mitochondria dependent apoptosis. Pathophysiology 18, no. 3 (2011): 221-34.

Dipti, P., B. Yogesh, A. K. Kain, T. Pauline, B. Anju, et al. Lead induced oxidative stress: beneficial effects of kombucha tea. Biomedical and Environmental Sciences 16, no. 3 (2003): 276-82.

Gharib, Ola Ali. Does kombucha tea attenuate the hepato-nepherotoxicity induced by a certain environmental pollutant? Egyptian Academic Journal of Biological Sciences 2, no. 2 (2010): 11-18

Gharib, Ola Ali. Effects of kombucha on oxidative stress induced nephrotoxicity in rats. Chinese Medicine 4 (2009).

Ibrahim, Nashwa Kamel. Possible protective effect of kombucha tea ferment on cadmium chloride induced liver and kidney damage in irradiated rats. International Journal of Biological and Life Sciences 9 (2013).

Jayabalan, Rasu. Effect of kombucha tea on aflatoxin B1 induced acute hepatotoxicity in albino rats —— prophylactic and curative studies. Journal of the Korean Society for Applied Biological Chemistry 53, no. 4 (2010): 407-16.

Murugesan, G. S. Hepatoprotective and curative properties of kombucha tea against carbon tetrachloride-induced toxicity. Journal of Microbiology & Biotechnology 19, no. 4 (2009): 397-402.

Pauline, T., P. Dipti, B. Anju, S. Kavimani, S. K. Sharma, et al. Studies on toxicity, anti-stress and hepatoprotective properties of Kombucha tea. Biomedical and Environmental Sciences 14, no. 3 (2001): 207-13.

Semjonovs, P. Evaluation of physiological effects of acetic acid bacteria and yeast fermented non-alchocolic beverage consumption in rat model. Journal of Medical Sciences 14 (2014): 147-52.

多發性硬化症（MS）

在 1980 年代，德國醫生萊恩霍德・韋斯納（Reinhold Weisner）對近 250 位患者進行了研究，研究結果指出，飲用紅茶菌可以增加干擾素的產生——干擾素是一種干擾病毒攻擊細胞能力的蛋白質——因此可以改善免疫反應。康普茶還含有相當數量的維生素 B1，也稱爲硫胺素（第 412 頁），其在髓鞘組織的產生中亦產生作用，髓鞘組織是被 MS 分解的神經纖維周圍的脂肪物質。在私人層面上，特里．瓦爾斯（Terry Wahls）博士則在她的著作《瓦爾斯方案》（The Wahls Protocol）中詳述了她與 MS 的個人掙扎和康復。她的治療計畫包括將康普茶添加到飲食中。

相關文獻：

Marzban, Fatemeh et al. Kombucha tea ameliorates experimental autoimmune encephalomyelitis in mouse model of multiple sclerosis. Food and Agricultural Immunology 26, no. 6, 2015.

Wahls, Terry, and Eve Adamson. The Wahls Protocol: How I Beat Progressive MS Using Paleo Principles and Functional Medicine. Avery, 2014.

皮膚不適
（燒傷／皮損／濕疹／牛皮癬）

紅茶菌的纖維素奈米纖維可滋養皮膚並幫助自身的自然癒合能力，而茶的低 pH 值則可以軟化組織。紅茶菌或類似的醋酸桿菌培養物，也可以爲傷口和其他炎症部位提供無菌覆蓋，使紅茶菌和類似紅茶菌的材料成爲醫學中的新興選擇，如「微生物纖維素——治癒傷口的天然力量」中所述（2006），來自德州大學奧斯汀分校。細菌奈米纖維素：一種先進的多功能材料（2013）收集了 9 篇有關細菌纖維素治療在醫學上的利用性和未來深入研究的最新論文，亦包括無數當前和潛在的醫學用途。鑑於所有這些研究興趣，在亞洲和南美使用非處方的細菌纖維素面膜作爲美容產品，也就不足爲奇了。各種主流清潔產品亦包含康普茶或紅茶菌作爲主要成分。（有關詳情，請參閱第 355 頁。）

相關文獻：

Barati, Fardin. Histopathological and clinical evaluation of kombucha tea and nitrofurazone on cutaneous full-thickness wounds healing in rats: an experimental study. Pathology 8 (2013).

Czaja, Wojciech. Microbial cellulose —— the natural power to heal wounds. Biomaterials 27 (2006): 145-51.

Gama, Miguel. Bacterial NanoCellulose: A Sophisticated Multifunctional Material. Boca Raton, Fla.: CRC Press, 2013.

Parivar, Kazem, et al. Effects of synchronized oral administration and topical application of Kombucha on third-degree burn wounds regeneration in mature rats. Medical Science

Journal of Islamic Azad University Tehran Medical Branch 22, no. 1 (2012).

Persaud, R. T. Re, and V. Srinivasan. A weight-of-evidence approach for the safety evaluation of kombucha extract in cosmetic products. Study by L'Oreal Research & Innovation at the Society of Toxicology 51st Annual Meeting and ToxExpo, March 11-15, 2012, San Francisco, California.

Rosales-Cortés, Manuel, et al. Healing effect of the extract of kombucha in male Wistar rats. Open Journal of Veterinary Medicine 5, no.4 (2015).

體重控制

康普茶含有天然的 α- 羥基酸（例如蘋果酸和乳酸），節食者和舉重運動員都使用其合成形式來改善其食療方案的有效性。在一項研究中顯示，康普茶的攝入與老鼠的抗血脂作用有關，這意味著康普茶可以防止人體吸收過多的脂肪。在另一項研究中，發現綠茶基底的康普茶可預防糖尿病老鼠體重增加和促進體重減輕。許多人聲稱康普茶有助於減少他們對食物的渴望並改善消化，這可能導致更好的營養吸收並減少熱量的攝取。

相關文獻：

Aloulou, Ahmed. Hypoglycemic and antilipidemic properties of kombucha tea in alloxan-induced diabetic rats. BMC Complementary and Alternative Medicine 12, no. 63 (2012).

Hosseini, Seyed Ahmad, Mehran Gorjian, Latifeh Rasouli, and Saeed Shirali. A comparison between the effect of green tea and kombucha prepared from green tea on the weight of diabetic rats. Biosciences Biotechnology Research Asia 12 (Spl. Edn. 1), (March 2015): 141-146.

Yang, Zhi-Wei. Hypocholesterolaemic and antioxidant effects of kombucha tea in high-cholesterol fed mice. Journal of the Science of Food and Agriculture 89 (2008): 150-56.

酵母菌感染／念珠菌

白色念珠菌是人類腸道的常見居民。在較低且易於控制的水準上，它不會對健康構成威脅。但是，如果腸道陷入營養不良狀態，則這些微生物和其他通常無害的有機物（甚至是需要低含量的有機物）可能會過量繁殖，進而引起新的問題。康普茶可產生已知的念珠菌類特定健康酸，例如苯乙醇（第 410 頁）、癸酸和辛酸（第 409 頁）以及兒茶素（第 413 頁）。研究「康普茶類似物的抗菌作用」（2012）則證明康普茶對 7 種念珠菌中的6種具有抗菌性。在使用紅茶基底的康普茶、檸檬香蜂草發酵的康普茶和胡椒薄荷發酵的康普茶的實驗中，三種康普茶釀造均被證明對念珠菌菌株有抗菌性，其中檸檬香蜂草康普茶最有效。

相關文獻：

Battikh, H., A. Bakhrouf, and E. Ammar. Antimicrobial effect of kombucha analogues. Lebensmittel-Wissenschaft + Technologie 47, no. 1 (2012): 71-77.

完整引用

Page 34: Leclercq, Sophie, et al, Intestinal permeability, gut-bacterial dysbiosis, and behavioral markers of alcohol-dependence severity. Proceedings of the National Academy of Sciences of the United States of America 111, no. 42 (2014).

Page 76: Djuric, M., et al, Influence of working conditions upon kombucha conducted fermentation of black tea. Food and Bioproducts Processing 84, no. 3 (2006): 186-92.

Tu, You-Ying, and Hui-Long Xia. Antimicrobial Activity of Fermented Green Tea Liquid, International Journal of Tea Science 7, no. 4 (2008).

Page 80: M.A. Heckman, K. Sherry, and E. Gonzalez de Mejia, Energy drinks: an assessment of their market size, consumer demographics, ingredient profile, functionality, and regulations in the United States, Comprehensive Reviews in Food Science and Food Safety 9, 2010.

Page 86: Chen, C., and B. Y. Liu, Changes in major components of tea fungus metabolites during prolonged fermentation. Journal of Applied Microbiology 89 (2000): 834-39.

R. Malbaša, R. E. Lončar, M. Djurić, and I. Došenović. Effect of sucrose concentration on the products of Kombucha fermentation on molasses. Food Chemistry 108, no. 3 (2008): 926-32.

Tu, You-Ying, and Hui-Long Xia. Antimicrobial Activity of Fermented Green Tea Liquid, International Journal of Tea Science 7, no. 4 (2008)

Kallel, Lina, V. Desseaux, M. Hamdi, P. Stocker, and E. Ajandouz. Insights into the fermentation biochemistry of Kombucha teas and potential impacts of Kombucha drinking on starch digestion. Food Research International 49, no. 1 (2012): 226-32.

Lončar, Eva, K. Kanurić, R. Malbaša, M. Đurić, and S. Milanović. Kinetics of saccharose fermentation by kombucha. Chemical Industry and Chemical Engineering Quarterly 20, no. 3 (2014): 345-52.

Page 373: Afsharmanesh, M., and B. Sadaghi. Effects of dietary alternatives (probiotic, green tea powder, and Kombucha tea) as antimicrobial growth promoters on growth, ileal nutrient digestibility, blood parameters, and immune response of broiler chickens. Comparative Clinical Pathology 23, no. 3 (May 2014): 717-24.

Murugesan, G. S., M. Sathishkumar, and K. Swaminathan. Supplementation of waste tea fungal biomass as a dietary ingredient for broiler chicks. Bioresource Technology 96, no. 16 (December 2005): 1743-48.

Jayabalan, Rasu, K. Malini, M. Sathishkumar, K. Swaminathan, and S. Yun. Biochemical characteristics of tea fungus produced during kombucha fermentation. Food Science Biotechnology 19, no. 3 (2010): 843-47.

Rosales, M. C., A. R. Esther, N. R. Guillermo, R. L. de Cervantes Mireles, L. A. Figueroa, J. J. I. Orozco, and E. R. de la Pena. Evaluation of the properties of healing of the extract of kombucha in sheep in growth with malnutrition, parasitocis and respiratory problems. Open Journal of Veterinary Medicine 4, no. 8 (2014).

推薦閱讀：

Buhner, Stephen Harrod. Sacred and Herbal Healing Beers. Siris Books, 1998.

Fallon, Sally, and Mary G. Enig. Nourishing Traditions: The Cookbook That Challenges Politically Correct Nutrition and the Diet Dictocrats. NewTrends Publishing, 1999.

Frank, Günther W. Kombucha: Healthy Beverage and Natural Remedy from the Far East: Its Correct Preparation and Use. Ennsthaler Verlag, 1991.

Heiss, Mary Lou, and Robert J. Heiss. The Tea Enthusiast's Handbook. Ten Speed Press, 2010.

Katz, Sandor Ellix. The Art of Fermentation: An In-Depth Exploration of Essential Concepts and Processes from around the World. Chelsea Green Publishing, 2012.

———. Wild Fermentation. Chelsea Green Publishing, 2003.

Page, Karen, and Andrew Dornenburg. The Flavor Bible. Little, Brown and Company, 2008.

Price, Weston A. Nutrition and Physical Degeneration. Heritage ed. Price-Pottenger Nutrition Foundation, 1970.

Pryor, Betsy, and Sanford Holst. Kombucha Phenomenon: The Miracle Health Tea. Sierra Sunrise Publishing, 1995.

Sklenar, Rudolf, and Rosina Fasching. Tea Fungus Kombucha: The Natural Remedy and Its Significance in Cases of Cancer and Other Metabolic Diseases. 6th ed. Ennsthaler Publishing, 1995.

Solzhenitsyn, Aleksandr. Cancer Ward. Bodley Head, 1968.

附錄 3：釀造觀測日誌

個人釀造日誌

釀造日期	食譜筆記 （茶／糖種類）	收成日期	觀察與風味筆記 （pH值、味道等等）

專業釀造日誌

日期	甜茶：糖度	ph值	份量	菌種液體：糖度	ph值	份量	溫度	紅茶菌母份量

日期	結束糖度	ph值	%酒精濃度	#釀造天數	風味	筆記

日期	甜茶：糖度	ph值	份量	菌種液體：糖度	ph值	份量	溫度	紅茶菌母份量

日期	結束糖度	ph值	%酒精濃度	#釀造天數	風味	筆記

日期	甜茶：糖度	ph值	份量	菌種液體：糖度	ph值	份量	溫度	紅茶菌母份量

日期	結束糖度	ph值	%酒精濃度	#釀造天數	風味	筆記

致謝

首先，如果沒有 10 多年的學習經驗，這本書不可能誕生！曾經接觸過 Kombucha Kamp 飲料或參加過研討會的每個人都催生了此書，透過分享問題、照片、技巧、想法，以及治癒故事，當然，還有釀造過程中你犯的錯誤（！），所有這些都啓發了本書的每一部分。散播這些資訊是 KombuchaKamp.com 的宗旨，這是我們的「共生集體智慧」，而這本書正是這一使命的最佳見證和宣言。我也深受讀者的啓發，於此再次道謝！

此外，我也向研究康普茶的所有科學家致上最深的謝意，請繼續前進，我們還有很多東西要學習！尤其，我更要向一路走來的康普茶作家、研究者，以及書中提及的文獻撰述者表示感謝，你們爲康普茶的發展鋪了一條康莊大道。而對 Sandor Katz 的感謝不僅是因爲他在書中的慷慨之詞，更爲他作爲世界各地衆多自釀者的導師和靈感來源表示達敬意。

多年來，無論是在職業上或個人發展上，都有賴於我們志同道合的夥伴們，全食物愛好者所經營的部落格、播客和聚會，如此社區性的支持和友誼一直是智慧和指導的寶貴資源。我們非常感謝能與夥伴們一道踏上康普茶的旅程，特別是透過大家的宣傳和提倡，比我們自己吸引到更多的讀者。在此必須特別感謝 Jenny McGruther 的友誼，引介了我們的經紀人 Sally Ekus 和其事業集團 Lisa Ekus Group，沒有他們，這本書無法像現在這樣匯集在一起。

感謝 Storey Publishing 的整個團隊，他們的奉獻精神和對細節的追求，鞭策我們加倍努力並提高標準。而少了以下不可或缺的努力，這本書將大不相同——尤其是我們的編輯 Lisa Hiley，以及團隊中的食品攝影師、造型師和助理，爲整個出版過程貢獻了極大的技能和樂趣，謝謝你們爲這個世界捕捉到釀造過程中，美麗康的普茶所激發出來的火花，感謝你們的技藝和協作。

對我們的兩個家庭深表感謝和關愛，家人在整個過程中為我們加油打氣。Valerie Messerall 和 Keren Crum Jenkins 貢獻了雙手和心靈，特別是他們的廚房，幫助我們將食譜和風味靈感帶入生活。在康普茶配方上，KKamp 員工理應得到一輪特別的掌聲，幫助我們完善和執行數百種風味創意、入菜菜餚和混搭口味，更不用說那些豐富的照片，你們的努力在本書華麗呈現！

對於所有為大眾釀造優質康普茶的朋友，我們向康普茶社區表示敬意。提供新鮮製作的康普茶絕對是一項艱苦的工作，但我們需要你們。最後，致所有「派對主辦人」細菌和「派對動物」酵母，閣下造就了康普茶，人類在此聽候差遣！

漢娜的話：如果沒有我的夥伴和丈夫亞歷克斯堅定的鼓勵和支持，這本書不可能問世。無論是在旅途中或是在辦公室哩，他對我的深信和愛意使我度過了漆黑的夜晚，那時我的靈魂懷疑我們在這個過程結束時是否會瞥見曙光。「命定康普茶」將我們團結在一起，我們旅程的每一步都不致匱乏，我永遠感激能與他分享此生。

亞歷克斯的話：漢娜是 KKamp 的創始人和靈感來源：她樂觀、有活力、富教育和娛樂性，並且有聰明靈敏的頭腦和個性。正是她的耐心、慷慨的精神、友善和培育天性，使這一切變成了現實。我們確實一起成長，而她的光芒使我們的道路清晰可見。

高寶書版集團
gobooks.com.tw

CI 144

康普茶聖經

268種調味X400道食譜，紅茶菌發酵飲自釀指南

The big book of kombucha : brewing, flavoring, and enjoying the health benefits of fermented tea.

作　　者　漢娜・克魯姆、亞歷克斯・拉格里（Hannah Crum and Alex M. LaGory）
譯　　者　陳毓容
特約編輯　鄭棕予
助理編輯　陳柔含
美術編輯　黃馨儀
排　　版　賴姵均
企　　劃　何嘉雯

發 行 人　朱凱蕾
出　　版　英屬維京群島商高寶國際有限公司台灣分公司
　　　　　Global Group Holdings, Ltd.
地　　址　台北市內湖區洲子街88號3樓
網　　址　gobooks.com.tw
電　　話　（02）27992788
電子信箱　readers@gobooks.com.tw（讀者服務部）
　　　　　pr@gobooks.com.tw（公關諮詢部）
傳　　真　出版部（02）27990909
　　　　　行銷部（02）27993088
郵政劃撥　19394552
戶　　名　英屬維京群島商高寶國際有限公司台灣分公司
發　　行　英屬維京群島商高寶國際有限公司台灣分公司
初版日期　2020年8月

The Big Book of Kombucha: Brewing, Flavoring, and Enjoying the Health Benefits of Fermented Tea

國家圖書館出版品預行編目(CIP)資料

康普茶聖經：268種調味X 400份食譜，紅茶菌發酵飲自釀指南 / 漢娜.克魯姆, 亞歷克斯.拉格里作 ; 陳毓容譯.-- 初版. -- 臺北市 : 高寶國際出版 : 高寶國際發行, 2020.08
　面；　公分. --（嬉生活 ; CI144）
譯自 : The big book of kombucha : brewing, flavoring, and enjoying the health benefits of fermented tea.

ISBN 978-986-361-854-6（平裝）

1.茶食譜　2.健康飲食

427.41　　　　109007060